国土资源部退化及未利用土地整治工程重点实验室支持
2011年度陕西省科学技术研究发展计划“青年科技新星”培育专项资助

砒砂岩与沙复配成土稳定性及可持续利用研究

罗林涛　王欢元　著

黄河水利出版社
·郑州·

内 容 提 要

本书在砒砂岩与沙复配成土技术研究的基础上，针对复配土稳定性和可持续利用开展了系统研究。其主要内容除研究背景和复配土研究进展外，还包括基本理论和方法、试验设计、土壤特性分析、水肥运移、水土资源匹配分析、生态环境修复分析等。通过研究揭示了砒砂岩与沙复配土的稳定性及可持续生产能力，为我国毛乌素沙地治理、开发和利用提供了有力的理论基础及技术支撑。

本书可作为高等院校和科研院所土地整治相关专业以及工程技术人员的参考资料，也可为土地资源利用管理部门提供技术参考和指导。

图书在版编目(CIP)数据

砒砂岩与沙复配成土稳定性及可持续利用研究/罗林涛，王欢元著. —郑州：黄河水利出版社，2015. 7

ISBN 978 - 7 - 5509 - 1040 - 9

Ⅰ. ①砒… Ⅱ. ①罗… ②王… Ⅲ. ①砂岩 - 应用 - 复土造田 - 研究 Ⅳ. ①P588. 21②TD88

中国版本图书馆 CIP 数据核字(2015)第 047090 号

出 版 社：黄河水利出版社

地址：河南省郑州市顺河路黄委会综合楼 14 层　　邮政编码：450003

发行单位：黄河水利出版社

发行部电话：0371 - 66026940、66020550、66028024、66022620(传真)

E-mail：hhslcbs@126. com

承印单位：河南新华印刷集团有限公司

开本：787 mm×1 092 mm　1/16

印张：12

字数：277 千字　　　印数：1—1 000

版次：2015 年 7 月第 1 版　　　印次：2015 年 7 月第 1 次印刷

定价：35. 00 元

前　言

随着我国人口的增长以及经济高速发展对建设用地需求的不断加大，耕地资源日益退化和减少，耕地保护和经济发展的冲突逐日凸显。根据2013年国土资源公报数据显示，2010～2012年三年内，全国因建设占用、灾毁、生态退耕等原因减少耕地面积123.78万hm^2，通过土地整治、农业结构调整等增加耕地面积101.4万hm^2，净减少耕地面积达到22.38万hm^2。因此，在保证经济发展的同时，保障我国18亿亩耕地红线不动摇是关乎国家生存发展的重大问题。

毛乌素沙地沙荒地面积巨大，且在北纬40°附近，具有丰富的光、热和水资源，适合作物生长，土地生产潜力巨大，是被国家列为重点治理的沙地之一。对毛乌素沙地进行整治利用，提高其耕地质量，实现土地的可持续利用对于解决区域经济发展与粮食生产间的矛盾具有重大意义。

砒砂岩和沙是毛乌素沙地的重要物质成分，前者裸露风化后遇风起尘、遇水流失，后者结构松散、漏水漏肥，二者为具有明显差异性、互补性特征的两类物质。陕西省土地工程建设集团韩霁昌研究员及其团队创新性地总结和提出了砒砂岩与沙复配成土固沙造田技术，研究发现砒砂岩与沙复配成土后具有良好的通透性和保水保肥能力，能满足作物生长发育的需求，并进行了一定规模的工程应用和示范，取得了显著的成效。然而作为一种新的合成“土壤”，其结构能否稳定发育？其后期利用是否具有可持续性？针对以上问题，作者及其团队在陕西省科学技术研究发展计划“青年科技新星”培育专项的资助下，利用国土资源部退化与未利用土地整治工程重点实验室平台，在韩霁昌研究员、解建仓教授指导下，在毛乌素沙地榆林野外观测站进行了连续3年多的大田试验和观测，对复配土的稳定性及可持续利用进行了深入系统的研究，调控合成土壤的质量，使其良性发展，促进土壤的可持续利用，为合成土壤的可持续利用奠定了基础。

研究主要取得了以下成果：①经对砒砂岩与沙复配土土壤特性研究，各项指标呈现出良性发展趋势。②经对试验大田区域内水资源的可持续利用性研究，区域水资源可以满足农业生产种植的用水需求，复配土节水效益显著，基于节水措施的区域水资源利用具有可持续性。③通过对大田土壤结皮、冻土层、粗糙度、积雪消融和风洞试验等研究，复配土对区域生态环境修复效应作用显著。通过这些研究揭示了砒砂岩与沙复配土的稳定性及可持续生产能力，为我国毛乌素沙地治理、开发和利用提供了有力的理论基础及技术支撑。

在以上试验研究成果的基础上，借鉴国内外相关理论和实践，编写了这本书。全书共分9章。其中，第1章、第2章主要阐述了砒砂岩的利用及已有研究基础，第3章详细介绍了复配土稳定性及可持续利用的基本理论和方法；第4章～第7章主要阐述了复配土土壤特性、水肥管理和水资源可持续利用研究；第8章专题对复配土固沙效应开展了试验研究，为复配土在生态环境修复和环境可持续利用性提供了理论依据；第9章简要介绍了研究的工作历程。

在本书撰写过程中，作者吸收和借鉴了前人大量的既有成果，对于引用的资料，本书注明来源出处，但难免有所疏漏，在此谨请各位先学海涵和谅解。在研究期间，韩霁昌研究员，西安理工大学解建仓教授、罗纨教授，中国科学院地理科学与资源研究所刘彦随研究员对本研究在试验设计、技术路线和研究内容方面给予了悉心指导。杜宜春、王曙光、汪妮、范王涛、胡延涛、张扬、张海欧、胡一、赵彤、童伟、马增辉、张卫华、付佩、张瑞庆、张露、雷娜、程科等多位高级工程师、博士及研究人员、工程技术人员在试验研究和书稿整理等方面做了大量工作。同时，本书的研究和出版得到了陕西省科学技术研究发展计划"青年科技新星"培育专项（2011KJXX60）和陕西省土地工程建设集团的资助，在此一并致谢。

本书出版旨在与广大同仁和读者共享作者在该领域的研究成果及相关学术理念，殷切盼望能够集思广益，共同推动该领域的技术发展水平，服务于我国土地整治事业的发展。因此，本书作者的观点和相关成果仅是一家之言，也希望读者能够以包容的胸怀分享作者的研究成果。

由于本书著作时间仓促，书中难免有不足之处，敬请读者批评指正。

作　者

2015年1月

目 录

第1章　背　景

我国是一个人多地少的国家,随着城市化进程和基础设施建设的加快,建设用地骤增,耕地数量锐减,人地矛盾日益加剧,坚守18亿亩耕地红线,提高耕地质量,改善土地生态环境,保障粮食安全已成为我们急需解决的重大问题。据国土资源部提供的资料显示:2010~2012年3年内,全国因建设占用、灾毁、生态退耕等原因减少耕地面积123.78万hm^2,通过土地整治、农业结构调整等增加耕地面积101.4万hm^2,净减少耕地面积达到22.38万hm^2。人均耕地面积约0.1 hm^2,不到世界平均水平的40%。特别是在生态脆弱区,自然灾害面积不断扩大,耕地资源减少更加严重。

同时,沙漠化土地作为我国耕地后备资源的主要来源之一,面积约26.14亿亩,但存在水资源短缺,生态环境脆弱等问题,长期以来无法得到高效利用。此外,分布于沙地中的砒砂岩水土流失严重,治理难度大,分布范围广,遍及陕、晋、蒙、宁、甘、新等多个省份和地区。作为我国四大沙区之一的毛乌素沙地,其本身存在着巨大的挖掘潜力;沙地境内,土地沙漠化和砒砂岩的水土流失,严重制约着该区域的可持续发展。

近几年,随着陕西省的经济持续发展,耕地后备资源严重短缺,关中地区可开发利用资源趋于枯竭,陕南地区地处山区,石多土少,可用资源非常稀缺,陕北地区面积广阔,光热充足,开发潜力大,但基本都地处毛乌素沙漠边缘,土地沙化和砒沙岩流失严重。如何对毛乌素沙地进行整治利用,实现土地资源的再利用和可持续利用已成为亟待解决的关键问题(李文学,2008;刘军方,2008;王仁德和吴晓旭,2009)。陕西省"十二五"规划纲要明确提出,加强土地开发整理,充分挖掘陕北地区粮食潜力,建设陕西第二粮仓。

毛乌素沙地是鄂尔多斯高原东南部和陕北长城沿线沙地的统称(朱俊凤和朱震达,1999),位于北纬37°30′~39°20′,东经107°20′~111°30′。全国沙漠化普查结果显示,全国沙区总面积184.47万km^2,其中毛乌素沙地占总面积的4.3%,约为7.9万km^2,沙漠、沙漠化土地面积约为6万km^2,占毛乌素沙地面积的77%,居全国第5位。同时,毛乌素沙地是我国太阳能最为丰富的地区之一,光照充足,日照时数达2 900~3 200 h,≥10 ℃积温2 900~3 300 ℃,有利于瓜果生长。此外,该地区还具有相对丰富的水资源,东部和南部地区年降水量为350~470 mm,北部地区为300~400 mm,西部地区为277~302 mm,明显高于同纬度的西部沙区,而这些有利的自然条件为毛乌素沙地的开发利用提供了一定的可能性。

砒砂岩在毛乌素沙地是分布最为广泛的矿物砂岩,是导致水土流失的主要因子。砒砂岩是砂岩、泥质砂岩及砂页岩组成的岩石互层,属于陆相碎屑岩系(王愿昌等,2007a)。砒砂岩具有无水如石,遇水如泥的特点。由于这种岩层自身物理、化学性质和当地特殊的自然、人文环境,使得该岩层极易发生风化剥蚀。砒砂岩区土壤侵蚀模数高达3~4万t/(km^2·a),是黄土高原侵蚀最剧烈的区域,被称为"世界水土流失之最"和"环境癌症"(李晓丽等,2011;刘艳和牛国权,2012;赵国际,2001;毕慈芬等,2003;金争平,2003)。群众深受其水土流失危害，视其危害毒如砒霜，故称其为“砒砂岩”。沙和砒砂岩在当地被群众称为“两害”。砒砂岩成岩和结构强度低，比较容易风化，胶结程度低，渗透性差，但同时它的持水性和保水能力好。而风沙土，它的质地比较均一，结构松散、漏水漏肥，水分补给一旦减少，蒸散增加，易发生整体性缺水。因此，利用二者互补的性质，将沙与砒砂岩按一定比例混合复配成土，既可以减少或阻止沙地水分渗漏，又可减弱砒砂岩坚硬板结的现象，从而达到改善土壤理化特性和治理土地沙漠化的双重目的。

从2009年开始，韩霁昌研究员及其团队对沙与砒砂岩复配成土进行了系统研究，研究发现，砒砂岩与沙经复配成土具有良好的通透性和保水保肥能力，能满足作物生长发育的需求，并进行了较大规模的工程示范，取得了较好的成效。研究的初步成果于2011年经陕西省科技厅组织鉴定，认为研究成果丰富，技术先进，具有原创性和重要推广价值，达到同类研究的国际领先水平。砒砂岩与沙复配成土技术已经在毛乌素沙区得到应用并得到土地工程领域专家的肯定，但作为一种新型复配土壤，其结构能否持续稳定发育，区内的水资源能否保证农业的需求，生态环境能否得到恢复，特别是休闲期其固沙性能否持续等问题直接影响了该技术能否在更大范围的推广和应用。所以，研究砒砂岩与沙复配土的稳定性和持续利用对于新增耕地质量和生产管理及实现土地资源可持续利用具有重要意义。

1.1 毛乌素沙地开发利用的背景与需求

1.1.1 毛乌素沙地开发利用的背景与优势

1.1.1.1 毛乌素沙地开发利用的背景

在近20年来的快速工业化、城镇化进程中，建设用地需求不断增加，保增长与保耕地的压力急剧增大。截至2012年底，全国共有建设用地约5.54亿亩，其中城镇村及工矿用地约4.53亿亩，我国城镇化率的增加，占用大量优质耕地，使得人地关系日益紧张。土地资源的利用和管理面临严峻的形势，粮食安全和生态安全问题日益严重，吃饭与建设、土地开发利用与保护两大矛盾将长期存在。我国于20世纪90年代末期提出了耕地占补平衡政策，要求建设占用耕地与开发复垦耕地相平衡。该政策为后备耕地资源的开发整治工作提出了新要求。从近年来的实施情况看，该项政策对于防止耕地快速减少起到了积极作用。2009年国土资源部《关于全面实行耕地先补后占有关问题的通知》（国土资发〔2009〕31号）和2014年国土资源部《关于强化管控落实最严格耕地保护制度的通知》（国土资发〔2014〕18号）等文件进一步强化了土地开发整治在保障经济发展与保护耕地红线方面的重要性。

从全国区域分布上，人—地—社会矛盾集中表现在东部沿海地区、东北地区、中部地区、西部地区。在东部沿海地区，改革开放以来的快速工业化、城镇化过程既推动了整个国家的社会经济发展进程，也给该区域带来了系列资源环境问题，集中表现为大量耕地非农占用和环境污染问题凸显，其人地紧张状态较之中西部地区要明显和严峻得多（张雷和刘毅，2004）；在东北地区，老工业基地在新时期的振兴难度较大，粮食主产区的后备耕地资源过度开发及耕地和水资源可持续利用问题日益严峻;在中部地区,城乡二元结构及城市偏向的发展战略背景下,以传统农业为主的农业生产区正面临着农业劳动力大量外出,随之带来农村空心化和内生发展能力的进一步丧失,并由此进一步拉大了城乡差距(刘彦随等,2009);在西部地区,集生态脆弱、资源富集、贫困集中等于一体,农村劳动力大量外出务工,充分发挥资源禀赋优势、切实助推区域城乡一体化、可持续发展仍需在实践中进一步探索。本书重点关注的毛乌素沙地主要涉及陕西、内蒙古和宁夏三省区,随着西部大开发的逐步推进,经济发展步伐明显加快,工业化、城镇化的加速发展对该三省区现已突出的人地矛盾尤其是环境退化产生了进一步的催化作用。

陕西省作为西部发展的桥头堡、丝绸之路的起点,随着社会经济的飞速发展,人地矛盾、占补平衡的压力持续加大。在区位无位移前提下,要实现先补后占、已补定占、占优补优,就只能在耕地质量上下功夫。改革开发以来,随着城市化的加快,陕西关中地区既是重要的商品粮生产基地,同时又是陕西的主要城市带所在地,发展占地和耕地保护矛盾非常严重。陕南地处秦巴山区,地块零散,石多、水多、土少,所以开发具有丰富后备土地资源的陕北地区成为陕西的唯一选项。随着耕地开发复垦的空间重心北移,由此进一步强化了陕北地区在陕西省耕地占补平衡中的突出地位。与此同时,榆林作为我国的重要能源化工基地之一,随着产业园区的建设,城镇化、工业化的快速发展,耕地保护与占补平衡的压力也在不断增大。迫切需要进一步探索和发挥自然资源与空间区位的优势,科学挖掘后备资源潜力,切实实现耕地占补平衡的目标要求。因此,毛乌素沙地区域作为重要的耕地后备资源,对其开发利用已成为当前解决人地矛盾的重要举措。

毛乌素沙地地处半干旱与干旱气候区,属于内陆高原,远离太平洋,并有山脉阻挡,太平洋上空的湿润气团难以抵达;西南部印度洋上空湿润空气也被喜马拉雅山隔绝。毛乌素沙地四周和内部无高降水量的山地和森林作为常年补给水源,仅靠250～300 mm降水的直接入渗补给和汇水区梁地入渗水的侧向补给,补给量有限,属典型的温带大陆性气候,年均大风日数10～40 d,最多达95 d。该区大风持续时间为1 d的占60%～70%,持续2～3 d的占20%～30%,持续4～6 d的约占5%;年均沙尘暴发生11～29 d,属于我国北方的农牧交错生态脆弱带,地质上属于典型的多层次过渡带,是我国北方沙漠化最严重的地区之一,也是我国重要的耕地后备资源。

由于历史上长期战乱破坏,人口大幅度波动,不合理的农垦和过度放牧引起了毛乌素沙地严重的草地退化、土地沙化,土地生产力低下。近年来晋、陕、蒙接壤区能源基地的开发对本区脆弱的生态环境造成了更严重的影响。沙漠化非常严重,风沙灾害频繁发生,不仅使当地生态环境遭到破坏,自然环境趋于恶化,也对该地区经济社会发展和人民的生产、生活造成严重影响。治沙是毛乌素沙地面临的首要任务,经过多年的努力,一些地区的防护林体系已初具规模,受风沙危害的滩、川、塬、涧地区的农田部分实现林网化,但是相对于毛乌素沙地数万平方千米的总面积,治沙任务仍然艰巨。

"十二五"期间,陕西省大力挖掘地处黄土高原和毛乌素沙地边缘的陕北的粮食生产潜力,建立陕西第二粮仓。陕北地区的800里沙漠气候恶劣、风沙肆虐,土地贫瘠,制约了农业发展。土地整治工程成为了农业发展的重要基础工作。根据"毛乌素沙地砒砂岩与沙复配成土核心技术研究及工程示范"项目,截至2014年底,已经在毛乌素沙地南缘成功整治了6.97万亩沙地。继续深化和加强复配土的土壤特性和可持续研究对新增加的耕地利用和该技术的进一步推广应用尤为重要。

1.1.1.2 农牧交错区的农业地域优势

陕北毛乌素沙地边缘是我国北方半湿润农区与干旱、半干旱牧区接壤的过渡地带，为典型的农牧交错区。该区同干燥度为1.5～3.49的半干旱区基本吻合，也大体处于年降水量250～500 mm的两条等雨线之间，气候干燥，降雨量偏少。由于降雨量少，土壤水分长期处于亏缺状态，只能满足抗旱牧草和抗旱灌木的生长，有时草灌植物的生长需水也得不到完全满足。自然生境脆弱，水土流失严重；土地资源丰富，但质量较差；水资源短缺，农业"靠天吃饭"（刘彦随等，2006）。传统的自给自足的小农经济下，农牧交错区是生态脆弱、产业单一、广种薄收、乡村贫困的特殊问题区域。但是，农牧交错区独特的气候特征、资源禀赋和零污染优势，为发展现代特色优质农业提供了重要条件。

随着社会经济发展水平的提高，社会消费者对农产品的需求逐渐转型，对高品质特色杂粮、果蔬的消费需求明显增多，这为农牧交错区的农业和农村发展带来了新的机遇。农牧交错区若能依据区域地形地貌特点与水土流失规律，重视旱作农业与节水灌溉技术、示范推广造林实用技术、水保型生态农业技术的创新与应用，大力发展防护林产业化、水保型立体农业、生态资源开发增效等典型农村特色生态经济模式（刘彦随等，2006），适当推进种植业与养殖业相互适应与协调的农牧一体化发展，通过标准化生产、产业化运营，注重品牌创建，可带来较好的社会效益、经济效益和生态效益。并且，近年来对促进农牧交错区现代特色农业发展，政府扶持力度逐渐加大。若能结合土地开发整治、特色产业发展的相关政策，可进一步强化该区域的农业生产地域优势。因此，该地区的土地资源开发利用宜以人口调控为突破口，以农业经济发展为重点，通过优化产业结构，发展多种经营，提高产品价值，增加农民收入；以人地关系地域系统的总协调为目标，通过提高植被覆盖率、减少水土流失及其人为负面影响，来改善区域生态环境的状况，促进生态保护体系、人地耦合体系和生产经营体系的和谐统一。

1.1.2 毛乌素沙地整治是土地开发利用的需求

我国现代意义的土地开发整治与利用实践起步较晚，作为土地开发、利用、整治和保护的手段得以实施还是在新中国成立初期，但真正到20世纪70年代才日益得到重视（韩霁昌，2004）。在倡导"农业学大寨"的背景下，土地开发工作受到重视，平整土地、合并田块、新建新村和完善道路、沟、林为其主要内容；80年代，随着农村联产承包责任制的推广与发展，土地开发整治工作的重点又转到了土地权属关系的调整上；进入90年代，社会经济迅猛发展，导致耕地数量锐减，为切实加强土地管理工作，1998年成立了国土资源部，修订了《中华人民共和国土地管理法》，明确提出开展土地整治，并开始实施"耕地占补平衡制度"，后备耕地资源开发成为补充被建设占用的耕地的重要途径。到目前为止，由国家投资建设的土地开发整治项目已遍布全国各地，并相继出台了一系列土地开发整治的相关技术标准和法规，这对我国土地开发整治事业的蓬勃发展起到了巨大的推动作用。

过去数十年，我国的土地开发整治在增加耕地面积、促进占补平衡、提高耕地产能等方面起到了重要作用。但是，现阶段的土地开发整治与利用也面临着一系列现实问题：一是土地开发整治规划体系尚不完善,规划的宏观调控和指导作用尚未得到充分发挥;二是项目和资金管理工作还未完全到位,重项目申报、轻实施管理的现象还比较普遍;三是部门配合需要进一步加强,工作效率有待进一步提高;四是后备资源的数量越来越少,开发难度越来越大;五是"重开发、轻利用、弱保护"的传统的开发模式已经影响到了生态脆弱区的生态环境保护和土地资源可持续利用(张凤荣等,2003),成为需要深入研究并尽快解决的重要课题。

1.1.2.1 后备资源日益减少而成本急剧增加

后备资源潜力大小对土地开发利用具有根本性影响。随着过去多年来的大量开发,宜垦后备资源日益减少,挖掘潜力的难度日益增大,集中表现为经济成本和生态风险增加。2000~2003年,国土资源部实施了新一轮的国土资源大调查工程。此次调查评价结果显示,全国集中连片、能形成国家级土地开发复垦基地的后备耕地资源7.3万km^2,主要分布在北方和西部干旱地区。据陈印军(2011)的测算,其中的66.5%集中于我国西北部的干旱和半干旱地区,另外有5%集中于生态脆弱的西南地区,位于东北、黄淮海、长江中下游、东南和其他地区的后备耕地资源仅占28%。如果以国土资源部1998~2007年平均每年复垦和开发后备耕地资源2 267 km^2计算,到2010年底,全国集中连片、能形成国家级土地开发复垦基地的后备耕地资源仅有5万km^2。而且,有学者建议,考虑到干旱区的自然环境条件和生态风险,西北干旱区不宜作为我国后备耕地资源基地(张百平等,2010)。此外,从各地土地开发利用的经济成本来看,近年上涨迅速,如陕西省2015年最新颁布的新增耕地开垦费标准,旱地达到2万元/亩,水浇地2.3万元/亩,水田2.6万元/亩。

1.1.2.2 部分地区的土地开发利用带来新的资源环境问题

在内蒙古及长城沿线区、黄土高原区、云贵高原区、横断山区、东北区、西北区和青藏高原区等生态脆弱地区,对土地的盲目开发并粗放式经营造成的负面影响已经显现:土壤有机质含量下降、水土流失和风蚀沙化等严重土地退化(张迪等,2004),洪涝灾害发生频率和影响程度也有所加剧(Liu et al.,2005)。如果继续对北方天然草地资源进行新一轮的大规模开垦,加之已开垦农田的弃耕、撂荒,将会进一步加剧草地生态系统的退化,从而对生态环境造成恶劣影响(刘玉杰等,2007)。

1.2 毛乌素沙地综合整治现状分析和存在问题

全国沙漠化普查结果表明,毛乌素沙地总面积为7.84万km^2,占全国沙区总面积的4.25%(袁泉,2008)。自然气候条件和人文活动干扰的综合影响使毛乌素沙地的沙漠化态势明显加剧,对我国北方地区的生态安全造成巨大冲击。毛乌素沙地属于生态脆弱区,广泛分布着砒砂岩,近几十年来,砒砂岩区内的许多县区均开展了砒砂岩区域的治理工作。总体来看,通过生物固沙、机械固沙和化学固沙,在一定程度上控制了毛乌素沙地的快速扩张。但是,沙地土壤贫瘠,呈现出"整体遏制,局部好转,局部退化"的局面,未治理的面积仍占较大比例。而且随着工业化、城镇化的快速发展,人类经济活动加剧,特别是能源开采、水资源开发、农业结构战略性调整仍会对区域生态建设、沙漠化防治带来新的冲击和压力,因此科学协调发展与保护生态环境是生态脆弱地区资源可持续利用和经济社会可持续发展的重要保障。

砒砂岩(被称为“环境癌症”)和风沙土在该地区分布范围广(王愿昌,2007),砒砂岩易风化黏粉粒含量高,保水和持水性好。风沙土结构疏松漏水漏肥。陕西省土地工程建设集团利用二者的性质,将砒砂岩与沙混合,既可以减少或阻止沙地水分渗漏,又可减弱砒砂岩坚硬板结的现象,达到改善土壤物理特性,进而提高土地生产力的目的。

1.2.1 毛乌素沙地开展土地综合整治的紧迫性与可行性分析

随着社会经济的持续快速发展,对土地利用需求量激增。根据现阶段我国的基本国情,既要保障各个重点、大型基础设施建设用地,又要坚守“18 亿亩耕地红线”,保障发展与保护耕地的“双保”压力不断增大,破解土地供需矛盾迫在眉睫。

通过对毛乌素沙地基本概况、前期治理思路以及新时期生态脆弱区土地综合整治战略的系统分析和梳理,认为仍有必要深入开展沙地开发、治理、利用的综合研究,以实现生态脆弱地区的生态环境治理与资源开发利用的协同发展。

砒砂岩和沙是毛乌素沙地的重要物质成分,前者裸露风化后遇风起尘、遇水流失,后者结构松散、漏水漏肥,二者为具有明显差异性、互补性特征的两类物质。项目申请单位开展砒砂岩与沙的配比组合成土相关技术、工程研究,将这两种物质机械合成、物理胶结,构筑沙岩交融体,混合成土,在实现固沙的同时,尝试利用新形成的“土壤”进行规模化的现代农业生产,特别是集成运用现代高效节水技术,基于生态友好型农田生态系统建设的相关理论与技术,率先建设高标准农田,大力发展现代特色高效农业,促进生态脆弱区生态环境治理、资源开发利用和高效产业发展的系统耦合,力争实现从“被动的单一化治理”向“主动的综合化利用”的模式转变与战略转型。而砒砂岩与沙复配成土的稳定良性发展成为促进毛乌素沙地耕地可持续发展的重要前提。

按照学术界用得较多的黄委绥德水土保持科学试验站“晋陕蒙接壤区砒砂岩分布范围及类型区划分”得出的面积数据,王愿昌等(2007a)在以往研究成果基础上进行补充完善,突破了晋陕蒙接壤区这一范围,而是以此为中心,又把内蒙古自治区的杭锦旗、清水河县的部分地区划进去,得到砒砂岩区总面积 1.67 万 km^2。分布范围为东至黄河,西达杭锦旗境内的毛布拉孔兑,从西北向东南沿毛乌素沙地东北缘分布,南抵陕西省神木县城,北到库布齐沙漠南缘,介于北纬 38°10′~40°10′,东经 108°45′~111°31′,大致分布在由杭锦旗、清水河县、神木县城三点组成的三角形区域内。毛乌素沙地总面积为 7.84 万 km^2,广泛分布着砒砂岩,沙地面积也较广泛,将砒砂岩和沙复配成土研究具有广阔的市场应用前景。

1.2.2 毛乌素沙地综合整治潜力分析

毛乌素沙地位于鄂尔多斯高原南部和黄土高原北部区域,它是对当地工、农、牧业生产和经济危害较大,而自然条件又相对较好,被国家列为重点治理的沙地之一。毛乌素沙地也是我国沙尘暴最主要的沙源区。随着毛乌素沙地南部的神府煤田、东部的东胜煤田、东北部的准格尔煤田的大规模开发,以及相应的交通、能源、通信设施的建设和沙地腹部的查汗淖天然碱的开采与加工,原有的自然生态环境遭受了破坏,毛乌素沙地的治理面临着新的挑战,同时也给毛乌素沙地生产提供更多的畜产品和农副产品提出了新的要求,因此发展沙产业,对毛乌素沙地综合整治具有重要意义。

位于陕、蒙、宁的毛乌素沙地,境内础砂岩和沙广泛分布,础砂岩无水坚硬如石、遇水则松软如泥,而沙子结构松散、漏水漏肥,土地沙漠化和础砂岩的水土流失并称“两害”,严重制约着区域可持续发展。随着陕西耕地“占”、“补”工作的开展,陕西关中地区可开发利用的耕地后备资源日益减少,加之区域分布零散、面积小,实施大规模、集中连片的土地整治项目难度极大;陕南地处山地,受秦岭山系影响,未利用地多分布在无人烟区,整治难度大,即使整治出来也很难耕种,容易使所造耕地撂荒、废弃;在陕北榆林长城沿线以北,广袤的毛乌素沙地属中温带大陆性季风气候,季节变化明显,温差大,光照时间充裕,热量资源丰富,具备农作物高产、丰产的自然条件。但是,由于土地沙化严重,农作物不能种植或产量低下,农民对土地的重视程度普遍不高,因此若能改造沙地土壤质地,改善区域生态环境,满足农作物的生产要求,达到提高土地生产力的目的,调动农民种地的积极性,那么,榆林完全能够建设成为陕西的“第二粮仓”和全国重要的现代特色农业生产基地。

根据2009年第二次土地全面调查数据汇总结果显示,陕西省未利用地总面积为843 900.33 hm^2,其中榆林市未利用地面积为384 848.81 hm^2,占陕西省未利用地总面积的45.60%;沙荒地面积352 718.34 hm^2,占榆林未利用地面积的91.65%。只要方式方法得当,沙荒地整治利用的前景还是极为广阔的。长期以来,人们对整治利用进行了一些探索,如黄土客土法。但在毛乌素沙地周边缺少黄土土源,远距离运输成本又很高,加之沿途污染严重,造成治理时间长、经济效益差,无法大面积推广,致使毛乌素沙地长期以来未作为耕地后备资源进行有效利用。

作为我国四大沙区之一的毛乌素沙地,其本身存在着巨大的挖掘潜力。毛乌素沙地总面积7.84万 km^2,其中2/3的面积分布在内蒙古鄂尔多斯市境内。毛乌素沙地深居内陆,为中温带大陆性季风气候,年平均气温6.4 ℃,≥0 ℃年平均积温3 320 ℃,年日照时数2 900 h,年平均降水量为360 mm,降水量的80%集中在6~9月中旬,年蒸发量为2 300 mm,湿润度0.3,年平均风速3.3 m/s,年大风扬沙日数40~50 d,沙暴日数16 d。流动沙丘上植被覆盖率<5%,沙层中含水量一般都保持在3%~4%,固定沙地地表有厚约1.5 cm苔藓生物结皮层,但1.5 m土层通体都较干燥,植被分别由油蒿(*Artemisia ordosica*)、柠条(*Caragana intermedia*)、臭柏(*Sabina vulgaris*)等建群植物组成,植被覆盖率30%~50%。半固定沙地植被、土壤介于流动和固定沙地之间。丘间滩地面积大小不等,主要土壤有沙质草甸土、沼泽草甸土、碱化沼泽草甸土等。这些土壤的共同特征是土层中小于0.01 mm微粒含量较多(13%~20%),有机质含量较高(0.2%~1.2%),受地下水影响,具潜育层。滩地中常见埋藏泥炭层,植被主要建群植物种分别有假苇佛子茅(*Calamagrostis pseudophragmites*)、寸草(*Carex stenopbyBoides*)、芨芨草(*Achnathernm splendens*)、碱茅(*Puccinellia tenuiflora*)、马蔺(*Iris lactevar. Chinensis*)等,植被覆盖率40%~80%,由于过度放牧,滩地草场大多处于矮、稀的退化状态。

毛乌素沙地地下水资源比较丰富,分布普遍但不均衡,据水文地质部门勘察测量,仅浅层地下水储存量就达 1 203 亿 t。地下水主要靠大气补给，补给量多年平均为 14 亿t/a。地下水水质较好，矿化度 <1 g/kg。地下水位在多水年份可达滩地地表，低洼处则有季节性积水，干旱年份滩地地下水埋深 0.5 ~ 1.5 m，适于人畜饮用。

毛乌素沙地自然条件比较恶劣，天然降水量少，风多风大，土壤基质为沙子，肥力低、保水性差、易沙化等是其主要特点。然而，毛乌素沙地同时也具有光、热、风、水和泥炭资源丰富，特别是浅层地下水储存量和补给量都较高的优点，是国内陆地沙漠中较易治理和具有开发前景的沙地。

1.2.3 砒砂岩与沙复配土壤稳定性研究关键技术问题

砒砂岩与沙的合成土壤具有良好的理化性质，为作物生长、农业生产创造了良好的基础。田间试验和工程示范结果也已证实，合成“土壤”用于种植作物、农业生产的效果显著。目前，土地作为一种非常珍贵的资源，我们关心的不仅是目前合成“土壤”具有良好的理化性质，可以满足农业生产的基本需求，我们更关心这种合成“土壤”的性质稳定性和是否可持续利用。

本书主要通过研究砒砂岩与沙复配成土的土壤特性变化、水肥耦合和水土匹配等方面的变化机理，从而为新造土壤的稳定性和可持续利用提供技术指导与理论支持。

毛乌素沙地砒砂岩与沙复配土壤稳定性研究关键技术问题如下。

1.2.3.1 揭示复配土壤结构、成分等特性随时间的变化机理

已有研究成果发现，砒砂岩与沙按一定比例复配成土，在农业管理措施（灌溉、耕作等）的影响下，土壤中的粉粒和黏粒有向下运移的趋势，经过长期影响，土壤耕层的粉粒和黏粒含量将如何影响土壤质地？土壤耕层砒砂岩与沙的复配比例在这种情况下如何保证？需要对土壤剖面中的粉粒和黏粒的向下运移对土壤质地的影响进行研究，以指导工程实践中砒砂岩与沙复配成土的混合比例的确定。

土壤团聚体是土壤结构最基本的单元，是土壤肥力的协调中心和土壤性状的敏感性物理指标。单独的砒砂岩与沙的氮、磷、钾和有机质等养分含量都非常低，难以满足作物对土壤肥力的需求。而砒砂岩与沙复配成土后，需要对复合土壤的有机质含量随时间的变化规律进行研究；而土壤团聚体是土壤养分的有效载体，较好的团聚体组成是土壤熟化的指标之一，因此还需要对土壤团粒随时间的变化进行研究，采用水稳性团聚体的研究来评价砒砂岩与沙合成土壤的稳定性。

1.2.3.2 确定不同作物种植的农田管理制度

砒砂岩与沙复配成土后改善了土壤的通透性和保水保肥性，种植作物的产量显著高于沙地产量，对砒砂岩与沙复配成土后不同作物品种水肥耦合利用进行研究，以达到提高水肥资源利用效率、提高作物产量的目的。同时，针对作物的品质进行对比研究，对复合土壤上种植作物的品质与沙地作物品质进行对比研究，以确保复合土壤上的作物安全食用问题。

砒砂岩与沙合成土壤养分匮乏，要满足作物生长养分需求，需增施肥料，尤其要多施有机肥，施入的有机肥形成腐殖质，可以增加土壤中的胶结物，提高沙土的黏结性和团聚性，促进土壤团粒结构的形成（吕贻忠等，2006）。增施有机肥对于合成土壤尤其重要，因

为合成土壤的部分团粒结构水稳性较差,而利用有机质作为胶结物则有利于增加团粒结构的稳定性。并且由于砒砂岩的 pH 为弱碱性,土壤有机质养分转化是微生物在微酸、中性和微碱的土壤环境中形成,故而研究区内的砒砂岩土不利于有机质的积累和转化。要对砒砂岩进行有效利用,就要适当调节土壤的酸碱度,增施生理酸性肥料和有机肥料来改善。

耕作是调节土壤结构的最有效的基本措施,有利于调节土壤的孔隙度,尤其针对板结土壤的耕作,可以改善土壤的通透性,以利于作物的生长发育和土壤的熟化。合理的轮作或免耕制度对于恢复和培育团粒结构有良好的促进作用,如一年生作物因耕作频繁,土壤有机质消耗快,不利于团粒结构形成,适当推行免耕可以减少有机质的消耗,改良土壤结构。

1.2.3.3 确定合理的水资源开发利用模式

毛乌素沙地砒砂岩与沙复配成土后进行集约化的农业生产势必需要大量的水资源供给,毛乌素沙地水资源占有量与集约化农业生产需水规模是否匹配?砒砂岩与沙复配成土技术在当地是否可以保证可持续利用?因此,需要对毛乌素沙地水资源量进行调查研究,并监测地下水的变化,从而采用适宜的开发利用模式,以保证农业的可持续发展。

要找出作物需水规律和建立正确的灌溉技术,需要对土壤水储量进行研究。进行复配土壤水分测定,了解复配土水储量的动态变化,从而达到科学用水,改良土壤,提高单位面积产量,这对毛乌素沙地砒砂岩与沙复配土壤稳定性和可持续利用具有重要意义。

作为沙地农业最关键的生态因子,节水灌溉极其重要。从作物生长角度上看,适时补给适量水分为正常生长所必需,水分过少会使植物发生萎蔫,甚至枯死;水分过多则会带走养分,使植物无法及时吸收利用养分,易造成水肥浪费、土壤板结。从水资源利用角度上看,节水灌溉有利于水资源涵养、地下水资源保护、沙漠生物生存及沙地生境改善等,是满足人类可持续生存的必要前提(王浩等,2006;胡建忠,2007;金争平,2003)。因此,沙地灌溉要实现高效、节水,有计划利用。

1.3 研究区概况

1.3.1 区域范围

毛乌素沙地是鄂尔多斯高原东南部和陕北长城沿线沙地的统称,位于北纬 37°30′~39°20′,东经 107°20′~111°30′。总面积约 7.84 万 km^2,是我国的四大沙地之一。在行政区上,毛乌素沙地涵盖内蒙古的伊克昭盟、陕西榆林地区与宁夏东南盐池地区的三角地带(张新时,1994):北至内蒙古库布齐沙区、鄂尔多斯市东胜区的罕台乡和准格尔旗五子湾乡;南至陕西榆林长城沿线各县(区);西至宁夏黄河以东地区;东至内蒙古准格尔旗和陕西府谷(袁泉,2008)(见图 1.1)。

砒砂岩和沙在毛乌素沙地是相间分布的。

砒砂岩区集中分布在内蒙古伊克昭盟的东胜市全境的 8 个乡,准格尔旗大部的 24 个乡、镇(不包括位于准格尔旗北部库布齐沙地和黄河平原的布尔陶亥乡、大路乡、篙亥树

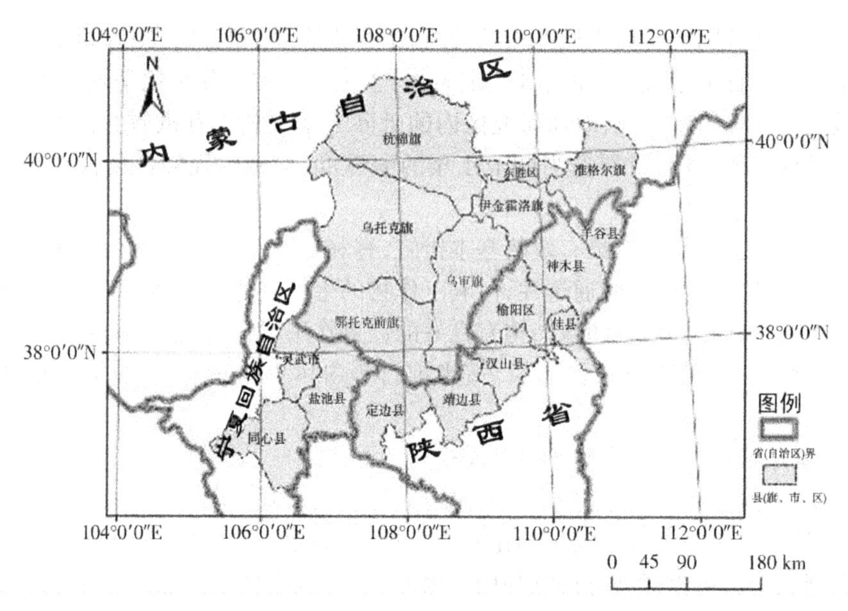

图 1.1　毛乌素沙地区域范围示意图

乡、十二连城乡），伊金霍洛旗东部的合同庙乡、哈巴格西乡、新庙乡和纳林陶亥乡，达拉特旗南部的呼斯梁乡、高头窑乡、青达门乡、耳字壕乡、敖包梁乡、盐店乡和马场壕乡。在陕西省的府谷县、神木县也有大面积分布，山西省的河曲县、保德县有零星分布。

砒砂岩在各县的分布面积见表 1.1，以内蒙古自治区准格尔旗面积最大，其次为陕西省府谷县，在山西省境内分布最少，仅在河曲、保德两县有零星分布。砒砂岩裸露区分布面积最大的县是达拉特旗和准格尔旗，但砒砂岩裸露最严重、侵蚀最厉害（剧烈侵蚀裸露区）的旗（区）是鄂尔多斯市准格尔旗和东胜区。砒砂岩覆沙区面积最大的市（县、旗）是伊金霍洛旗、神木县、东胜市，覆土区面积最大的旗（县）是准格尔旗和府谷县。

表 1.1　砒砂岩分行政区面积　（单位：km^2）

行政区	面积	行政区	面积	行政区	面积
杭锦旗	589.74	准格尔旗	5 565.23	河曲县	116.70
达拉特旗	2 193.63	清水河县	370.37	保德县	120.00
东胜市	1 480.01	神木县	1 996.89		
伊金霍洛旗	1 629.95	府谷县	2 622.97	合计	16 685.49

黄委绥德水土保持科学试验站及王愿昌等（2007a）对砒砂岩地区的研究均按照地表覆盖物的不同，抓住地面组成物质和土壤侵蚀两个因子，对砒砂岩地区进行分类，将砒砂岩地区分为裸露区、盖土区和盖沙区共 3 个类型区。

裸露区：砒砂岩直接见于地表，上面无黄土、风沙土覆盖或覆土极薄（0.5 ~ 1.5 m）。凡是此类砒砂岩面积占总面积 70% 以上的区域，即为裸露区。裸露区主要分布于砒砂岩区西北部纳林川以西的鄂尔多斯市及“十大孔兑”（孔兑即蒙古语“山洪沟”）的上游。总面积为 4 543.89 km^2，占砒砂岩区总面积的 27.2%。

盖土区：砒砂岩掩埋于各种黄土地貌之下，砒砂岩作为黄土沉积前的一种凸凹不平的古代地形，代表了黄土沉积前的整个沉积间断，凡是此类砒砂岩分布且砒砂岩出露面积达30%以上的区域，称为盖土区。盖土区主要分布于砒砂岩区的东部和西南部，黄河右岸皇甫川、清水川、孤山川流域及窟野河神木县城附近。涉及内蒙古准格尔旗、伊金霍洛旗、清水河县，陕西省神木、府谷，山西省河曲、保德等7旗（县），是砒砂岩分布面积最大的类型区。总面积为 8 432.40 km^2，占砒砂岩区总面积的 50.6%。

盖沙区：受库布齐沙漠和毛乌素沙地风沙等的影响，鄂尔多斯高原上的丘陵及梁地砒砂岩掩埋于风沙地貌之下，或形成部分沙丘及薄层（10～30 m）沙和砒砂岩相间分布的地貌景观，凡有此类砒砂岩分布，且出露面积达30%以上的区域，称为盖沙区。盖沙区分布在毛乌素沙地东北边缘与鄂尔多斯高原及黄土高原的过渡地带，窟野河流域王道恒塔水文站以上，涉及内蒙古伊金霍洛旗、东胜区、杭锦旗，陕西省神木、府谷、榆阳等县（旗、区），总面积为 3 709.18 km^2，占砒砂岩区总面积的 22.2%。

在黄委、王愿昌等（2007a）的研究结果之上，补充了陕西省境内砒砂岩在榆阳区及佳县的分布情况。按照上述分类方法，各类型砒砂岩地区在陕西省内的分布情况如表 1.2 所示。

表 1.2 各类型砒砂岩地区在陕西省内的分布情况 （单位：km^2）

行政区	裸露区	盖土区	盖沙区	合计
神木县	0	946.49	1 050.41	1 996.90
府谷县	0	2 476.18	146.79	2 622.97
榆阳区	0	994.47	1 121.43	2 115.90
其他县	0	643.68	965.52	1 609.20
合计	0	5 060.82	3 284.15	8 344.97

1.3.2 自然环境特征

1.3.2.1 地质条件

毛乌素沙地及其周边地区的地质基础是一个大型向斜式沉积盆地，盆地的基底是前寒武系结晶变质岩，经过多旋回沉积，形成了总厚度超过 6 000 m 的下古生界碳酸岩、上古生界—中生界碎屑岩和各种成因的新生界地层，经过第三纪准平原过程，到喜马拉雅造山运动才开始在北面抬升，南部相对俯倾，四周发生断裂，在今阴山以南、白于山与横山以北地区形成“河套古湖”。黄河河道基本形成以后，“河套古湖”经流水的冲积和洪积作用，形成台地，再经第四纪中后期以来的风沙活动，造就了今天的地貌景观（何彤慧，2008）。毛乌素沙地的石炭系—侏罗系的砂岩、泥岩层总厚度在 3 000 m 以上，含有丰富的煤炭、石油、天然气、煤层气及铝土矿物。新生界地层以第四系为主，而第四系又以洪积、湖积物，风成砂和黄土为主，其中洪积、湖积物厚度在 40～120 m，风成砂层厚数米至数十米，黄土在毛乌素沙地东南部达 200 m 左右不等（张新时，1994）。

毛乌素沙地广泛分布着被当地人俗称为“砒砂岩”的松散岩层，它具体指古生代二叠纪、中生代三叠纪、侏罗纪和白垩纪的厚层砂岩、砂页岩和泥质砂岩组成的岩石互层。该地层为陆相碎屑岩系，由于其上覆岩层厚度小、压力低，造成其成岩程度低、沙粒间胶结程度差、结构强度低。砒砂岩无水坚硬如石，遇水则松软如泥。由于这种岩层自身物理、化学性质和当地特殊的自然、人文环境，使得该岩层极易发生风化剥蚀（见图1.2）。砒砂岩区土壤侵蚀模数高达3万~4万 t/(km^2·a)，是黄土高原侵蚀最剧烈的区域，被称为“世界水土流失之最”和“环境癌症”。群众深受其水土流失危害，视其危害毒如砒霜，故称其为砒砂岩。

图1.2 毛乌素沙地砒砂岩区地貌与结构特征

1.3.2.2 地貌形态

毛乌素沙地的海拔高度一般在1 300~1 600 m，由北部与西部向东南降低。地貌主要是起伏的丘陵、梁地，缓平的洪积—冲积台地与宽阔的谷地或滩地，并有几条河流切割台地，形成河谷汇入黄河。在台地与滩地上大多覆盖着不同流动程度的沙丘与沙地，沙丘高度一般在5~10 m以下。滩地有埋藏深度不等的地下水，或在盆谷底部形成碱淖（湖），故称为“毛乌素”，为劣质水之意。毛乌素沙地的北部为黄河的冲积平原，地势低平，为鄂尔多斯主要农业区；在东部与南部则逐渐过渡为黄土丘陵与低山；沙地西北方有高大流动沙丘与沙山形成的库布齐沙漠，生态条件更为严酷。黄河以西、以北则为阿拉善与腾格里的戈壁与沙漠，已进入到荒漠地带。

1.3.3 社会经济特征

1.3.3.1 社会经济发展差异大

2009年，毛乌素沙地所在的17个县区人口总量约430万人，其中非农业人口约136万人，约占31.63%。由于近年来区内矿产资源开发强度明显加大，地区生产总值骤增，2009年超过3 255亿元。然而，受资源禀赋、开采强度及随之带来的产业结构差异的影响，毛乌素沙地地区社会经济发展水平差异巨大（见表1.3）。神木县、府谷县、东胜区、杭锦旗、伊金霍洛旗、鄂托克前旗、准格尔旗等矿产资源开采大县的产业非农化程度较高，人均GDP、农民人均纯收入等指标数值大大高于其他县区，人均GDP超过10万元，农民人均纯收入超过7 000元。而其他县区的社会经济发展水平则明显较低，如同心县、佳县的人均GDP仅5 000~6 000元，盐池县农民人均纯收入不足3 000元。

表 1.3　毛乌素沙地地区社会经济基本情况(2009年)

行政区	土地面积(km^2)	人口总量(万人)	农业人口(万人)	地区生产总值(亿元)	第一产业		第二产业		第三产业		农民纯收入(元)
					增加值(亿元)	比重(%)	增加值(亿元)	比重(%)	增加值(亿元)	比重(%)	
榆阳区	7 053	50.93	32.68	183.31	11.20	6.11	92.26	50.33	79.86	43.57	5 321
神木县	7 635	40.66	29.93	452.64	6.52	1.44	299.72	66.22	146.40	32.34	7 223
府谷县	3 229	23.05	18.37	162.56	2.38	1.46	132.69	81.63	27.50	16.91	5 615
横山县	4 333	35.17	31.52	60.75	7.20	11.85	36.17	59.54	17.38	28.61	4 215
靖边县	5 088	31.56	26.72	203.29	8.93	4.39	171.01	84.12	23.35	11.48	6 031
定边县	6 920	32.93	28.18	128.83	8.12	6.31	99.16	76.97	21.55	16.72	4 324
佳县	2 029	26.29	23.09	16.32	5.86	35.90	3.32	20.37	7.14	43.73	3 435
东胜区	2 512	25.31	3.11	507.40	2.10	0.41	200.47	39.51	304.83	60.08	7 943
杭锦旗	18 903	29.87	12.80	539.48	6.38	1.18	335.23	62.14	197.87	36.68	7 945
乌审旗	11 645	7.58	3.75	36.57	6.02	16.47	14.91	40.76	15.64	42.77	7 966
伊金霍洛旗	5 565	9.71	3.57	221.86	3.94	1.78	170.88	77.02	47.04	21.20	7 826
鄂托克旗	20 383	14.39	6.42	41.79	9.00	21.54	14.78	35.37	18.01	43.10	7 783
鄂托克前旗	12 180	10.70	5.05	153.13	6.81	4.45	110.26	72.01	36.05	23.54	7 945
准格尔旗	7 545	15.98	6.57	393.49	5.20	1.32	241.64	61.41	146.65	37.27	7 959
灵武市	4 539	23.55	16.00	111.55	5.58	5.00	88.23	79.09	17.74	15.90	5 733
盐池县	8 558	15.47	12.00	22.04	3.42	15.50	9.50	43.10	9.12	41.40	2 914
同心县	460	36.79	34.00	20.34	5.71	28.07	6.15	30.22	8.48	41.70	5 831
合计(平均)	128 577	429.94	293.76	3 255.35	104.37	3.21	2 026.38	62.25	1 124.61	34.55	6 235

注:数据来源:陕西统计年鉴2010、内蒙古统计年鉴2010、宁夏统计年鉴2010、中国县(市)社会经济统计年鉴2010(张淑英,2010)。

1.3.3.2　农业生产发展水平低

毛乌素沙地农业发展历史悠久,据史料记载,农业生产活动最早可追溯至春秋战国时期。受制于各个时期的气候因素、政治因素和社会因素,不同时期毛乌素沙地农业活动的主导方式不同。总体来看,毛乌素沙地所处的自然地理与行政位置,决定了该地区以草畜牧业为主,牧、林、农相结合的土地利用格局,是我国北方农牧交错带的重要组成部分。毛乌素沙地农业经营方式具有明显的过渡性特征,表现为半农半牧,形成了以明长城为界的农牧业结构,长城以内是以农为主兼营畜牧的区域,长城以外是农牧兼营以牧为主的区域(刘晓琼和刘彦随,2006)。在土地利用结构方面,南部低湿滩地以农业用地为主,北部周边以牧业用地为主;农业产业结构中,沙地东南部主要以雨养旱作农业和灌溉农业为主,畜牧业是沙地中北部的主导产业;种植制度以一年一熟为主,主要作物为玉米、春小麦、马铃薯,还有杂粮、油料作物,如大豆、向日葵等。该地区降水不足且季节性差异悬殊,难以满足农作物需求,加之农业生产的基础设施条件简陋,农作物受自然灾害影响,产量波动性较大,绝大部分光、热、水资源生产力因土壤、作物、技术等因素而损失,成为困扰该地区经济社会可持续发展的重要原因。

1.4 示范项目区概况

榆阳区位于陕西省的北部、无定河中游,东与神木毗邻,西北与内蒙古接壤,东南与佳县、米脂交接,西南与横山相连。地跨东经108°56′~110°24′,北纬37°49′~38°30′,东西长128 km,南北宽124 km,总土地面积7 053 km^2。榆阳区地貌大致为"七沙、二山、一分田"。以长城为界,北部为风沙草滩区,占全区面积的76.1%,南部为丘陵沟壑区,占全区面积的23.9%,整体地势东北高、西南低,海拔在870~1 405.4 m。区内地貌属鄂尔多斯地台,鄂尔多斯地台也称陕北构造盆地,其地台基底属前震旦纪,自震旦纪开始,连续接受沉积形成地台,基底的覆盖层主要是古生代和新生代的沉积岩。自第四纪以来,长城以北以风力作用为主,在流水、风化、重力、霜冻作用为次的外营力作用下,在地台上形成了绵延不断的沙丘和沙地。长城以南在地台上面覆盖了厚层的风成黄土,形成了黄土高原。由于地台新构造的特点是大面积垂直升降运动,且以上升为主,从而加剧了流水的侵蚀与切割,形成沟壑纵横、河谷深切的特殊地貌。

项目区涉及榆阳区小纪汗乡大纪汗村1个行政村,属典型的风沙草滩区。榆乌公路横贯全村。项目区地理坐标介于东经109°29′50″~109°31′44″,北纬38°26′23″~38°27′02″。

1.4.1 自然条件

1.4.1.1 气候

项目区地处内陆,属中温带大陆性季风气候,季节变化明显,温差大,光能资源充裕,热量资源较丰富。区域多年平均降水量413.9 mm,年平均气温8.1 ℃,极端最高气温为38.6 ℃,极端最低气温为-32.7 ℃,平均无霜期155 d,≥0 ℃年天数为250 d左右。最大冻土深度为148 cm。该区域多年平均降水量413.9 mm,年最大降水量695.44 mm(1964年),最小降水量159.6 mm(1965年),日最大降水量141.7 mm(1951年8月15日)。降水由西北向东南递增,主要集中在7~9三个月内,占全年降水量的70%,且表现为短历时集中降雨。降雨地域分布不均,风沙区一般在325~425 mm,丘陵区在400~500 mm,而且降水常以阵雨形式出现,历时短,地表径流含沙量大,是黄河中上游水土流失最严重的区域。多年平均蒸发量1 904 mm,区内平均风速3.5 m/s,最大风速18.7 m/s,气候特点为:春季冷热剧变,多风沙;夏季日照强烈,炎热期短;秋季降雨集中,温湿相宜;冬季寒冷漫长,少雨雪。影响施工的主要灾害性天气有冰冻、风沙。

1.4.1.2 地质地貌

项目区属陕北风沙草滩区,位于毛乌素沙地南缘、黄土高原北端,主要为平缓沙丘和沙链组成的风沙草滩地貌,其间及榆溪河两岸分布有零星滩地和草甸地。项目区处于毛乌素沙地,地势平缓、沙丘连绵起伏,丘间大小不等的滩地相间分布,区域地表多为风积沙层,厚度0~20 m不等,下部为厚度40~50 m沙拉乌素组沙层。海拔在1 202.33~1 218.37 m,总地势为西北高、东南低,为向榆溪河方向平缓倾斜的地形。

项目区地质构造为鄂尔多斯台地向斜的一部分,榆溪河属黄河水系无定河流域。地层上覆盖第四纪风积黄沙、沉积黄土，大气降水不易形成地表径流，含水较少，下部结构为新生界上第三系红砂岩和中生界侏罗系灰色中细砂岩。

1.4.1.3　土壤和植被类型

项目区土壤类型主要以风沙土为主，经测定，养分状况见表1.4。流动风沙土系风积沙母质，物理性砂粒（1 ~0.01 mm）含量高达89.1% ~90%，干燥、松散、无结构，随风流动性大，植被生存困难，不经改造难以利用。滩地风沙土和耕种风沙土土壤多为质地均匀的细沙土，疏松易耕，通气透水，土温易于提高，作物成熟快，但易风蚀，蓄水保肥力差，有机质含量低，受干旱脱肥威胁。

项目区内主要有干旱、半干旱草原沙丘植被带，荒沙滩地上零星栽植一些杨树、旱柳、沙柳、沙蒿等，植被覆盖率小于10%。项目区大部分为荒沙地，只零星生长蒿草，无林木。

表1.4　土壤养分状况表

类型	有机质（%）	全氮（%）	全磷（%）	全钾（%）
含量	0.028 91	0.075	0.062 8	2.650 5

1.4.1.4　自然资源

由于项目区地处榆溪河西岸远端，无地表径流，项目区唯一的可选水源是地下水。项目区地下水为侏罗纪三叠系碎屑岩裂隙潜水和第四系冲积层空隙潜水。根据项目区内和周边机井现状调查，河床周边浅层地下潜流丰富，河床以下20 m内潜水活跃，渗透系数为9.87 m/d以上。100 m以下为砂岩，含水量较少。潜水水化学类型为HCO_3—Ca型，矿化度为1.117 g/L，pH为7.4，总硬度为67 mg/L。水质良好，适宜人饮和农灌。现状机井涌水量为35 m^3/h左右。

项目区潜水主要接受大气降水补给、地下水侧向径流补给、凝结水补给及灌溉回归补给，由于地下水位埋深较小，加之项目区人烟稀少，故其主要损失途径是蒸发及侧向径流排泄。

项目区所在地目前的灌溉方式仍旧是大水漫灌，随着该灌溉方式对地下水的开采，加之近几年周边煤矿的发展，地下水位不断下降，因此必须采取更加节水、保水的技术来保证农业生产的可持续发展。

项目区内生物资源为零星生长的一些蒿草。项目区家畜以羊、猪为主。项目区内及周边没有探明任何矿产。

1.4.1.5　自然灾害

项目区自然灾害发生频繁，主要有干旱、暴雨、大风、冰雹、霜冻和干热风等，这些灾害对农业生产危害极大。另外，项目区水土流失严重，该区处于榆溪河西岸远端，植被稀疏，一遇暴雨，土壤易遭受侵蚀，沿河表土进入河道后，使河流泥沙含量增大，加剧了洪涝灾害。

1.4.2　社会经济条件

大纪汗村属省级“一村一品”示范村。总面积为12.4 km^2，耕地面积3 310亩，林地面积 4 965 亩,人工草地面积 1 554 亩。截至 2008 年,全村共有 4 个村民小组,193 户,777 人。村主导产业是舍饲养羊和温棚养猪,养羊 1.4 万只、猪 1.9 万头。种植玉米 2 800 亩,粮食产量1 632 t。人均纯收入 10 259 元。

1.4.3　基础设施状况

1.4.3.1　道路设施

项目区东侧有一条榆乌公路,交通较为方便,但没有贯通项目区。项目区内道路较少,布局不合理,生产通行条件差,与农业机械化要求相距较远。

1.4.3.2　水利设施

项目区潜水主要接受大气降水补给、地下水侧向径流补给、凝结水补给及灌溉回归补给,由于地下水位埋深较小,加之项目区人烟稀少,故其主要损失途径是蒸发及侧向径流排泄。

项目区所在地目前的灌溉方式仍旧是大水漫灌,随着该灌溉方式对地下水的开采,加之近几年周边煤矿的发展,地下水位不断下降,因此必须采取更加节水、保水的新技术来保证农业生产的可持续发展。

项目区周围水利设施落后,项目村 4 个组建有管井 23 眼,这些井分别建于 20 世纪 80 年代后期和 90 年代,但机组、水泵年久失修,带病运行,灌溉保证率低,灌水方式落后,水资源利用率低。

1.4.3.3　电力设施

供配电系统设计需按照“安全要求、导线电线截面的选择应符合允许载流量和允许电压的要求,要进行技术经济比较、择优选择”等原则进行。低压配电线路多采用架空线路形式,主要由导线、电杆、横担、绝缘子、金具和拉线等组成。一般遵循距离短、转角少、架空在开阔以及交通方便的地方。

项目区已完成农村电网改造,区内有 380 V 线路,距离 10 kV 高压线路 0.65 km。架设 10 kV 线路 2 569 m,埋设 0.4 kV 线路 12 389 m;安装 160 kVA 变压器 2 台。

1.4.3.4　生态环境设施

生态环境建设是土地工程中一项重要的内容,在土地工程中结合渠、沟、路营造渠(沟)林、道路林,能起到降低风速、增加湿度、降低温度、调节光热、涵养水源和改善田间小气候以及美化环境的作用。

农田林网工程主要包括农田防护林、梯田埂坎防护林(草)、护路护渠林、护岸护滩林等。农田林网工程是在没有特殊灾害的地方,建在田块周围以降低农田内的风速,减少田内水分蒸发、改善农田内的小气候为目的的小片林带。要在土地整治总体规划布局下进行,要对田间道路和干、支、斗渠全面绿化,构成方田林网。选用树种要根据当地气候、适宜性、经济等因素综合考虑确定。

项目区有零星林草,主要是蒿草,常年植被覆盖率低,覆盖率不到 10%,无生态环境保护设施。沿环项目区外围和主干路两侧种植樟叶松、沙柳及割头柳共 2 万余株。

1.4.4 土地利用现状

1.4.4.1 土地利用情况

项目区属陕西长城沿线风沙滩地土地整治开发区。长城沿线风沙滩地整个区域范围涉及榆林定边、靖边、横山、神木和榆阳4县1区,面积1.63万km^2,以土地开发为主,规划期区内开发总规模25 644 hm^2(38.47万亩),预计可增加耕地面积17 951 hm^2(26.93万亩)。区内土地利用比较粗放,耕地后备资源量较大。土地综合整治重点:一是结合水利建设和水资源的综合利用等,适度开发耕地后备资源;二是对农用地进行综合整治,改善农业生产条件,提高农用地质量。

根据榆阳区土地开发整治专项规划,项目区可开发总面积为9 000余亩,开发前地类为荒草地。

1.4.4.2 土地利用有利因素和限制因素

有利因素:属大陆性半干旱季风气候,季节变化明显,温差大,热量资源丰富,是我国太阳能最为丰富的地区之一,光照充足,日照时数达2 900~3 200 h,空气清新,≥10 ℃积温2 900~3 300 ℃,有利于瓜果生长,具备农作物高产、丰产的自然条件。此外,项目区还具有相对丰富的水资源,土壤疏松,通透性好,耕性良好,土地产出率高,地下水较丰富,适合于种植各种农作物。

限制因素:地处北方农牧交错生态脆弱区,生态环境极易破坏,人地矛盾相对突出;土地沙化严重,农作物不能种植或产量低下,农民对土地的重视程度普遍不高;土壤质地为风沙土、淤积土,有机质含量偏低,磷含量较低,钾含量相对较高,pH为7.4,土质疏松,空隙度大,保水保肥能力差,需覆盖客土;风沙严重,植被覆盖率低,需高度重视环境保护工作。

第 2 章　研究进展和基础

保护地球环境是全人类的义务，治理沙漠关系到全球 100 多个国家，40% 的陆地面积和 10 亿人口的未来命运（何斌，1995）。毛乌素沙地地处北方农牧交错生态脆弱区，生态环境极易受到破坏，人地矛盾相对突出。境内土地沙漠化和砒砂岩的水土流失，严重制约着该区域的可持续发展。治沙和防止砒砂岩的水土流失是毛乌素沙地很多地区面临的首要任务。

2.1　毛乌素沙地资源开发利用情况

毛乌素沙地地区土地资源开发较早，拥有悠久的农耕文化，史料记载农业生产活动最早可追溯至春秋战国时期（吴薇，2001；牛兰兰等，2006；胡兵辉等，2009）。长期以来，毛乌素沙地的许多地区乱垦滥伐、广种薄收的土地经营方式，以及在农业生产中只重视粮食生产，而忽视林业和草地经营，导致植被稀少，水土流失严重。伴随着人口数量的剧增，人类活动对环境的破坏明显加剧，加强土地资源保护日益重要（张凤荣等，2006）。农业结构调整过程中，粗放型畜牧业经营方式远远超出草场实际承载能力，毁林开荒和草地耕垦虽增加了耕地，但加剧了生态系统环境的恶化。同时，在沙地柏、甘草、发菜等野生植物的开发利用中，不少人只顾眼前利益，盲目采挖，造成资源枯竭，植被破坏严重（杨述河和刘彦随，2005）。

尽管如此，随着生态环境保护意识的逐渐增强、外界消费市场需求的快速转型、农业科学技术水平的大幅提高，近年部分地区充分利用毛乌素沙地独特的气候环境特征和丰富的土地资源进行现代高效农业生产，很好地促进了传统农牧业向资源节约型、环境友好型现代农业的转型（见图 2.1）。典型地区的有：靖边县引进国外先进品种开展优质马铃薯的规模化种植和产业化经营，创下马铃薯高产纪录；地膜覆盖配套栽培技术的大面积推广，使得作物抗旱高产性能大大增强；矮化密植丰产枣园在黄河沿岸大面积推广；乌审旗顺利通过农业部绿色食品管理办公室和中国绿色食品发展中心全国绿色食品原料标准化生产基地的认证，成功地实现了由无公害食品基地向绿色食品基地的转型升级，率先成为内蒙古自治区通过绿色基地认证的旗区，其现代农业示范基地建设面积达 8.8 万亩，全部实现了节水灌溉、机械化作业等“六化”（规模化、集约化、标准化、生态化、产业化、国际化）标准。

榆林市地处北方农牧交错带上典型的生态脆弱区，在地貌上为毛乌素风沙区向陕北黄土丘陵区的过渡，2002～2010 年，全市通过土地开发整治共补充耕地面积 18 715 hm^2。其中，土地开发增加耕地 12 819 hm^2，占 68.5%；土地复垦增加耕地 42 hm^2，占 0.22%；耕地整理增加耕地 5 854 hm^2，占 31.28%。据统计，2002～2010 年，全市通过土地开发整治实际补充耕地 11 883 hm^2。其中,“十一五”期间(2006~2010 年)全市土地开发整治新增耕地 3 627 hm^2,土地开发补充耕地 11 266 hm^2,土地复垦补充耕地 129 hm^2,土地整理补充耕地 488 hm^2,分别占补充耕地总面积的 94.81%、1.08% 和 4.11%。通过开展土地综合整治工作,榆林市补充了耕地面积,实现了全市耕地“占补平衡”目标;改善了农业生产条件,增强了耕地综合生产能力;壮大了农村集体经济,增加了农民收入,促进了“三农”问题的解决,取得了明显的生态效益,使约 1.2 万 hm^2 的荒沙、荒草地、滩涂变为良田、其他农用地。

(a)土地整治发展马铃薯种植

(b)土地整治与现代高效农业相结合

图 2.1 毛乌素沙地土地整治与现代高效农业生产

从榆林市耕地结构上看,2012 年耕地面积 1 033 934.89 hm^2,其中,旱地面积 875 970.42 hm^2 占耕地面积的 84.7%;水浇地面积 154 376.04 hm^2,占 14.9%;水田面积仅3 588.43 hm^2,只占 0.4% 左右。旱地受水资源限制作用明显,加之重用轻养现象比较普遍,耕地整体质量较差。据 2010 年统计,全市中低产田面积占耕地面积的 78.64%,高产田面积仅占耕地面积的 21.36%;农田建设相关基础设施陈旧落后,沟渠配套设施不齐全,严重阻碍了市域高标准基本农田建设的推进,农田建设有待进一步加强。

2.2 沙地治理的国内外研究进展

2.2.1 国外研究进展

1992 年,联合国召开了 100 多个国家元首和政府首脑参加的联合国环境与发展大会,指出当前的主要环境问题一是工业化的废水、废气、废渣带来的环境污染,另一个就是过度的开发自然资源导致的森林锐减、水土流失、土地的沙漠化。第 47 届联合国大会根据联合国环境与发展大会的决定于 1993 年 6 月在内罗毕召开了防治沙漠化国际公约谈判会,建立了治理沙漠化的全球性合作体制(何斌和那荣华,1995)。

风蚀过程的荒漠化(沙漠化)治理研究已有 100 多年。20 世纪初,美国对其中西部地区的大规模农业开发,导致风蚀荒漠化迅速发展,沙尘暴频繁发生,引起政府和学者们的关注,美国农业部专门成立了水土保持局,开始系统的土壤风蚀研究(赵士洞,2004)。苏联在 20 世纪 30 年代修筑中亚铁路过程中,启动了铁路沿线的风沙危害防治研究。20 世纪 60 年代末到 70 年代初,非洲 Sahel 地区持续大旱,沙漠化迅速发展,经济停滞,导致这一地区的政局动荡,引起各方对沙漠治理的高度重视。联合国于 1975 年通过了"向荒漠化进行斗争行动计划(第 3337 号决议)",1977 年,联合国召开了世界荒漠化大会(UNCD)。之后,各国相继加强了对荒漠化治理的研究。其中,美国的研究多集中在土壤侵蚀过程,并在风沙动力学研究方面取得了较快进展,但由于缺乏对土壤风蚀物理过程和机制的深入研究,使得众多风蚀理论与方案往往存在分歧,简单地推广基于某一地域的数据的风蚀模型可能导致很大的误差。苏联的研究工作主要集中于铁路的工程和生物防沙及沙漠化农田改造,并在植被的恢复演替过程和沙地水循环过程研究中取得了较为丰富的成果。欧美国家以及以色列、日本等国在非洲、中东、南美洲等地区对沙地治理也做了很多有益的工作,其中"沙漠化物理过程"、"沙漠化生态农业"等研究就颇具代表性。非洲的研究则集中于土地沙漠化的防治和如何提高旱地的生产力上。同时,以 1994 年《联合国防治荒漠化公约》签署生效为新的起点,UNC - CD(全球防治荒漠化公约组织)、UNEP(联合国环境规划署)、UNDP(联合国开发计划署)、FAO(联合国粮食及农业组织)等国际组织实施了一系列防治荒漠化的行动计划,通过大量的实地调查、遥感动态监测和系统研究,总体上查明了全球荒漠化的分布、发展动态,进一步认识了各种荒漠化影响因素的作用(王涛,2009)。

从国外对沙地治理研究现状来看,主要集中于以下几方面:研究砂黏混合土在固结测试中的微结构变化(Kanayama et al. ,2009);调查研究沙漠环境中的典型沙丘的土壤水分和温度模式,选择裸土和植被土壤样带用于观察土壤水分和温度(Berndtsson Ronny et al. ,1996);研究一种用于估算沙漠地区塌陷土和砂混合土的永久变形的方法,混合土用于路面施工(Moussa and Gomaa,2002);研究风沙土耕作类型对垂直杂草种子库分布的影响(Swanton et al. ,2000);介绍半干旱地区通过留茬进行水土保持(Hatfield,1990);研究膨润土和沙土混合的渗透性与可压缩特性(Pandian,1995);研究半干旱地区的本地土壤和保水技术(Wakindiki and Ben-Hur,2002);研究渗灌系统的潜力,在沙特阿拉伯的热环境状况下利用渗灌进行保水令人满意(Mohammad and Fawzi Said,1998);研究在津巴布韦半干旱地区,保护性耕作方法对土壤水分状况的影响(Mupangwa et al.,2008);研究德国东北地区风沙土的保护性耕作(Ellmer et al.,2001);发明了一种用于人造干海滩规划用土的混合土,混合土地由海底清淤的砂土和黏土混合而成,其渗透系数为 1×10^{-4} cm/s 或以上(Shimada Yoshihiko,2001)。Schlesinger 等发表的荒漠化的生物学反馈研究,揭示了荒漠化过程中人为活动和气候变化导致的水文过程变化往往会引起植被和土壤资源格局的改变,阐明了干旱区不同尺度植被和土壤异质性规律及其与荒漠化的关系,促进了荒漠化研究中以生物过程为主线与其他学科的交叉。Reynolds 等(2007)分析总结了荒漠化、环境与社会变化以及消除贫穷等方面的进展、经验和教训,提出了集成土地退化、生物多样性安全、贫穷和文化保护等方面的干旱区开发范式。

美国西部荒漠的治理措施(刘志仁,2007)具体如下:

(1)荒漠化土地开发与保护并重。美国早期的西部开发是以土地开发为中心展开的。为土地开发提供规范的1784年、1785年和1787年土地法的核心是“公地出售原则”,从而将整个西部开发置于土地市场经济的基础之上。在美国土地自由化、商品化的进程中,宜耕地基本售完,剩下的大多是由于过度开采引发的荒漠化土地和原有的荒漠化土地。于是,美国政府适时地制定了灵活的荒漠治理措施,从国会颁布的法令看,开发荒漠与保护环境并重,在开发荒漠中保护环境,在保护环境中开发荒漠,以荒漠产权换取荒漠生态化。

(2)应用综合生态系统管理方法治理沙漠化。综合生态系统管理方法作为一种可持续自然资源管理的重要方法,是将法学、生态学、经济学、社会学和管理学原理巧妙地应用到对生态系统的管理之中,以此产生、修复和长期保持生态系统整体功能和期望状态。它的主要目的是要创立一种跨越部门、行业或区域的综合管理框架。

针对美国西部开发中水土流失和环境破坏的情况,西奥多·罗斯福总统在20世纪初首提自然保护的思想,经过反复的探索和实践,在综合的自然资源和生态系统管理方面,走出了本国的成功之路(滕海键,2002)。

以色列荒漠的治理措施(刘志仁,2007)具体如下:

(1)稀树草原化。稀树草原本是热带干旱地区的一种自然植被景观,介于热带雨林与半荒漠之间,其特点是以草本植被为主,散生一些孤木或树丛。以色列仿照这一热带自然景观,于1986年由犹太人国民基金会在内盖夫荒漠启动了稀树草原化项目,其目的在于增加荒漠地区生物生产力和旱地利用的多样性。此项目确立的三大目标是:在退化土地上建立和经营人工稀树草原;在保护旱地生物多样性的同时,采取生态和水文措施培肥土壤,以增加生物生产力;在干旱地区推广径流集水技术及进行降雨、径流、土壤湿度和动植物间正效互作的模式研究。

(2)水资源的经济开发利用。以色列是水资源短缺的国家,荒漠开发遇到的首要也是至关重要的问题就是水资源短缺。为了解决这一问题,以色列对水资源进行了有效的保护、管理、调配和使用,特别是对“边缘水资源”(废水回收、人工降雨、咸水淡化)进行了有效开发，并通过各种节水措施，使之在农林业方面取得了显著成效。一是地表径流集水，主要是在流域内分级建设一些集流坎、蓄水坎、沟道集流工程，将雨季降水形成的不固定水源收集起来用于农林业生产。二是深层地下苦咸水开发，特别是在南部地区，把苦咸水与淡水混合通过滴灌技术发展旱作农业和渔业，不仅解决了农业用水问题，也有效治理了土地盐碱化，且利用苦咸水灌溉作物品质良好。三是加强对民用废水的收集处理并广泛用于农业生产。废水的回收利用增加了水源，减少了环境污染。

(3)水资源的保护和管理，为加强对农业用水的管理，针对不同作物的需水情况，制定了全国统一的灌水标准和最佳灌水期，对超标用水实行高价收费。另外，对荒漠改造、林业建设、农业开发用水则实行低价优惠。通过将水价作为农产品生产管理的宏观调控手段之一，鼓励生产出口创汇农产品，该措施具有独到之处(高玉英,2001)。

国际上很多国家的沙地治理都是以具体的项目为依托的。项目的实施就是规划的执行过程和实现途径。无论是政府执行的还是私人执行的项目，在执行前都需要经过缜密的论断，从经济可行性、社会影响和生态影响等各方面对项目进行筛选，力保该项目是该块土地在规划下的最佳利用方式(罗文斌等,2011)。

2.2.2　国内研究进展

我国是发展中国家，也是防治沙漠化国际公约谈判会的重要成员国，治理、开发、建设沙漠是我国的长远目标。为治理、改造沙漠，1991 年，林业部在兰州召开了“全国治沙工作会议”，由国务院批准成立了全国治沙协调小组，制定了治沙十年规划。1993 年，全国防沙治沙工程建设会议在内蒙古赤峰市召开，把治沙当成重要的建设项目纳入国民经济和社会发展计划，有规划、有规模、有目标地对沙漠进行治理(何斌和那荣华,1995)。

从国内对沙地利用研究现状来看，主要集中于以下几个方面：沙土和盐碱土混合成沙碱土进行造田，研究混合后的沙碱土特性，当盐碱土中混入 40% ~60% 的沙丘风沙土时，可满足种植玉米、向日葵等旱作作物的条件(周道玮等,2011)；将沙土和煤矸石按照不同的比例混合，种植当地特征植物黄豆和谷子，利用不同比例下植物的生长状况得出沙土和煤矸石的最佳配比(张晓薇和詹强,2010)；毛乌素沙地推平后通过混合黄土或者其他改良剂改善沙地的立地条件，建设防护林或者种植植被固定沙地(王仁德和吴晓旭,2009)；研究用泥炭改良风沙土的方法，改良风沙土用于种植大白菜(马云艳等,2009；于占源等,2010)；研究榆林沙区防风固沙林结构与效益(吴卿等,2010)；研究在砒砂岩地区利用沙棘植物的拦沙作用、沙棘人工林地土壤水分物理性质、沙棘植物对土壤改良效应等(杨方社等,2007；殷丽强等,2008；杨方社等,2010)；研究砒砂岩岩性特征对抗侵蚀性影响(叶浩等,2006)；研究不同植被类型对青龙湾沙区土壤物理性状的影响(刘路阳等,2011)；调研砒砂岩地区水土流失治理措施(王愿昌等,2007b)；研究砒砂岩地区沙棘种植技术和砒砂岩地区沙棘根系改良土壤作用(徐双民,2009；何京亮和郭建英,2008)；研究砒砂岩地区复合农林系统构建技术与模式(殷丽强,2008)；研究榆林毛乌素沙地固沙林地土壤质量演变机制(王彦武,2008)；研究固沙保水植草种树绿化沙漠的方法(林廷勇,2006)等。

为了控制风沙危害，改善生态环境和农牧业生产条件，学者提出了多种(韩丽文,

2005;孙丽敏,2005)毛乌素沙地的生态修复措施,但当地的土壤和水分条件限制了这些措施的开展(牛兰兰等,2006)。境内风沙土基质为沙土或细沙粒,土壤无发育,粒径在1~0.25 mm的沙粒约占75%,0.25~0.05 mm的约占20%,结构疏松,保水保肥性差,有机质和养分含量很少,水分的深层损失量大且有效利用率很低。仅靠植被的自然恢复短期内很难达到恢复植被的目的。例如,飞播造林已有30多年的历史,但飞播后种子的稳定性差,成活率低,尤其是在流动性很强的沙地上,由于沙面极不稳定,水分条件差,植物入侵困难。因此,毛乌素沙地的治理需要将工程固沙措施与生物固沙措施结合起来(李维和张强,2007)。

鉴于以上问题,王仁德等(2009)提出了毛乌素沙地治理的新模式,即沙地治理及综合利用新模式,包括沙丘推平—沙地改良—打井灌溉—植被固沙—综合利用5个主要环节,核心问题是沙地改良。沙地改良的方法中,比较常用、易于施工的方法就是将沙土与黄土按照一定配比混合,以改变沙土的物理、化学性质,增加土壤保水保肥性能。但该方法在榆林的沙荒地治理中很难实行,一方面,当地最近的黄土土源在50~60 km外,仅拉土成本就高达10.5万元/hm^2,工程成本高;另一方面,陕北属于黄土高原沟壑区,大量开采黄土势必会加速水土流失和环境恶化。

土地退化是造成我国耕地面积减少的重要原因之一,而沙漠化则是我国土地退化的一个重要类型。作为我国四大沙区之一的毛乌素沙地,其本身存在着巨大的挖掘潜力;沙地境内,土地沙漠化和砒砂岩的水土流失,严重制约着该区域的可持续发展。Han等(Han et al.,2012)研究提出,毛乌素沙地的砒砂岩和沙二者物理构成存在一定的互补性,将其按照一定比例混合后,可以达到改善风沙土的理化性状、提高生产力的目的。刘定辉等(刘定辉和李勇,2003)研究表明,植被尤其植物根系是改善土壤结构的一个重要因素,植物根系可以增加土壤水稳性团聚体及有机质的含量,稳定土层尤其是表土层结构,创造抗冲性强的土体构型。吴淑杰等(2003)认为,根系等对土壤的挤压是造成土壤水平结构差异的主要原因。

明清以来,受自然气候条件和人文活动干扰的综合影响,毛乌素沙地的沙漠化态势明显加剧,给我国北方地区的生态安全造成巨大冲击。我国自1978年开始大规模治理毛乌素沙地以来,出台了禁止滥垦、滥采、滥伐的相关措施,以及薪炭配送和薪炭林补贴政策,并通过沙地飞播造林、封沙育林育草、沙区农田生态经济型防护林建设等方式进行沙漠化区域的综合治理,取得了初步成效。如在飞播方面,毛乌素沙地是我国最早(1958年)开始飞播治沙试验的地区,也是成效最为显著的沙区之一。经过30多年的飞播试验与生产,在飞播植物种选择、最佳播期、播种量、防止种子位移、播区规划设计、播种作业技术及播后经营管理等方面进行了系统研究,积累了大量的资料和宝贵的经验(沈渭寿,1998)。在沙漠化区域的生态重建方面,中国科学院植物研究所在"七五"和"八五"期间对鄂尔多斯高原毛乌素沙地草地开展了大量研究,提出了在该地区进行沙化草地生态恢复重建中应遵循水分平衡原则、半固定沙丘原则、灌木优势与多样性原则和景观决定原则,以及采用了景观组成"三圈"模式:滩地绿洲高产核心——软梁沙地半人工草地与低矮沙丘、沙地林果灌草园——硬梁地与高大沙丘及半固定沙丘、流动沙丘防护放牧灌草地,比例约为

1∶3∶6。“三圈”相辅相存，构成毛乌素鄂尔多斯沙地草地区可持续发展的荒漠化防治优化生态经济管理与生产模式。在此基础上引进高产优质作物、牧草、林果等新品种，采用一系列高效节水灌溉技术、径流集水与保水技术等节水农牧业措施，开发优质种苗的快速繁殖技术，指导区域的荒漠化防治工作（郑元润，1998）。

在陕北榆林地区，各级政府和当地群众多年来坚持不懈地开展了沙漠化的整治工作。该区属荒漠草原—干草原—森林草原过渡的界面地带，过渡性与生态脆弱性明显（刘昌明等，1999），成为陕北地区沙害严重的地区。考虑到降水及气候特点，根据不同的立地条件，来划分不同的土地利用类型，因地制宜建立综合防治及开发利用模式，先固定流沙，然后进行农业资源综合开发利用，充分利用沙地光、热、水、沙等自然资源，组合各种技术，建立可操作性强的土地资源整治、配置模式（刘彦随和杨述河，2005）。引水拉沙造田是沙区农业开发的一种形式，是防沙治沙的一种模式，在有水源条件的沙区，具有一定的地势高差的地区均可推广应用（王玉华等，2008）。具体措施包括：

（1）建立以“带、片、网”相结合的防风沙体系，采取丘间营造片林与沙丘表面设置沙障，障内以栽植固沙植物的方法来固定流沙；同时加强对固定、半固定沙丘的封育与天然植被的保护。榆林城北红石峡以西的沙区便是整治的一个好例子。

（2）建立以窄林带小网格为主的护田林网与滩地边缘固定、半固定沙丘的封育、草灌结合固定流沙等措施组成一个农田防护体系，在滩地内发展灌溉农业，使一些“小绿洲”散布于沙丘之间的丘间低地中，将沙漠化土地分割开来，削弱其危害程度。榆林芹河乡的莽坑、前湾滩等地便是一例。

（3）对面积较大、高大起伏密集的流动沙丘地区，采取飞播固沙植物和人工封育相结合的方法固定流沙，并使其逐渐改良成为草场。

通过上述努力，榆林市的沙漠化土地整治已取得了明显的成果。

从时序上看，20 世纪 50 年代至 90 年代初期，毛乌素沙地的荒漠化整体上处于迅速扩展之中，只是某些局部地方植被得到一定程度的恢复；荒漠化扩展存在明显的空间和时间差异，西北部纯牧区扩展速度远远高于东部和南部半农半牧地区，20 世纪 70 年代末至 90 年代初扩展速度远远低于 20 世纪 50 年代末至 70 年代末的；荒漠化的迅速扩展主要是由于不合理的人类活动造成的，气候波动也有一定影响（吴波等，1998）。进入 21 世纪后，生态建设成为西部大开发的战略重点之一，一些企业进入治沙行业，充分利用沙漠资源开发新产业，如沙柳、甘草、沙棘等沙产业和饲草料加工等草产业以及沙产业、林产业等，推动了防沙治沙工程的发展。由此，毛乌素沙地以治理为目的和手段的沙漠化治理取得了一定成效，尤其是自 1998 年以来的生态环境综合治理、水土保持、退耕还林还草等生态恢复与生态建设工程实施效果明显，毛乌素沙地呈现“整体遏制，局部好转”的良好局面。但是，部分地区丰富的煤炭、天然气和石油等资源的大规模开发利用，忽视了生态环境保护工作，造成地下水资源的严重破坏，地面塌陷事故时有发生，加上长期以来农作区已开垦土地的不合理利用和牧区草地退化现象依然存在，在毛乌素北部和西部地区沙漠化面积仍有不断扩大的趋势。只是在局部地区，经过治理，植被得到一定程度的恢复，毛乌素沙地沙漠化防治任务依然艰巨（潘迎珍等，2006）。

2.3　砒砂岩区治理及土地利用

砒砂岩区由于剧烈的水土流失、生态脆弱、地力地下，导致其难以利用，然而在耕地资源日趋短缺的形势下，砒砂岩区土地成为了重要的后备耕地资源。无论是从生态保护的角度，还是从增加耕地的角度考虑，砒砂岩区的治理和土地利用成为研究的重要课题。

2.3.1　砒砂岩的治理现状

新中国成立以来，尤其是 20 世纪 80 年代以后，国家在砒砂岩区先后开展实施了一系列的科研和治理项目，如治沟骨干工程建设、沙棘资源建设、国家生态环境建设工程等水土保持综合治理、晋陕蒙接壤地区砒砂岩分布范围及侵蚀类型区划分、砒砂岩地区环境特征调查与植被建设发展战略研究、砒砂岩区植被建设途径的研究、晋陕蒙接壤区砒砂岩分布区水土保持综合治理研究、砒砂岩筑坝技术研究、砒砂岩地区植物柔性坝试验研究等项目，取得了一定的治理研究经验和阶段性成果，对砒砂岩区的综合治理起到了指导和促进作用(王愿昌等,2007a)。“十二五”科技支撑项目“黄河中游砒砂岩区抗蚀促生技术集成与示范”于 2013 年正式启动。

1985 年，水利部部长钱正英提出“以开发沙棘资源为加速黄土高原治理的一个突破口”后，沙棘成为治理砒砂岩、减少黄河粗沙的重要措施。1990 年开始，实施了“内蒙古砒砂岩区沙棘专项治理工程”、“沙棘资源建设示范区项目”、“沙棘治理砒砂岩工程”、“晋陕蒙砒砂岩区沙棘生态工程”、“中国沙棘援助项目”、鄂尔多斯高原砒砂岩沙棘生态工程，晋陕蒙砒砂岩区窟野河沙棘生态减沙工程，奠定了沙棘在治理砒砂岩地区水土流失的重要作用。

目前，砒砂岩地区治理措施主要包括植物治理措施、工程治理措施、综合治理措施。

2.3.1.1　**植物治理措施**

(1)植物治理措施类型

植物治理措施主要有防护林带、防护埂、封育措施、植物柔性坝等。

①人工造林

砒砂岩区植被覆盖度低，土壤表层缺乏有效的保护，极易遭受风力、水力、冻融侵蚀，造成严重的水土流失。因此，在保护现有天然植被资源的基础上，大力发展人工林建设，是增加植被覆盖度、控制水土流失的有效途径。现有植物种如柠条、沙棘、沙柳、油松、花棒、羊柴、樟子松、杨树、柳树等，对环境条件具有极强的适应性和遗传稳定性，科学合理地开发利用这些植物资源，是该区人工林建设的重要内容和途径。在人工林建设方式上，现有防护林、放牧林(包括饲料林)、薪炭林、用材林等。

②人工种草

砒砂岩地区对退化严重的天然草场，只靠封育还远远达不到草场培育的目的，还需大力开展补播改良和人工种草。在弃耕地和严重退化的草地上可以种植的物种有沙打旺、苜蓿、友友草、草木樨等人工牧草。据内蒙古地区的资料，草场补播改良 2 年后，每公顷产草量可由 825 kg 提高到 1 875 kg。补播改良速度每年按草场面积的 15% 进行。在荒山、荒沙地，配合灌木，种植细枝岩黄芪、蒙古岩黄蔑、沙米、沙篙等，既可以治山治沙，减少水土流失，又可以为牲畜提供饲草，促进畜牧业的发展（金争平，1998）。

③植物柔性坝

植物柔性坝是以植物作为拦沙框架坝型材料，在砒砂岩地区广泛实行的一种减少水土流失的植物措施，植物以沙棘为主。沙棘柔性坝针对砒沙岩区产流、产沙、输沙特点，按照“以柔克柔”（针对松散颗粒构成的谷坡）和“以柔消能”（针对沟壑的暴雨股流）的思路，以沙棘作为拦沙框架坝型材料，优选合适的沙棘苗，在支毛沟内（指黄河的 4、5 级支沟），汛前或汛后，按一定株距和行距垂直于水流方向交错种植若干行，利用沙棘的干起到撞击、分散股流，达到消能的作用，枝叶起到扰流和阻水作用，从而拦截暴雨洪水挟带的大量泥沙，改变沟壑的输水输沙性能，达到就近把泥沙（尤其是粗沙）拦截在沟壑之中的目的（毕慈芬等，2003b）。

柔性坝系对沟道土壤水分具有较强的调节作用，可减缓沟道土壤水分蒸发，增大土壤入渗，达到拦沙保水的目的；柔性坝系发达的根系可显著地改善沟道土壤的理化性质和肥力，提高土壤的蓄水保土功能（马莅春等，2010）。《砒砂岩地区植物柔性坝试验研究报告》表明：在砒砂岩地区支毛沟上游沟段，建立沙棘植物柔性坝系，可拦截暴雨产生的高含沙洪水所挟带的粗泥沙，能起到集拦沙、泄流、削峰、缓洪、抬高侵蚀基点和生态恢复功能于一体的特殊作用；年平均泥沙淤积厚度 0. 3 ~ 0. 4 m；沙棘植物柔性坝年均拦沙量占同期流域产沙量的 88%，拦沙量中粗沙占 78%，是一项非常有效的生物治沟措施。马莅春等（2010）研究表明：沙棘植物柔性坝可以拦截 4、5 级支毛沟的粗沙，与刚性淤地坝配置，可拦截 80% 的粗沙，拦截径流泥沙总量在 85% 以上。当年沟底淤积厚度 25 ~ 40 cm，4 年最大淤积厚度 1. 2 m。

沟道种植沙棘后，沙棘拦沙坝有自我完善、动态发展和减沙能力逐步增强的趋势。沙棘拦沙坝发展过程，一是沙棘迅速生长和滋生大量萌蘖苗，沙棘林密度迅速加大，沙棘林枝干减缓洪水流速、拦截泥沙能力逐步提高；二是沙石逐渐拦截在沙棘林中后，与沙棘枝干一起形成了一个共同体，该共同体可以增加洪水入渗，变地表径流为壤中流，减小了水流冲力和挟沙能力，这样可以使更多泥沙沉积在沙棘林中，如此反复发展，沙棘拦沙坝拦沙能力逐步增加（徐双民，2009）。

（2）植被物种选择

①油松

油松（*Pinus tabulaeformis Carr.*）属乔木，为我国特有树种，产自吉林南部、辽宁、河北、河南、山东、山西、内蒙古、陕西、甘肃、宁夏、青海及四川等省区，生于海拔 100 ~ 2 600 m 地带，多组成单纯林。其垂直分布由东到西、由北到南逐渐增高。辽宁、山东、河北、山西、陕西等省有人工林。喜光、喜干冷气候，在土层深厚、排水良好的酸性、中性或钙质黄土上均能生长良好（中国植物志，2004）。

油松是砒砂岩区的乡土树种，抗干旱、耐瘠薄，而且是浅根系树种，能够在砒砂岩坡地上良好生长，适宜在砒砂岩缓坡上造林。根据对准格尔试验区引种定植的 45 种针叶和阔叶树的观测表明,油松在砒砂岩坡地上的生长好于其他乔木树种。1980年营造的坡地油松林,平均树高已达3.7~4.3 m,胸径5.8~6.7 cm,蓄积量24~36 m^3/hm^2。郁郁葱葱的油松林不仅控制了砒砂岩和黄土坡地的水土流失与沙地的风蚀,而且为农民提供部分椽材、薪柴和林间牧草(王愿昌等,2007a)。

从对砒砂岩区9个县(旗)植被调查情况来看,砒砂岩区的油松主要分布在准格尔旗、东胜区、神木县、府谷县等地。在裸露砒砂岩上也有人工种植的油松。植苗造林多选用2年生苗木,株行距多为24 cm×100 cm。油松与其他灌木树种混交,在油松幼林期,次生树种生长较快,使土壤很快得到改良,给油松幼树生长创造了良好条件。但油松成林之后往往影响到灌木树种的生长,调查结果显示:与油松混交的紫穗槐和与油松混交的沙棘,均丛生枝不到4条,高生长不足1 m,而且长势不良,枝叶不茂,成活率低(王愿昌等,2007b)。

②沙棘

沙棘(*Hippophae rhamnoides Linn.*)属落叶灌木或乔木,产河北、内蒙古、山西、陕西、甘肃、青海、四川西部。常生于海拔800~3 600 m温带地区向阳的山脊、谷地、干涸河床地或山坡,多砾石或沙质土壤或黄土上。在我国黄土高原极为普遍(中国植物志,2004)。

调查表明,沙棘在砒砂岩区各县(旗)均有分布,其中以准格尔旗分布面积最大,约3 000 hm^2。晋陕蒙砒砂岩区沙棘生态工程从1998年实施至今,在砒砂岩集中分布区已种植沙棘19.5万hm^2,集中分布在砒砂岩裸露最为严重的鄂尔多斯高原原脊两侧(徐双民,2009)。沙棘在砒砂岩三个分区均表现出较强的适应性,生长发育正常。在调查中发现,在裸露砒砂岩上,5年生沙棘最高达182 cm,冠幅180 cm×190 cm,并开始挂果;裸露砒砂岩上沙棘水平根十分发达,种植3年后即开始串根萌蘖,4龄时水平根长达615 m,根径约118 cm(王愿昌等,2007a)。

沙棘在治理砒砂岩坡面中效果显著,尤其适宜在水土流失严重的裸露砒砂岩上推广种植。只要沙棘覆盖度达到50%以上,可减少土壤侵蚀量70%,7年生人工沙棘林减少径流64.9%,减少水蚀75%,减少风蚀85%。鄂尔多斯市准格尔旗项目区人工种植沙棘的地方,裸露砒砂岩项目区内植被覆盖率由原来的20%提高到61%,径流量减少22%~32%。准格尔旗巴润哈岱乡总土地面积265 km^2,其中52.5%是砒砂岩裸露区,恶劣的生态环境导致不少地方无地可种、无水可饮、无草可牧。1986年以来,当地干部和群众把沙棘作为改善环境的“希望工程”,种植面积1.46万hm^2,保存面积1.16万hm^2,荒山秃岭披上了绿装,林草覆盖率由治理前的13.2%提高到56.4%,土壤侵蚀模数由2万~4万t/km^2下降到0.3万t/km^2(王愿昌等,2007b)。沙棘有很强的固氮能力,能增强土壤肥力,在发挥保水保土效益及改良土壤功能的同时,能为其他植物的生长发育创造适宜的环境,促进该区植被向良性演替方向发展。

另外,沙棘种植促进了农业生产、农民增收。沙棘资源的产业化开发给种植沙棘的农户开辟了新的增收渠道。5年生沙棘林每公顷年产鲜果1 500 kg,价值约1 200多元,已种植沙棘全部挂果后,仅产果一项年产值可达21 200万元。农民通过沙棘育苗、栽植、管护、采叶、采果,每年人均增收200元左右。

③柠条

柠条(Caragana korshinskii Kom.)属灌木,产内蒙古(伊克昭盟西北部、巴彦淖尔市、阿拉善盟)、宁夏、甘肃(河西走廊)。生于半固定和固定沙地区,常为优势种(中国植物志,2004)。柠条具有抗干旱、耐瘠薄、容易成活、生长快、寿命长、生物产量高、虫害少、耐放牧等突出优点,是保持水土、防风固沙和畜牧利用的优良树种。

目前,柠条是砒砂岩地区分布范围最广、资源面积最大的豆科灌木树种。据初步统计,调查区9县(旗)均有柠条分布,总面积达33.3万 hm^2。其中,以准格尔旗面积最大,约13.3万 hm^2,其种类包括柠条锦鸡儿、小叶锦鸡儿、狭叶锦鸡儿、秦晋锦鸡儿等。

柠条在砒砂岩区的各种土地条件下生长良好,尤其适合生长在松散的沙质土上。但在不同土壤条件下生长量差异较大。据调查资料分析,柠条在盖沙砒砂岩上生长较好,根系十分发达,最长可达10 m以上,在其周围常能形成巨大的土堆,是优良的固沙保土灌木。柠条在裸露砒砂岩上的生长则远不及盖沙砒砂岩上,同是4年生柠条,在裸露砒砂岩上的平均高为65 cm,冠幅为70 cm×65 cm,而在盖沙砒砂岩上的平均高为172 cm,冠幅为114 cm×100 cm。

在以干旱频发为主要气候特征的砒砂岩区,柠条最突出的优点就是抗干旱和抗病虫害。1999年、2000年砒砂岩区发生持续干旱,坡地人工沙棘林因干旱和虫害大面积枯死,而人工柠条则安然无恙,并且成为畜牧业抗灾的重要饲草来源(王愿昌等,2007a)。

④其他植物种

经典型调查分析,在砒砂岩区具有推广价值的优良乔木树种有侧柏、樟子松、河北杨、旱柳、刺槐等;优良灌木树种有花棒、羊柴、乌柳、沙柳、柽柳、黄刺玫、蒙古莸花、芨芨草等;优良饲草植物有羊草、冰草、无芒雀麦、紫花苜蓿、沙打旺、扁蓄豆、野豌豆、驼绒藜等。

(3)树种配置模式

根据不同草、树种的生物学特性和造林立地条件,砒砂岩区的植被建设主要采用以下几种配置模式。

①针灌混交

针灌混交主要以油松和灌木树种沙棘及紫穗槐进行混交。灌木树种在幼龄生长期,可为主要树种起到保护遮阴和促进生长的作用;当主要树种生长起来时,而灌木即成为林木的次生树种,可以起到固结土壤、增加抗灾能力和增加土壤肥力的作用。

油松与沙棘混交林是一种好的林型。在幼林期,沙棘生长比油松快,水平根系发达,沙棘根系根瘤增加了林地的氮素含量,使土壤很快得到改良,给油松幼树生长创造了好条件。1995年以来,虽然准格尔试验区的油松—沙棘发生木蠹蛾虫害,成片沙棘林遭受虫害枯死,但由于混交林中的骨架林木油松不受木蠹蛾虫害,茂盛挺立,混交林整体还存在。而且混交林的湿度、土壤水分和养分条件好,沙棘根蘖苗很快在虫害沙棘周围生长郁闭(王愿昌等,2007b)。

②灌草混交

灌草混交主要是沙棘、柠条和沙打旺、草木樨等牧草混交,这既可减少病虫害危害,又能改变沙棘纯林不宜畜牧利用的缺点。柠条—沙棘—牧草混交林的造林种草方法是:柠条和沙棘采取宽带宽间距方式混交，带宽4~5 m，带间距8~10 m，带间混播多种适应性强、产量高、耐践踏的豆科和禾本科优良牧草，形成永久性的放牧草场。这种放牧型的灌丛草场建立3年后，灌带密闭，牛羊不易穿行，既可减轻牛羊对灌木的过度采食，又能起到围栏的作用，便于放牧管理，有利于实现划区轮牧，控制载畜量，合理利用灌丛草场（王愿昌等，2007a）。

③乔灌草混交

乔灌草混交可以北京杨或杂交杨等乔木树种和沙柳、旱柳等灌木与沙打旺、羊柴、苜蓿等优良牧草进行混交。如坡面埂梁种柠条，坑内种油松，带间种牧草。

以小叶杨与沙柳进行的带间混交，在其带间以犁耕带状整地种植沙打旺、羊柴等优良牧草；以油松与紫穗槐或沙棘进行带间混交，在其带间以犁耕窄带整地播种苜蓿的乔灌草混交。混交比例是：行间混交各占用地的50%；带间混交主要树种占用地的60%，伴生树种占用地的40%；乔灌草混交各占用地为乔木50%、灌木30%、草20%。

2.3.1.2　工程治理措施

（1）工程治理措施类型

砒砂岩区的工程治理措施主要包括坡面工程（包括坡改梯、水平沟、鱼鳞坑、沟边埂、截水沟等）、沟头防护工程、沟道工程（包括淤地坝、拦泥库、塘坝、谷坊、小型拦蓄工程、治沟骨干工程等）。

①坡面整地措施

坡度较缓的地方，在坡面上沿等高线挖水平沟，规格一般为：沟上口宽0.5~1 m，沟深0.4~0.6 m，沟底宽0.3~0.5 m，沟长4~6 m；上下沟间距2~3 m；土埂顶宽0.2~0.3 m。在沟坡的边缘地带、地形变化比较复杂的破碎的地块，不适宜其他整地措施，可采用鱼鳞坑整地，鱼鳞坑沿等高线上下呈“品”字形排列开挖，半径根据地形坡度0.2~1.0 m不等，坑深0.3~0.4 m，上下坑水平距离2~3 m。在地形变化不大、坡度比较平缓的荒坡地上造林可采用穴状整地，一般穴的直径为0.4~0.6 m，深0.3~0.5 m，行与行的穴呈“品”字形排列；挖穴时，将表土放于穴上坡，表土以下的土挖出放于穴的下坡，培修成圆形土埂，然后再将放于穴上方的表土回填至穴内（王愿昌等，2007a；夏静芳，2012）。

②淤地坝

淤地坝是砒砂岩地区群众在长期水土保持实践中创造的行之有效的蓄水、拦沙、淤地措施。该区水资源短缺，尤其是枯水期的水资源供需矛盾更加突出，建设淤地坝（系）能有效拦减支流泥沙、调节地表径流量和沟道洪水资源，提高水资源利用率，对解决当地人畜饮水问题和发展农业生产有重要作用。

淤地坝通过梯级建设，大、中、小结合，能有效地防止洪水泥沙对下游造成的危害。典型调研资料表明，坝系建设较好的流域拦泥、拦洪效率都达到了80%以上（赵光耀，2006）。

砒砂岩区相对完整的淤地坝系较少，特别是裸露砒砂岩区中型坝以上的治沟工程很少。

③拦泥库

砒砂岩区是黄河粗泥沙的主要来源区之一，在该区建设拦泥库不仅可以有效利用该区的洪水资源，而且能有效拦减粗泥沙，拦沙效益十分显著。据典型分析，黄河中游粗泥沙集中来源区砒砂岩区拦泥库的控制面积一般占区域总面积的36%。拦泥库具有控制沟道级别高、控制面积大、设计标准高、拦泥年限长、工程规模大、单位拦泥量投资小等特点。

窟野河牸牛川中上游的石卜太水库是1978年兴建的，其控制面积15 km^2，坝高38 m，总库容为520万 m^3，防洪库容为40万 m^3，已淤库容为480万 m^3；设计灌溉面积46.7 hm^2，有效灌溉面积20 hm^2。分析可知，石卜太水库已淤库容占总库容的92.3%，即经过27年的拦泥蓄水已经基本淤满，年拦泥17.8万 m^3，以泥沙比重1.35 t/m^3 计算，拦泥模数为1.6万 $t/(km^2 \cdot a)$，说明其拦泥效果十分显著（赵光耀，2006）。拦泥库对高含沙洪水的控制程度与各支流大型拦泥库的规模有着极大关系，研究表明，拦泥库库容越大，拦泥库对洪水的拦截作用越好（赵力毅，2006）。

（2）筑坝材料

在砒砂岩地区缺少黏土、砂卵石等筑坝材料，覆土、覆沙砒砂岩区坡面覆盖黄土、红土或风沙土，具有一定数量的建坝所需的土料、砂料和石料，而裸露砒砂岩相对更缺少筑坝材料（赵光耀，2006）。

张金慧等（1999）对黄河中游砒砂岩分布区的黄土、沟床沙、红砒砂岩风化物、白砒砂岩风化物的有机质与易溶盐含量、颗粒组成、渗透性、可塑性、抗剪强度等指标的测定分析表明，黄土、沟床沙、红砒砂岩风化物这三种材料是良好的筑坝材料，并可作为防渗材料；白砒砂岩风化物属不良级配土，但与红砒砂岩风化物混合可互补不足，仍可作为筑坝材料。采用爆破松动砒砂岩，推土机运料上坝及碾压的施工方法得出，利用砒砂岩筑坝的最优铺料厚度为40 cm，最优碾压遍数为3遍（张金慧等，2002）。然而，砒砂岩作为筑坝材料，仍有诸多难题，如防渗、稳定等许多技术问题都没有解决（郑新民，2005）。

（3）工程措施布设

在小流域沟道科学布设大（治沟骨干工程）、中、小型淤地坝，形成功能协调、群体联防、有机结合的网状防护工程体系称为小流域坝系（赵光耀，2006）。根据坝系工程布局研究成果，在一般情况下，骨干坝与淤地坝的比例在1:2～1:5，而砒砂岩坝系均存在骨干坝比例偏大，中小型淤地坝比例偏小的问题。当然，这种情况的出现与坝系的发展阶段有关，这些坝系都才从第一阶段向成熟的坝系发展，中小型淤地坝尚处于起步阶段，是今后进行坝系建设的主体。

砒砂岩区治沟骨干工程主要分布于二、三级以上沟道，中型坝主要分布于一、二级沟道，小型坝主要分布于一级沟道，以中型坝、治沟骨干工程分布为主，这种配置结构与砒砂岩区地形地貌及沟道特征有关。如虎石沟坝库总数22座，布坝密度0.18座/km^2，治沟骨干工程占总坝数的68.2%，主要分布于流域中游左岸三级以上沟道，中型坝占总坝数的27.3%，分布于流域二级沟道，小型坝占4.5%，主要分布于一级沟道。该区典型流域治沟骨干工程与中小型坝的配置比例为1:0.9，但由于典型流域淤地坝系相对不够完善，根据该区以外同类型区有关规划资料分析，该区相对完善淤地坝（系）治沟骨干工程与中小型坝的配置比例关系可以取到 1:(1.2～1.6)。

研究表明,在流域面积小于 3 km^2 的支毛沟内,应建设以拦泥淤地、发展基本农田为主的中小型淤地坝;在流域面积大于 3 km^2 的支沟内,兴建集蓄水、拦沙、防洪、淤地于一体的治沟骨干工程,保证下游坝地的安全生产;在治沟骨干工程难以控制、条件好的大支沟或干流兴建大中型拦泥库;在有水源的沟道布设水库、池塘,为城镇生活和工业用水以及农业灌溉提供水源(马莅春等,2010)。

2.3.1.3　综合治理措施

(1)植物措施与工程措施结合,建设小流域综合治理体系

①坡面治理

除大力建设基本农田外,通过坡面整地措施与植树种草相结合的方法,能有效地起到拦泥蓄水、控制坡面径流、减少坡面土壤侵蚀的作用。工程措施可为油松、沙棘及牧草创造有利的生长条件,林草也能起到涵养水源、减少径流、保护坡面工程的作用(李贵等,2003)。

坡度较小的梁峁坡,可以水平沟等整地措施,配合油松、沙棘等乔灌混交造林措施;沟坡的工程措施一般为挖小鱼鳞坑,不适宜栽植乔木,主要应以灌木沙棘、柠条为主,配合沙打旺、苜蓿、紫花苜蓿草种。

②沟头、沟沿治理

由于坡面径流进入沟坡和沟道的过程中,对沟沿、沟坡造成冲刷和剥蚀,使沟沿不断扩展,沟头继续前进。

在沟沿、沟边埂外部及沟头部分密植沙棘和种植牧草,沟边埂配合坡面水平沟拦截坡面水进入沟坡,沙棘和牧草不仅起到保护沟边埂的作用,而且还可拦截部分径流,减缓雨滴对沟沿的冲击,减少沟沿产生的裂缝,从而进一步控制大块剥蚀,控制沟头前进,防止沟床下切和溯源侵蚀。

③沟道治理

坡面和沟坡产生的径流及所挟带的泥沙都泄入沟道,沟道中工程措施与植物措施结合,如在沟道中建造谷坊、淤地坝等,可抬高侵蚀基准面,拦蓄泥沙,淤满后在沟道内植树;沙棘植物柔性坝与下游布置的刚性坝相配合,保证了稳定蓄水,对砒砂岩地区开发利用暴雨洪水资源是有益的启示(赵光耀,2006)。

采用植物柔性坝和淤地坝集成技术,在靠近淤地坝坝体部位、上游尾端和溢洪道进口上部布设沙棘植物柔性坝,可实现淤粗排细。以骨干坝为依托,以微型水库为保证,形成支毛沟拦截粗沙,人工滩地、沟道坝地拦截细沙,坝与坝之间形成人工湿地、沟道坝地,增加天然径流入渗量。微型水库拦蓄全部剩余径流,达到缓洪、拦蓄粗泥沙、泄洪入河,实现淤粗排细,改善进入下游河道的水沙条件及泥沙组成,维护河流生态功能。上述砒砂岩地区沟道可持续发展的综合治理模式,已由乌兰木伦河西召沟的单项刚、柔工程后的配置结果证实(毕慈芬等,2003b)。

（2）工程措施与农业措施相结合

梯田是砒砂岩区重要的坡面拦泥措施，也是该区粮食和精饲料生产的基本措施之一。在砒砂岩区土层较厚、坡度较小、交通便利地段修建水平梯田，建设基本农田和饲料基地，在一些条件较好的地方还可打大旱井、建水窖，大力推广集雨、蓄流和节水灌溉技术，发展水浇地。

在支沟内建设以治沟骨干工程为主体的坝系工程，保证干流引洪澄地工程的安全生产，并为下游基本农田提供灌溉水源（王英顺等，2003）。沟道小气候较好，水沙资源丰富，淤地坝等工程措施可淤泥造田，蓄水灌溉十分有利；在主沟修水库、塘坝，进行蓄水灌溉、养鱼，保护和发展沟台地和水地，解决人畜饮水和吃饭问题（张德峰等，1999）。

（3）砒砂岩的资源化利用

砒砂岩无水坚硬如石、遇水则松软如泥，而沙子结构松散、漏水漏肥，土地沙漠化和砒砂岩的水土流失并称“两害”，基于对两种物质特性的认识，陕西省土地工程建设集团韩霁昌研究员提出利用“两害”物理构成的互补性，将其复配成为新型“土壤”，变“两害”为“一宝”，实现砒砂岩与沙的资源化利用，使荒漠变良田。基于此，从2009年开始，在榆阳区大纪汗土地开发示范工程中，从单一化治理向综合利用的模式转变入手，以增加耕地面积，建设高标准农田，实现土地资源可持续利用为目标，围绕“砒砂岩与沙物质结构互补，复配后可成为耕作土壤”的发现，研发了砒砂岩与沙快速成土的核心技术，实现了砒砂岩与沙的资源化利用，累计整治规模0.21万hm^2，新增耕地0.16万hm^2，新技术节支总额约1.57亿元，且节水效果显著；建成的规模化、高标准脱毒马铃薯原种繁育基地，对周边农户起到了辐射带动作用，经济、社会和生态综合效益显著（韩霁昌等，2012）。

（4）开展水土保持生态建设工作

砒砂岩区水土流失严重，生态环境脆弱，同时是我国重要的能源化工基地，蕴含着大量的煤炭、天然气资源。能源开采若不采取有效的水土保持措施，生态环境将会进一步恶化。这一地区向来重视生态环境的建设，大部分地区实行封禁措施，以生态自然修复方式为主恢复植被。目前，区域内已有80%以上的县（市、旗）出台了有关禁牧、休牧、轮牧等生态修复的政策和措施，不少地区已取得明显的修复效果。同时，加大水土保持监督执法力度，严格履行水土保持方案审批制度，对公路、铁路、电力、煤炭、天然气等基础设施建设和其他开发建设项目造成的区域破坏与废弃的渣石，严格执行水土保持“三同时”制度，把开发建设过程中的水土流失减少到最低程度。

2.3.2　砒砂岩区土地利用的背景、现状与趋势

2.3.2.1　砒砂岩区土地利用的背景

毛乌素沙地中广泛分布着砒砂岩，尤其是在内蒙古的东胜区、准格尔旗、伊金霍洛旗、达拉特旗、杭锦旗及陕西省的榆阳区、神木、府谷等县区。砒砂岩无水则坚硬如顽石，有水则松软如烂泥，遇风则风化剥蚀，因冻融作用强烈，致使沟谷坡表层的松散层达5～10 m。并且，砒砂岩极易风化，遇风、遇雨、遇冻、遇晒、遇外力，就松散为沙。该区又是黄土高原的暴雨中心，降水多以暴雨形式出现，加之植被稀少等原因，造成砒砂岩区侵蚀严重，产沙

量大。一到山洪暴发,便顺流而下,输入黄河,成为下游河床不断淤高的主要原因。个别地区在砒砂岩的胁迫下甚至到了无水可饮、无地可种、无草可牧以至无法生存的地步。"治黄必先治沙,治沙必先治砒砂岩区"成为各界共识。从20世纪60年代初,本区域便开始了生物措施治理砒砂岩的试验。近几十年来,砒砂岩区内的许多县区均开展了砒砂岩区域的治理工作。经过对多种植物的试验、观察、推广,在风化和未风化的砒砂岩上,只有沙棘生长得最好,种植沙棘是相对有效的主要治理措施之一。沙棘抗寒耐热、抗旱耐腐,适应性强,其独特的生物特性决定了它在改善砒砂岩区农业生态环境中的独特地位。以东胜区为例,东胜市砒砂岩裸露区天然沙棘林数量极少,于1983年开始引进少量实生苗进行试种,直到1986年罕台川流域列入国家水土保持综合治理重点流域后,开展了大规模的沙棘种植试验示范工作,取得较好成效。从此,沙棘作为治理砒砂岩的主要措施得到大规模的推广应用,特别是1994年以后,沙棘治理砒砂岩示范区工程、世界银行水土保持贷款项目、裸露砒砂岩区沙棘生态工程等项目先后启动,沙棘治理砒砂岩生态建设工作进入了快速发展的新阶段。

总体来看,数十年来,通过生物固沙、机械固沙和化学固沙,在一定程度上控制了毛乌素沙地的快速扩张(郭坚等,2006;王玉华等,2008)。并且,利用引水拉沙、机械推沙和人工平整(胡宏飞,2003)等办法,辟沙造田开垦荒地也取得了一定的成效。但是,沙地土壤贫瘠,肥料短缺,严重影响作物产量。在实践中,还通过人工垫土、引洪淤漫、种植绿肥植物等措施对风沙土进行改良(胡宏飞,2003),并利用煤矸石、泥炭和酒精废渣等材料对风沙土进行改良试验(高国雄等,2002)。毛乌素沙地的沙地治理总体上取得了一定效果,毛乌素沙地呈现出"整体遏制,局部好转,局部退化"的局面。但是,对于流沙治理的标准不高,未治理的面积仍占较大比例,而且像榆林地区属于国家能源重化工基地,随着快速工业化、城镇化发展,人类经济活动加剧,特别是能源开采、水资源开发、农业结构战略性调整仍会对区域生态建设、沙漠化防止带来新的冲击和压力,因此科学协调保障发展与保护生态环境的关系事关生态脆弱地区的资源可持续利用和经济社会的可持续发展。

2.3.2.2　砒砂岩区土地利用的现状

砒砂岩在自然界以裸露、盖沙和盖土等形式存在,由于砒砂岩特殊的理化性质,砒砂岩区土地利用率不高。砒砂岩区土地养分含量低、发育程度差,属于农牧交错的生态脆弱区。粗放经营的种植业,广种薄收,旱田居多,暴雨集中,导致水土流失严重。目前,砒砂岩区土地利用现状主要表现为以下几个方面。

(1)水土流失严重。砒砂岩性质是无水坚硬如顽石,有水则松软如烂泥,遇风则风化剥蚀,水土流失严重,砒砂岩区地形起伏,水系十分发育,土壤的侵蚀类型分为水蚀、重力侵蚀、风蚀和复合侵蚀(付广军等,2010)。而且,砒砂岩区多为矿藏区,矿产的过度开发使得原本脆弱的生态环境更加恶劣,导致水土流失加重(李晓丽等,2011)。

(2)灌木林地草地和难利用地是景观类型主体。其中,灌木林地景观主要分布在缓坡地貌部位,草地主要分布在坡中上部及坡顶平缓处,难利用地主要分布在沟谷边缘陡坡上。经过多年的治理,虽然乔木和灌木林地的面积明显增加,但同时也存在林地和草地向难利用土地沙地和农地的转变过程,与此同时水域也明显减少(高清竹等,2004)。

(3)砒砂岩区生态安全状况较差,多处于生态欠安全等级。但通过水土流失综合治理和生态环境建设等人类活动可以改善生态环境、保障和维持生态安全(高清竹等,2006)。

(4)水土流失和水资源利用之间的矛盾突出。水分是植被恢复和生态环境建设乃至社会、经济可持续发展的主要限制因子。砒砂岩区多处于半干旱农牧交错带,生态环境脆弱,水土流失、干旱缺水、生物多样性受损等生态问题严重制约着区域可持续发展以及生态安全(高清竹等,2006)。目前急于解决的问题是水土流失综合治理和退耕还林(草)与水资源的矛盾。因此,研究区水土流失综合治理和退耕还林(草),对生态用水应予以特别关注,以实现区域水资源的合理配置和利用(高清竹等,2004)。

(5)区域治理以水土流失治理为主。砒砂岩区水土流失十分严重,是全国水土流失重点治理区,相关研究多集中于土壤侵蚀、产流产沙的过程和原因分析方面(赵海霞等,2005)。采用的治理方式主要分为植被治理、工程治理和综合治理措施,其中以沙棘种植比较常用。目前,比较常见的不同土地利用类型中,草地、油松林地和锦鸡儿灌丛对于保护当地物种、维持物种丰富性方面具有积极的作用。这3种土地利用类型中,不仅具有相对丰富的物种种类,种类组成也与自然植被具有较高的相似性,相对有利于当地物种多样性的恢复和保护(高清竹等,2006)。

(6)砒砂岩区成为重要的后备土地资源。后备资源潜力大小对土地开发利用具有根本性影响。随着多年来的大量开发,宜垦后备资源日益减少,挖掘潜力的难度日益增大,集中表现为经济成本和生态风险增加。通过砒砂岩区土地整治,利用砒砂岩与沙复配成土技术,实现砒砂岩与沙的资源化利用,改造成为可利用的、具有良好保水保肥性质的土地,提供了大量可开发的后备土地资源。

过去数十年,我国的土地开发整治在增加耕地面积、促进占补平衡、提高耕地产能等方面起到了重要作用。但是,现阶段的土地开发整治与利用也面临着一系列现实问题:一是土地开发整治规划体系尚不完善,规划的宏观调控和指导作用尚未得到充分发挥;二是项目和资金管理工作还不完全到位,重项目申报、轻实施管理的现象还比较普遍;三是部门配合需要进一步加强,工作效率有待进一步提高;四是后备资源的数量越来越少,开发难度越来越大;五是“重开发、轻利用、弱保护”的传统的开发模式已经影响到了生态脆弱区的生态环境保护和土地资源可持续利用(张凤荣等,2003),成为需要深入研究并尽快解决的重要课题。

2.3.2.3　砒砂岩区土地利用的趋势

砒砂岩区土地由于地力贫瘠,作物产量不高,广种薄收,田间配套及管理措施也比较落后。要提高砒砂岩区土地利用效率,促进土地可持续利用和生态文明建设,需要促进土地利用转型。

结合对毛乌素沙地基本概况、前期治理思路以及新时期生态脆弱区土地综合整治战略的系统分析和梳理,仍有必要深入开展沙地开发、治理、利用的综合研究,实现生态脆弱地区的生态环境治理与资源开发利用的协同发展。砒砂岩和沙是毛乌素沙地的重要物质成分，前者裸露风化后遇风起尘、遇水流失，后者结构松散、漏水漏肥，二者为具有明显差异性、互补性特征的两类物质。由此，亟须创新开展砒砂岩与沙的配比组合成土相关技术、工程研究，将这两种物质机械合成、物理胶结，构筑沙岩交融体，混合成土，在实现固沙的同时，尝试利用新形成的“土壤”进行规模化的现代农业生产。特别要集成运用现代高效节水技术，基于生态友好型农田生态系统建设的相关理论与技术，率先建设高标准农田，大力发展现代特色高效农业，促进生态脆弱区生态环境治理、资源开发利用和高效产业发展的系统耦合，力争实现从“被动的单一化治理”向“主动的综合化利用”的模式转变与战略转型。

2.3.3　砒砂岩区土地利用目标定位与生态友好型土地利用战略转型

2.3.3.1　砒砂岩区土地利用的目标定位

按照土地利用总体规划确定的目标和用途，以土地整理、复垦、开发和城乡建设用地增减挂钩为平台，推动田、水、路、林、村综合整治，改善农村生产、生活条件和生态环境，促进农业规模经营、人口集中居住、产业聚集发展，推进城乡一体化进程仍将是新时期国家对土地开发利用的核心要求。生态脆弱区的土地综合整治增地仍将是我国土地开发利用的重要方向，但考虑到生态脆弱区的特殊自然生态条件和重要生态屏障作用，新时期生态脆弱区的土地整治目标定位应是“服务于国家土地整治利用战略决策，服务于区域生态建设与可持续发展”。结合砒砂岩区土地利用现状，其土地利用的目标定位具体表现为以下几点。

(1)全面推进土地整治工程，增加耕地面积，提高耕地质量。实现田、水、路、林、村综合整治，新增工矿废弃地实现全面复垦，后备耕地资源得到适度开发。砒砂岩区蕴藏着大量的后备耕地资源，通过土地整治，增加耕地面积，提高耕地质量，为保住国家18亿亩耕地红线、支持经济建设和社会发展贡献应有的力量。

(2)优化土地利用结构。砒砂岩区土地利用结构相对简单，生态脆弱，优化土地利用结构，需要促进农业用地稳定增长，有效控制建设用地，合理开发未利用地，严格控制工矿用地。

(3)规模化经营和高标准农田建设。砒砂岩区多地域广阔，通过土地整治，便于大型机械操作，有利于实现规模化经营。同时，通过配套农田水利设施，建设高标准农田，提高水土资源的利用效率。

(4)土地生态建设和保护得到加强。砒砂岩区水土流失严重，生态脆弱，在土地过程中，需要加强生态建设和保护，以促进土地的可持续利用。

(5)土地利用管理制度不断完善。在砒砂岩区土地利用中，根据不同土地利用情况，不断完善相关土地政策和加强土地法制建设，同时逐步健全市场机制，完善土地管理参与宏观调控的法律、经济、行政和技术等手段，提高土地管理效率和服务水平。

2.3.3.2　生态友好型土地利用战略转型

围绕服务于国家土地整治利用战略决策，服务于区域生态建设与可持续发展的目标定位，新时期生态脆弱区土地整治与农业发展战略应彻底摒弃过去“重开发、轻利用、弱保护”的弊端，尽快向“适度开发、科学利用、强化保护”转型。适度开发，即基于对开发整治适宜性的系统评估，在适宜性强的地区有计划、有规划地进行适度规模开发，以减少对脆弱生态系统的过度扰动；科学利用，即结合生态脆弱区生态经济系统的本底特征和外界市场需求，开展土地利用优化配置，既注重土地整治的经济效益和社会效益，又要充分发挥和提升生态效益；强化保护，即十分强调对区域内脆弱生态系统的有效保护，否则将是竭泽而渔、得不偿失。适度开发是前提，科学利用是核心，强化保护是保障。

具体来看，新时期生态脆弱区的土地整治，应当在生态友好型战略的理念引导和农田生态系统健康的理论支撑下，在土地整治中引入“生态观”，在土地整治规划设计和整个土地整治过程中充分考虑生态保护与建设的要求，着眼于长远的区域自然环境保护和生态平衡，囊括有关农田生态环境和生态景观建设的一切措施与手段，维持生态脆弱区土地利用生态环境的可持续性，确保生态脆弱区土地资源的可持续利用，追求生态、经济和社会效益有机统一的最佳整体效益。生态脆弱区的土地整治作为实现生态脆弱区土地资源可持续利用的具体措施和手段，必须遵循可持续发展理论、生态系统生态学的基本原理，以不破坏生态脆弱区的区域生态经济系统为基本前提，保证土地利用在生态脆弱区的生态阈值之内，在生态脆弱区的土地生态环境容许限度之内进行土地整治与现代农业基地建设。

(1)生态友好型战略的科学内涵

自 1992 年 6 月联合国环境与发展大会通过《21 世纪议程》以来，国内外对“环境友好”理念的认同程度逐步提高。在经济持续高速增长，环境压力不断增大的背景下，中共十六届五中全会明确提出了“建设资源节约型、环境友好型社会”，并首次把建设资源节约型和环境友好型社会确定为国民经济与社会发展中长期规划的一项战略任务。总体来看，环境友好型社会理念因当代环境问题的日益突出而提出，而环境问题可归纳为生态环境破坏和环境污染两大类，且尤以生态环境破坏为甚。因此，生态友好是环境友好的重要方面，生态友好型战略可视为环境友好型战略的核心，具体可理解为实现生态友好的行动计划和纲领，意在力促社会经济发展与生态环境保护相协调。

通常人类社会经济活动直接或间接地与土地利用密切相关。工农业生产是土地利用的重要实践，工农业生产及其所驱动的城镇化进程可在土地利用的方式、结构、程度中得到集中体现。生态环境破坏问题，从根本上讲是由种种不合理的土地利用方式即工农业发展方式和城镇化模式所引起的。因此，建立和实施生态友好型土地利用战略应当是“环境友好型社会”建设的基本内容和最佳切入点之一。生态友好型土地利用即对土地资源采取生态友好化的开发利用方式和措施，以维护土地利用的生态—经济—社会可持续性(杨子生，2010)。

(2)生态友好型战略的实践启示

生态友好型工农业生产可理解为按照生态学原理和经济学原理，运用现代科学技术成果和现代管理手段,以及传统工农业生产的有效经验建立起来的,资源再利用、低污染、低能耗、零排放,且能获得较高的经济效益、生态效益和社会效益的现代化工农业生产。在具体实践层面,在珠江三角洲地区曾极为普遍的桑基鱼塘(钟功甫,1980)、源于中国稻田养鸭技术并在日本进一步发展且近年在国内得到迅速推广的稻鸭共作(沈晓昆,2003)、浙江青田和贵州从江等地的稻鱼共生系统(闵庆文等,2009)以及“猪—沼—果”循环农业体系等生态农业模式均可视为生态友好型农业土地利用的典型模式。

在工业化、城镇化和区域发展的生态友好型实践方面,近年我国明显加大了节能环保领域投资力度,向高耗能、高污染产业说“不”,着力淘汰了一批炼铁、炼钢、焦炭、水泥和造纸等产能落后的企业单位。并且,不断完善政策法规措施,如制定修改节约能源法、循环经济促进法,对废物综合利用的企业实行免税、减税政策,大力开展循环经济示范。此外,积极进行试点探索,如批准在湖北武汉城市圈和湖南长株潭城市群设立资源节约型和环境友好型社会建设综合配套改革试验区;批准《黄河三角洲高效生态经济区规划》和《鄱阳湖生态经济区规划》等,鼓励各地区积极探索有利于资源能源节约和生态环境保护的发展新路。资源节约成效明显,环境质量有所改善。

但总体而言,由于目前我国相关体制还不健全、国民意识还不强、行动力度还不够,仍有待参考借鉴国内外典型地区的经验做法,结合国情和区域特点,在社会经济发展的方方面面得到进一步体现。现阶段推进生态友好型战略的实践启示主要在于,应从系统的角度来认识和推进生态环境友好型战略:

第一,应进一步强化法律建设,力争立法体系完备、效力层次分明,让生态友好型的法律涉及国民生活的主要方面。

第二,科学的管理体制至关重要,应进一步制定好游戏规则,尽快建立和完善环境准入、环境淘汰和排污许可证等制度。

第三,注重责任公平的理念,强调政府责任、市场机制和国民行为的衔接和协调。

第四,生态友好型战略是系统各组分、各成员共同的责任和义务,要重视对国民进行教育和说服,培养国民的环境资源保护责任感,充分调动人民群众保护和改善环境的积极性,加强公众参与。

第五,从历史文化和传统实践中汲取思想理念和科学精华。

2.4　砒砂岩与沙复配成土研究进展

在毛乌素沙地,广泛分布着砒砂岩和沙,砒砂岩质地黏重,遇水板结,导水性能低,透水性差,熟化程度低,遇水流失严重,但砒砂岩持水保水性能较强,而沙通体无结构,漏水漏肥严重,砒砂岩和沙在当地并称为“两害”,也是造成当地水土流失、耕地减少的主要原因。陕西省土地工程建设集团经过多年的探索及研究,从资源合理利用的角度出发,遵循区域生态环境平衡的规律,就地取材,利用两者在成土中的互补性,将砒砂岩与沙按不同的比例复配成土,揭示其成土机理,既可解决沙土黏着力差、易被风吹扬和渗透能力太强、漏水漏肥的问题,也可以改善砒砂岩黏重、易板结的特点,使土壤兼备透气透水性和保水保肥性,变"两害"为"一宝"。采取新思路在复配成土技术上取得了一定的突破,将砒砂岩与沙复配成土的技术应用于造田工程,并在榆林市小纪汗乡大纪汗村推广应用。砒砂岩与沙复配成土技术的研究与应用推进了土地整治工程领域的发展,开启了土地整治、保护耕地的新篇章。

利用砒砂岩和沙混合合成可耕种土壤,增加耕地面积,可以固沙、防止水土流失和改善生态环境。通过不同比例、不同级配的砒砂岩和沙的混合试验,确定了不同比例下合成土壤的质地、团粒结构、毛管孔隙、水分特征曲线等性质指标,分析该种复合土壤的保水、保肥特性。通过试验田试验,确定了满足不同作物、花卉等生长的砒砂岩和沙的比例范围,验证了复合土壤具有可耕性、保水性、保肥性及其作物种植的普适性。

从2008年到2012年,历时4年多,陕西省土地工程建设集团联合中国科学院地理科学与资源研究所和西安理工大学组成联合攻关组,形成产、学、研一体化模式,依托其富平试验基地(国土资源部退化和未利用土地整治工程重点实验室和陕西省土地整治工程技术研究中心)、榆林大纪汗示范工程和大纪汗野外观测站通过大量的室内试验、田间试验和试点示范工程建设,取得了毛乌素沙地砒砂岩与沙复配成土技术,并成功地进行了工程示范,先后取得了国家发明专利6项。

2011年9月4日,成土技术通过了陕西省科技厅组织的科技成果鉴定。由国际地理联合会副主席、中科院刘昌明院士任组长,水利部原副部长索丽生教授和中国工程院孙九林院士为副组长的鉴定委员会专家一致认为,该项目成果丰富、理论充分、技术先进,具有原创性和重要的推广价值,达到了同类项目的国际领先水平。

主要的创新成果有:

(1)首次发现了砒砂岩与沙两种物质结构在成土中的互补性,通过系统开展砒砂岩与沙复配成土试验研究和田间试验,提出了适宜不同农作物生长需求的砒砂岩与沙复配比例。

(2)在室内试验和田间试验研究基础上,提出了在生态脆弱区水土耦合高效利用模式。

(3)集成与凝练了砒砂岩与沙复配成土的配方技术、田间配置技术、规划设计技术、规模化快速造田技术和节水高效技术,形成了砒砂岩与沙复配成土的技术体系。

(4)创新性实施了标准化、规模化的成土造地工程,成功实现了沙地和砒砂岩的资源化利用,形成了毛乌素沙地节水高效的高标准农田建设与现代化经营为一体的土地综合整治利用新模式。

目前,除了陕西省土地工程建设集团对砒砂岩与沙复配成土技术的分析研究,国内外相关文献未见利用砒砂岩和沙混合合成可耕种土壤及其相关试验和研究等内容的报道。本研究是在砒砂岩与沙复配成土技术研究的基础上开展的稳定性及可持续利用研究的专题研究。

2.5　研究的主要内容

本研究基于砒砂岩与沙复配成土技术，目的在于研究复配土的性质稳定性、水肥耦合，调控合成土壤质量的良性发展，以促进土壤的可持续利用。同时，对研究区水资源可持续利用进行研究，旨在为砒砂岩与沙复配成土技术在毛乌素沙地的大规模推广应用奠定坚实基础。研究内容如下。

2.5.1　复配土土壤特性研究

通过研究砒砂岩与沙复配成土的土壤水力学、土壤特性（理化性质）变化等方面的变化机理，从而为新造土壤的稳定性和可持续利用提供技术指导与理论支持。

2.5.1.1　复配土水力学性质研究

从复配土的土壤水分特征曲线角度分析复配土的保水性、持水性以及有效水的变化，同时进行土壤传递函数预测复配土水力学性质的适用性研究并进行应用。

2.5.1.2　复配土土壤结构变化研究

从复配土土壤机械组成（质地）、有机质以及水稳定性团聚体含量等角度分析复配土结构变化。

2.5.1.3　复配土农业可持续性利用的研究

从复配土土壤肥力评价、土壤质量评价以及作物种植适宜性等角度分析复配土土壤特性对复配土可持续利用的作用。

2.5.2　复配土水肥耦合研究

由于复配土为新成土壤，水分、养分在其剖面中的运移规律对农田水肥管理具有重要的理论意义。因此，对复配土的水储量、氮素淋失特征进行了研究，并在结合土壤作物系统模型的基础上对复配土的水肥损失进行了定量研究。

2.5.3　水资源可持续利用研究

砒砂岩与沙复配成土具有持水、保水效果，这是毛乌素沙地开发利用的基础保障。在不同的灌溉手段、不同的灌溉制度等条件下分析对比不同的用水量，寻找合理的、高效的节水方式；在毛乌素沙地大规模、大面积开发利用时，探索区域水资源支持能力；在高效节水、可持续利用水资源等措施下，研究并实现区域水资源优化配置。

2.5.3.1　水资源储量（水资源占有量情况）

在毛乌素沙地大规模、大面积开发利用时，摸清区域水资源状况基础上，对其现状进行综合评价，探索区域水资源支持的能力。

2.5.3.2　作物需水量预测

根据研究区主要作物种植情况，利用数学模型计算不同作物需水量情况。

2.5.3.3　灌溉模式与制度选择

在不同灌溉手段、灌水定额、灌溉水量、灌溉次数等条件下，分析对比不同的用水量、保水程度和节水潜力，寻找合理的、高效的节水方式。

2.5.3.4　水土资源供需平衡分析

在高效节水、可持续利用水资源等措施下，依靠复配成土本身的保水，对区域水资源优化配置进行研究，实现区域水资源的合理配置，达到水资源的可持续利用。

第 3 章　基本理论和方法

毛乌素沙地属于生态脆弱区,广泛分布着砒砂岩,近几十年来,砒砂岩区内的许多县区均开展了砒砂岩区域的治理工作。总体来看,数十年来,通过生物固沙、机械固沙和化学固沙,在一定程度上控制了毛乌素沙地的快速扩张。但是,沙地土壤贫瘠,肥料短缺,严重影响着作物产量,毛乌素沙地呈现出"整体遏制、局部好转、局部退化"的局面,未治理的面积仍占较大比例。而且,随着快速工业化、城镇化的发展,人类经济活动加剧,特别是能源开采、水资源开发、农业结构战略性调整仍会对区域生态建设、沙漠化防止带来新的冲击和压力,因此科学协调、保障发展与保护生态环境的关系事关生态脆弱地区的资源可持续利用和经济社会的可持续发展。陕西省土地工程建设集团的科研工作者们调整思路,主动出击,利用砒砂岩与沙这两类物质的明显差异性及互补性,开创性地对砒砂岩与沙复配成土的技术进行了探讨研究。研究结果表明,砒砂岩与沙复配成土后具有良好的通透性和保水、保肥能力,能满足作物生长发育的需求,并进行了一定规模的工程示范,取得了较好的成效。然而,利用新形成的"土壤"进行规模化的现代农业生产,在实现生态脆弱区生态环境治理的同时,促进资源开发利用和高效产业发展的系统耦合,实现从"被动的单一化治理"向"主动的综合化利用"的模式转变与战略转型,砒砂岩与沙复配成土的稳定、良性发展成为促进毛乌素沙地耕地可持续发展的重要前提。因此,有必要对复配土稳定性及可持续利用基本理论和方法进行深入探讨与研究,并以此为指导,开启毛乌素沙地乃至西北干旱半干旱地区沙地治理与资源开发、产业发展齐头并进的新篇章。

3.1　土壤成土机理

作为一个具有物理、化学和生物功能的复杂体系,关于土壤形成和演化的研究一直是土壤学科研的挑战。目前,关于土壤形成的研究从先前的定性研究转向定量、模型研究,土壤学学者在运用现代的数学和统计方法将其量化方面进行了尝试。关于成土模型的研究多数是基于成土过程。这些过程包括地球化学过程、物理过程和生物过程(黄昌勇,2000;罗友进,2011)。地球化学过程是指固相和土壤溶液间的相互反应,如表面的配位作用、沉降/溶解、氧化还原和离子交换反应等。物理过程包括水蚀和风蚀过程,以及水、溶质和颗粒亚表层的转移运输(纵向和横向)。生物过程包括微生物反应、生物地球化学循环和生物干扰。

3.1.1　成土因素

土壤形成因素又称成土因素,是影响土壤形成和发育的基本因素。成土因素是一种物质、力、条件或关系或它们的组合,其已经对土壤形成发生影响或将影响土壤的形成。土壤的特性和发育与动植物不同,不受基因控制,但受外部因素的制约,对这些因素的研究和划分有助于认识土壤。19 世纪末,俄国土壤学家 B. B. 道库恰耶夫指出,土壤是在母质、气候、生物、地形和时间等 5 大因素的共同作用下形成的。之后,Jenny 提出了关于成土的经典表达式。但是,直到 20 世纪末,Hoosbeek 和 Bryantls 才再次强调土壤形成研究的重要性。土壤是成土因素综合作用的产物,成土因素在土壤形成中起着同等重要和相互不可替代的作用,成土因素的变化制约着土壤的形成和演化,土壤分布由于受成土因素的影响而具有地理规律性。

3.1.1.1　母质

地壳表层的岩石经过风化,变为疏松的堆积物,这种物质叫风化壳。它们在地球陆地上有广泛的分布。风化壳的表层就是形成土壤的主要物质基础——成土母质。所以可以这样说,母质是风化壳的表层。它是指原生基岩经过风化、搬运、堆积等过程于地表形成的一层疏松、最年轻的地质矿物质层。它是形成土壤的物质基础,是土壤的前身。首先,不同母质因其矿物组成、理化性状不同,在其他成土因素的制约下,直接影响着成土速率、性质和方向。在石英含量较高的花岗岩风化物中,抗风化能力很强的石英颗粒仍可能保存在所发育的土壤中,而且因其所含的盐基成分(钾、钙、钠、镁)较少,在强淋溶作用下,极易完全淋失,使土壤呈酸性反应;而玄武岩、辉绿岩等风化物,因不含石英,盐基丰富,抗淋溶作用较强。其次,母质对土壤理化性质有很大的影响。不同的成土母质所形成的土壤,其养分情况有所不同。不同成土母质发育的土壤的矿物组成往往也有较大的差别。最后,母质层次的不均一性也会影响土壤的发育和形态特征。一般来说,成土过程进行得愈久,母质与土壤的性质差别就愈大。但母质的某些性质却仍会顽强地保留在土壤中。

3.1.1.2　气候

气候对土壤形成的影响主要体现在两个方面:一是直接参与母质的风化,水热状况直接影响矿物质的分解与合成及物质积累和淋失;二是控制植物生长和微生物的活动,影响有机质的积累和分解,决定养料物质循环的速度。

气候对土壤形成的影响主要包括湿度和温度两个方面。

土壤中物质的迁移主要以水为载体进行。不同地区由于土壤湿度的差异,物质的运移也有很大的差别,同时土壤中许多化学过程都必须有水的参与,因此土壤中水分状况影响这些过程的速率和产物的数量。在其他成土因素相对稳定的条件下,表土有机质含量常随着大气湿度的增加而增加;湿度大,可促进风化产物的迁移,也有利于矿物的风化。因此,在湿润地区,土壤的风化度较高;而在干旱地区,土壤的风化度则较弱。

温度状况将影响矿物的风化和合成、有机物质的合成与分解。一般来说,温度每增加 10 ℃,反应速率可成倍增加。温度从 0 ℃增加到 50 ℃时,化合物的解离度可增加 7 倍,这就说明了在热带地区岩石矿物风化速率和土壤形成速率、风化壳和土壤厚度比温带和寒带地区都要大得多。如花岗岩风化壳在广东可厚达 30 ~ 40 m,浙江一般在 5 ~ 6 m,而青海高原常不足 1 m。

在实际中,成土过程的强度和方向受到水热两因子的共同作用,只有两者相互配合,才能促进土壤的形成、发展。

3.1.1.3 **生物**

土壤形成的生物因素包括植物、土壤动物和土壤微生物。生物因素是促进土壤发生发展最活跃的因素。由于生物的生命活动,把大量的太阳能引进成土过程,使分散在岩石圈、水圈和大气圈中的营养元素向土壤表层富集,形成土壤腐殖质层,使土壤具备肥力特征,推动土壤的形成和演化。

植物在土壤形成中最重要的作用是利用太阳辐射能,合成有机质,把分散在母质、水体和大气中的营养元素有选择地吸收富集,同时使矿质营养元素可被作物有效利用。此外,植物根系可分泌有机酸,通过溶解和根系的挤压作用破坏矿物晶格,改变矿物性质,促进土壤形成,促进土壤结构的发展。

土壤动物残体是土壤有机质的来源,参与土壤腐殖质的形成和转化。动物活动可以疏松土壤,促进团聚体的形成,如蚯蚓将吃进的有机质和矿物质混合后,形成粒状的土壤结构。

土壤微生物在土壤形成和肥力发展中的作用是非常复杂、多种多样的。微生物的活动可以导致硅酸盐、磷酸盐、碳酸盐、氧化物和硫化物矿物破坏,并使一些重要元素(Si、Al、Fe、Mg、Mn、Ca、K、Na 及 Ti 等)从矿物中溶出(陈骏和姚素平,2005)。

总的来说,生物的风化作用可以概括为:分解有机质,释放各种养料;合成土壤腐殖质,发展土壤胶体性能;固定大气中的氮素,增加土壤含氮量;促进土壤物质的溶解和迁移,增加矿质养分的有效性。

3.1.1.4 **地形**

成土过程中,地形是影响土壤和环境进行物质、能量交换的一个重要条件,其主要通过影响其他成土因素对土壤形成起作用。地形对母质起着重新分配的作用。不同地形部位经常分布着不同的母质,如山地上部或台地上,主要为残积母质;坡地和山麓地带的母质多为坡积物;在山前平原的冲积扇地区,成土母质多为洪积物;河流阶地、泛滥地和冲积平原、湖泊周围、滨海附近地区相应的母质为冲积物、湖积物和海积物。地形支配着地表径流,影响水分的重新分配,很大程度上决定着地下水的活动情况。在较高的地形部位,部分降水受径流的影响,从高处流向低处,部分水分补给地下水源,土壤中的物质易遭淋失;在地形低洼处,土壤获得额外的水量,物质不易淋溶,腐殖质较易积累,土壤剖面形态也发生相应变化。地形对土壤发育的影响,在山地表现得尤为明显。山地地势高、坡度大,切割强烈,水热状况和植被变化大,因此山地土壤有垂直分布的特点。

地形发育(地形受地质营力的作用也在不断发生变化)也对土壤发育带来深刻的影响。地壳的上升或下降影响土壤的侵蚀与堆积过程及气候和植被状况,使土壤形成过程、土壤和土被发生演变。

3.1.1.5 **时间**

在土壤学研究的最初阶段,土壤学学者就认为土壤是随时间变化的体系。时间作为5大成土因素之一,对成土没有直接的影响,时间因素体现出的是土壤的不断发展。成土时间长，受气候作用持久，土壤剖面发育完整，与母质差别大；成土时间短，受气候作用短暂，土壤剖面发育差，与母质差别小。土壤发育速率随时间的变化而变化。在土壤处于幼年期时，土壤特性随时间的变化很快，随着成土年龄的增加，速率渐渐变慢，且不同的成土过程在时间上的变化强度也不同。但是，在关于土壤系统的时间演化的研究中，不论土壤形成模型有多复杂，在回答土壤形成发育的途径、形成速率以及环境因素对这些途径的影响等方面的问题都未能进行很好的阐述。

3.1.1.6　人类活动

传统土壤形成作用的看法认为是母质、气候、生物、地形和时间5种因素的相互作用，把人为作用简单地包括在生物因素之内。显然，这贬低了人类活动在成土过程中的作用。人类活动在土壤形成过程中具有独特的作用。在人类社会的活动范围内，人类活动对自然土壤进行改造，改变土壤的发育程度和发育方向。

上述各种成土因素可概括分为自然成土因素（母质、气候、生物、地形、时间）和人为活动因素，前者存在于一切土壤形成过程中，产生自然土壤；后者是在人类社会活动的范围内起作用，对自然土壤进行改造，可改变土壤的发育程度和发育方向。

各种成土因素对土壤的形成的作用不同，但都是互相影响，互相制约的。一种或几种成土因素的改变，会引发其他成土因素的变化。土壤形成的物质基础是母质，能量的基本来源是气候，生物则把物质循环和能量交换向形成土壤的方向发展，使无机能转变为有机能、太阳能转变为化学能，促进有机物质积累和土壤肥力的产生，地形、时间以及人为活动则影响土壤的形成速度和发育程度及方向。

3.1.2　成土过程

土壤的形成过程是地壳表面的岩石风化体及其搬运的沉积体，受其所处环境因素的作用，形成具有一定剖面形态和肥力特征的土壤的历程（见图3.1）。因此，土壤的形成过程可以看作是成土因素的函数。在一定的环境条件下，成土过程中有其特定的基本物理化学作用，也有占优势的物理化学作用，它们的组合使普遍存在的基本成土作用具有特殊的表现，因而构成了不同特征的成土过程。

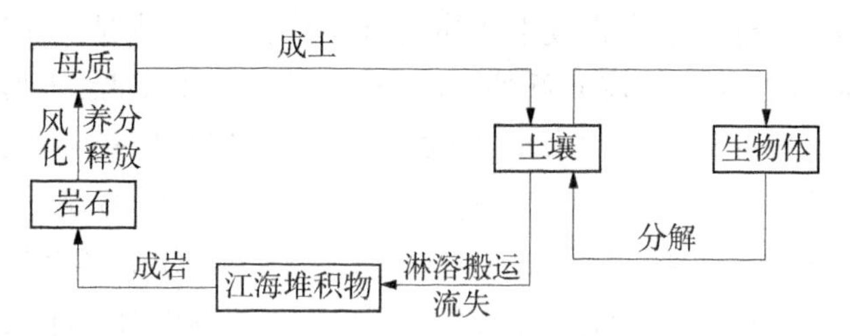

图3.1　土壤形成过程中大小循环的关系简图（黄昌勇，2000）

成土过程是各种具体成土过程综合作用的结果，每一具体成土过程的形成都具有一系列明确的固相特征。因此，任一土体都是由各种成土过程相互作用形成的。各个具体成土过程可以分为以下几类：土壤风化、有机物质的转化、土体内物质的迁移、土壤的淋溶、成土扰动、表层物质的增加或损失等。更常见的阐述方式为:如富集、损失、转化和迁移等由各成土因素相互作用确定的各种过程形成土体。成土过程是对土壤系统功能在时间上不可逆的描述。后者并不意味着土壤形成发展过程是完全不可逆的或不可能有可逆过程发生。成土扰动、侵蚀和伴随着的成土过程都会改变、破坏或掩盖土壤。但是总的来说,土壤的形成是一个不可逆的过程,这就意味着土壤不可能完全恢复到其自身发育或演化的起始状态。只有当土壤侵蚀达到未风化的母质层,使得土壤恢复到其形成发育的最初状态,不过对于这种情况,更多的人认为是对该土壤的完全破坏和新土壤形成的开始(罗友进,2011)。

针对砒砂岩与沙的性质特征,前者裸露风化后遇风起尘、遇水流失,后者结构松散、漏水漏肥,利用其结构互补性,将这两种物质机械合成、物理胶结,构筑沙岩交融体,混合成土,并进一步通过人为干预,调控其发展方向,为合成土壤的可持续利用奠定基础。因此,在砒砂岩与沙复配土的成土过程中,人为因素起到了主导作用。

3.2　新生土壤培肥理论

3.2.1　土壤培肥原理

土壤是农业生产的基本资料，肥力是土壤的基本特性，农业生产的规模和速度不仅取决于利用土地面积的大小，而且取决于土壤肥力的高低和施肥的多少。土壤培肥，即通过人为措施提高土壤肥力的过程。按照作物的种类和对养分的需求，对施用肥料的种类、数量、方式等作出整体安排，通过一定的耕作方式，使土壤不断增进肥力，向获得高产、稳产的方向发展。在时间上，它要求从每个轮作周期出发，考虑每季作物肥料的合理布局和施用；在空间上，它要求从一个生产单位的全部农田出发，考虑肥料的合理布局和施用。

土壤培肥是以养分归还学说、最小养分律、肥料效应报酬递减律和因子综合作用律4个基本原理作为理论依据,以确定补充养分所需施肥量和改善土壤养分供应环境为主要内容。

3.2.1.1　养分归还学说

养分归还学说是19世纪德国农业化学家李比希(Liebig J V)提出的,也叫养分补偿学说。主要论点是:作物产量的形成的养分大部分来自土壤,但不能把土壤看作是一个取之不尽、用之不竭的“养分库”。为保证土壤有足够的养分供应容量和强度,保持土壤养分输入与输出间的平衡,恢复地力,就必须向土壤施加养分。从那时候起,土壤科学培肥已经取得了长足的进展。

3.2.1.2　最小养分律

最小养分律是李比希(Liebig J V)在试验的基础上最早提出的。他指出“某种元素的完全缺少或含量不足可能阻碍其他养分的功效,甚至减少其他养分的作用”。作物生长发育需要吸收各种养分,其产量的高低主要受作物最敏感缺乏养分的制约,即影响作物生长，限制作物产量的是土壤中那种相对含量最小的养分因素。如果不针对性地补充相对含量最小的养分，即使其他养分增加得再多，也难以提高作物产量，而只能造成肥料的浪费。经济合理的施肥方案，是将作物所缺的各种养分同时按作物所需比例相应提高，作物才会高产。

3.2.1.3 报酬递减律

18 世纪后期，欧洲经济学家杜尔哥(Turgot A R J)和安德森(James Anderson)提出报酬递减律，它最早是作为经济法则提出来的。这个经济学定律反映了在技术条件不变的情况下投入与产出的关系，这个法则广泛用于工农业各个领域。在施肥上的意义是："在其他生产条件(如灌溉、品种、耕作等)相对稳定的前提下，随施肥量的增加，单位肥料对作物的增产效应呈递减趋势。"即在其他生产条件相对稳定的前提下，随着施肥量的逐渐增加，作物产量也随着增加，但施肥的边际效益逐渐递减，当达到最佳施肥量后，再增加施肥量，反而会使总效益减少，甚至还会造成农作物减产。这一定律说明某种养分的效果以在土壤中该种养分愈为不足时效果愈大，如果逐渐增加该养分的施用量，增产效果将逐渐减少。根据这一法则，可以选择适宜的养分施用量。

3.2.1.4 因子综合作用律

作物产量高低是由影响作物生长发育诸因子综合作用的结果，因此土壤培肥应与其他高产栽培措施紧密结合，才能发挥应有的增产效益。在肥料养分之间，也应该相互配合施用，这样才能产生养分之间的综合促进作用。为了充分发挥肥料的增产作用和提高肥料的经济效益，一方面，施肥措施必须与其他农业技术措施密切配合，发挥生产体系的综合功能；另一方面，各种养分之间的配合作用，也是提高肥效不可忽视的问题(黄昌勇，2000)。

为了发挥肥料的最大增产效益，土壤培肥还必须兼顾选用良种、合理的耕作与管理措施、气候变化等影响肥效诸因素的有机结合，形成一套完整的土壤培肥技术体系。

3.2.2 国内外土壤培肥技术研究进展

3.2.2.1 国外土壤培肥技术研究进展

1840 年，德国农业化学家李比希发表了划时代的著作《化学在植物生理及农业中的应用》，为化肥的生产与应用奠定了科学的理论基础(孙向阳等，2005)。1842 年，英国人劳斯(John Lawes)取得骨粉加硫酸制造过磷酸钙的专利权，开创了至今 100 多年的化肥施用历史。第二次世界大战以后，受人口快速增长的推动，化肥消费迅速增长，化肥效果显著，作物产量得到大幅度增长。而随着化肥投入增加，肥效逐渐降低，发达国家逐渐重视土壤培肥技术的更新，并且取得了显著的成效。从 20 世纪 80 年代开始，欧、美、日等发达国家和地区化肥消费量趋于稳定，但作物产量却不断增长。与发达国家形成鲜明对比的是，中国化肥消费自 20 世纪 60 年代快速增长，至今已成为世界最大的化肥生产国和消费国，然而我国粮食产量却增长有限，尤其从 20 世纪 90 年代后期开始长期徘徊不前，与此同时由于化肥大量施用带来的环境问题也比较突出。这些问题迫使我们认真思考化肥施用技术。在土壤科学培肥技术方面，自 1843 年英国科学家在洛桑试验站布置长期肥效定位试验开始，经历了 100 多年的科学探索历程。各国土壤培肥科技工作者在确定科学、合理的施肥数量、施肥品种、施肥方式和施肥时期方面，开展了大量的研究工作，提出了多种科学土壤培肥技术方法。

朝鲜、美国、德国、日本等国在土壤普查以绘制土壤调查图和土壤农化图、土壤改良图，合理指导种植、土壤培肥和改良的研究上积累了一定的经验。美国、日本、法国、德国等国，在土壤和植物营养诊断以指导土壤培肥的研究上进行了广泛而深入的研究。这些都在农业生产上发挥了积极的作用。

在土壤培肥肥料的应用上，随着人们对农田大量地增施化肥、农药等，土壤遭受到了严重破坏，对土地产出的可持续性以及农产品的质量构成了极大威胁。世界各国一直在寻找既能改善土壤状况，又不造成污染的有效办法。一直以来，秸秆还田有机培肥技术受到了认可。通过长期的试验和生产实践，各国科学家和农业工作者总结出了多种用于培肥土壤的有机肥料，如污泥、腐殖质、有机绿肥等。法国、印度两国的科学家经过长达 10 多年的研究将他们研发的生物（蚯蚓）—有机培肥技术，在印度的茶园中试验成功并已在印度的多个种植园共 200 hm^2 土地上及其他一些国家推广应用。其他国家在生物培肥、生物—有机培肥技术的研究上也都取得了长足进展，同时研制生产出了多种菌剂、生物肥料、生物—有机肥料，在施肥及土壤培肥中得到了不同程度的推广和应用。

3.2.2.2　国内土壤培肥技术研究进展

1901 年氮肥从日本输入我国台湾，1905 年左右广东开始施用化肥，清政府设立了国立试验农场，然而至新中国成立前，肥料施用量仍然较低，更无技术可言。新中国成立后，1950 年，中央人民政府在北京召开全国土壤肥料工作会议，商讨土壤肥料工作大计。会议提出了我国中低产田的分区与整治对策，对我国耕地后备资源进行了评估，将科学施肥作为发展粮食生产的重要措施之一，随后重点推广了氮肥，加强了有机肥料建设。1957 年，成立全国化肥试验网，开展了氮肥、磷肥肥效试验研究。1959 ~ 1962 年，组织开展了第一次全国土壤普查和第二次全国氮、磷、钾三要素肥效试验，在继续推广氮肥的同时，注重了磷肥的推广和绿肥的生产，为促进粮食生产发展发挥了重要作用。1979 年，在全国范围内结合农业区划进行了第二次土壤普查，对耕地进行了土壤理化性质和农化特性的测定，摸清了我国耕地基础信息，从而找出作物低产的土壤原因，并提出改良土壤的措施，同时在普查的基础上还编写了土壤普查报告，为合理培肥和改良土壤提供了宝贵的资料与依据。近年来，随着科学种田和合理施肥的需要，我国各地也开展了大量的土壤和作物的营养诊断工作，这对消除土壤障碍因素，改善土壤营养条件以及合理培肥，都起到了一定的作用。1983 年，我国开始进行大规模的土壤施肥与培肥地力技术研究，许多科学家和农业工作者通过大量的试验研究和生产实践，总结出了很多土壤评价和培肥地力的技术措施，在改善土壤生产力水平、提高农产品质量、环境保护等方面均起到了积极作用，收到了一定的效果。我国 2005 年开始探索全面推广测土平衡配方施肥活动，当年在全国 200 个县做试点，2006 年扩大到 600 个县，2007 年扩大到 1 200 个县，国家资金支持也达到了 9 个亿。

近年来，国内外作物施肥及土壤培肥技术的研究趋势是，应用系统工程的方法，使决定作物产量和肥料效果的各种因素之间复杂的相互关系系统化，拟定科学的施肥制度和土壤培肥制度，合理地选择改善土壤性状的肥料，建立最佳的施肥模型，并在此基础上形成了科学的平衡配方施肥和精准施肥技术。

当前随着社会经济的快速发展以及城市化进程的不断加快，各类用地大幅增加，耕地锐减，严重制约着农业的可持续发展。为确保耕地安全、粮食安全和生态安全，人们需要不断开发新的土地资源，然而通过土地整治工程获得的新增耕地普遍存在地力条件较差、耕性差的特点。因此，进行土壤培肥、加快土壤熟化，对恢复土壤的肥力、提高土壤生产力以及保证新增耕地质量具有重要的作用和意义。目前，应用的土壤培肥措施主要包括农艺措施、化学措施及生物措施。

(1)农艺措施

①深耕

深耕加厚了耕作层，提高了土壤的蓄水保肥能力，由于下层紧实的土层变得松碎，孔隙度增加，因而可以容纳更多的水分和养分，增强抗旱能力和供肥能力；深耕结合增施有机肥，使作物生长所需的大量养分均匀分布于全耕作层中，便于作物吸收。因此，深耕对土壤理化和生物性状都有良好的影响，也就加速了土壤熟化。深耕应在秋季进行，深耕的深度要适宜，并且必须要结合施肥，以达到创造深厚的、上虚下实的、水肥充足的耕作层。

②测土配方施肥

科学、合理施肥是提高作物产量、提高农业投入产出的有效手段，在当前的农业生产中，普遍存在着盲目施肥，施肥不科学、不合理的问题，因此对复垦地块进行测土十分必要。测定土壤的有机质、全氮、速效磷、速效钾等养分含量，对化验结果进行分析，在此基础上，根据测定点不同的肥力水平，制定相应配方，进行科学、合理施肥，充分发挥耕地生产潜力，减少施肥的盲目性，避免因盲目施肥造成肥料的浪费，减轻地表水和地下水污染，减轻作物生理病害的发生，以达到提高肥料利用率，降低农业生产成本，促进农业增效和农民增收。

③施用有机肥

新增耕地土壤大多质地黏重、结构不良、养分含量低。有机肥含有农作物需要的各种营养元素和有机质，对于提高土壤肥力有着多方面的作用。有机肥料肥效缓慢，但稳而长，不易损失，不仅是作物营养的丰富来源，而且在土壤微生物的分解和综合作用下形成了一种特殊的物质——腐殖质。腐殖质与土壤矿物质部分融合在一起，具有储藏养分的作用，并能改善土壤的理化及生物性状。长期大量畜禽粪便还田可带入大量微生物，刺激土壤微生物的发育，提高土壤的生物肥力，显著增加作物产量。秸秆还田可以改善土壤结构、增加土壤的养分含量，也可达到促进生土熟化的过程。

(2)化学措施

新增耕地回填土熟化度低，土质黏重结块。化学改良技术主要采用土壤熟化剂。土壤熟化剂具有改善土壤理化性状以及提高土壤熟化程度的作用，其主要成分是

$FeSO_4 \cdot 7H_2O$,其中的 Fe^{2+} 具有很强的生物活性,能够提高土壤微生物的数量和活力,促进团粒结构的形成,增强土壤对养分、水分的吸附能力,从而提高土壤的生产能力。

化学改良的具体措施是:使用硫酸亚铁 40 kg/亩,4 月混合于农家肥或直接撒施地表,结合土地耕耙均匀施入田中。

(3)生物措施

生物措施包括种植绿肥以及使用微生物菌剂。绿肥作物通过根瘤菌的固氮作用可以提高土壤中的养分含量,绿肥还田后还可增加土壤的有机质,改善土壤结构。研究表明,在化肥+有机肥基础上,菌肥可以为土壤多贡献4个百分点的有机质,能加强有机质的矿化作用,有利于提高土壤有机质含量,增强土壤养分供储能力,有利于维持土壤有机质的平衡。此外,微生物菌剂中的功能性微生物固氮菌、磷细菌和钾细菌发挥了生物固氮、解磷和解钾作用,起到了增氮、释磷和活钾的作用,能明显提高土壤中速效养分的含量,从而达到快速、全面熟化生土的目的。

农艺措施、化学措施、生物措施对改善土壤结构、提高养分水平均有效果,上述措施的综合应用,可以更大限度地改善土壤的耕性,提高土壤肥力。熟化的土壤土层深厚,有机质含量高,土壤结构良好,水、肥、气、热各肥力因素协调,微生物活动旺盛,供给作物水分、养分的能力增强,土壤生产力大幅提高。

毛乌素沙地位于西北干旱半干旱生态脆弱区,单独的砒砂岩与沙的氮、磷、钾和有机质等养分含量都非常低,难以满足作物对土壤肥力的需求,因此砒砂岩与沙复配成土后需要根据农业实际生产需要,以新生土壤培肥理论为指导,针对性地进行科学的土壤培肥,因地制宜,不断注意技术的创新,促进生产条件的改变,在逐步提高施肥水平的情况下,力争提高施肥的经济效益,使植物充分吸收、利用养分,提高肥料利用率,从而收到增产增收、节肥和促进生态可持续发展的综合效果。

3.3　土壤质量评价理论

3.3.1　土壤质量的概念和内涵

土壤质量是反映土壤保持生物生产力、环境质量以及动植物健康能力的内在属性。

Power 和 Myers(1989)认为,土壤质量是指土壤作为作物生长的介质,同时为作物生长提供所需的营养,以维持其生长发育,包括耕性、土壤结构、有机质含量、土层厚度、保水持水能力、pH 变化、养分状况等。

Larson 和 Pierce(1991)把土壤质量定义为土壤在以下几个方面的物理、化学和生物的综合特征:

(1)作为植物生长的介质同时为其提供营养;

(2)调节和分配生态系统中水分的运动;

(3)具有缓冲功能,作为环境中有害物质的缓冲剂。

Doran 等(1994)认为土壤质量是土壤肥力质量、土壤环境质量及土壤健康质量3方面的综合量度,即土壤在生态系统的范围内保持生物的生产能力、维持环境质量及促进动植物健康的能力。其中,土壤肥力质量是土壤提供植物养分和生产生物物质的能力,是保障粮食生产和实现农业可持续发展的根本。

刘世梁等(2006)认为土壤质量的内涵包含两个方面:一是指土壤为作物提供生长的内在能力;二是指受土壤使用者和管理者决策影响的土壤动态变化。

George 等(2002)提出土壤质量的内涵应依据土壤功能而进行定义。如从农学的角度,土壤质量通常被定义为土壤生产力,是指土壤维持自然植物生长的能力;从农作物产量的角度,土壤质量被定义为土壤维持作物生长的能力同时不引起土壤退化或环境污染。

曹志洪等(2001)认为土壤质量是指土壤满足粮食生产所需的肥力高低,容纳、吸收、降解和自净各种环境污染物质能力的强弱,以及促进人与动植物健康能力大小的综合量度。

综上所述,土壤质量包括内在的自然属性和外在的社会属性。土壤质量的内在性质除受气候和生态系统约束的土壤的物理和化学特性决定外,还受管理者和决策者的影响。尽管不同国家、不同地域,不同的管理者和决策者对土壤质量的定义存在差异,但无论怎样定义,土壤质量的共性应该是土壤满足现今和实现将来可持续发展的一种潜在能力(冷疏影和李秀彬,1999)。

3.3.2 土壤质量评价

3.3.2.1 土壤质量评价指标

土壤质量是土壤的许多物理、化学和生物学性质,以及形成这些性质的一些重要过程的综合体现。因此,对土壤质量的综合评价必须建立在对不同土壤属性的阈值与最适值、各种土壤属性的不同水平间的相互组合在土壤质量上的体现、各种土壤属性与土壤功能之间的关系、形成各种土壤属性的明确的土壤过程等问题的深入了解基础之上。由于目前对这些问题的认识仍然比较模糊和不全面,因此对土壤质量的研究、评价只是从不同角度进行了一些尝试。

土壤的诊断性质可分为两个部分,即描述属性和分析属性。

(1)描述性指标

描述性指标即定性指标。描述性指标数据因为不能量化而被视为“软”数据,常常得不到科学家和技术专家们的足够重视,而农民及其他直接使用土壤的人却可以通过这些不能量化的指标认识土壤质量,在研究者和用户之间进行必要的沟通是非常重要的。农民们可以通过看、闻和感觉确定土壤质量,他们的这些实践知识在一定程度上弥补了科学家们所使用方法的不足。在土壤质量研究中,农民和科学家进行合作,可以将实践知识和分析数据结合起来发展土壤质量评价方法,为土壤资源的经济和环境可持续发展提供指导。Harris 等提供了以解释框图和访谈指南为基础,包括通用调查表、特定地点调查表、相关报告卡组成的一套较为完整的土壤质量评价信息收集工具(Doran, et al. ,1994)。Roming 等基于农民的土地评价方法中给出的 Wisconsin 土壤健康评分卡中,包括了 24 项土壤指标、14项植物指标、3项动物指标及2项水环境指标,根据农民对这些指标的评分可以得到土壤的健康状况(Doran,et al. ,1997)。USDA - NRCS(1999)设计的Maryland土壤质量评价手册将土壤动物、有机质颜色、根系和残留物、表土紧实性、土壤耕性、侵蚀状况、持水性、渗透性、作物长势、pH状况和保肥性分为差、中、好3个等级,对每个项目各个等级的特征进行详细描述,在对这些项目等级评定的基础上得到土壤质量的定性状况。

(2)分析性指标

分析性指标即定量指标。对土壤质量的综合定量评价要选择土壤的各种属性的分析性指标,确定这些指标的阈值和最适值。土壤分析性指标通常包括物理指标、化学指标和生物指标,各项指标的不同取值组合决定了土壤质量的状况。在土壤质量评价中,需要根据不同的土壤、不同的评价目的对这些指标进行取舍及组合。

①物理指标

土壤物理状况对作物生长和环境质量有直接或间接的影响。例如,土壤团聚性会影响到土壤侵蚀、水分运动和植物根系生长。土壤孔隙提供了空气交换、水分运动和养分传输的通道,也直接影响着植物根系的生长。围绕着土壤中固、液、气三相的分配,各种土壤物理属性是相互联系和制约的。团聚性好的土壤一般具有较好的孔隙分布,团聚体间的大孔隙和团聚体内的小孔隙相互补充,使土壤具有较好的持水性、导水性和通气性。而土壤结构差、团聚性差、容重大,则容易带来固结、结皮、滞水等问题,进而导致根系发育不良,养分传输受限,污染物质难以降解,具有较差的土壤生产质量和土壤环境质量。

②化学指标

各种土壤养分和土壤污染物在土壤中的存在形式和浓度直接影响作物生长以及动物与人类的健康。例如,土壤氮素不仅仅是植物养分的来源,还会造成水体和大气的污染,影响着土壤肥力和土壤环境质量。土壤的一些基本化学性质,如CEC、pH和电导率,则影响着这些养分和污染物在土壤中的转化、存在状态和有效性,CEC是限制土壤化学物质存在状态的阈值,pH是限制土壤生物和化学活性的阈值,电导率是限制植物和微生物活性的阈值。对土壤质量的深入认识需要土壤化学方面更进一步的知识。

③生物指标

土壤支持不同种群的生物,从病毒到大型哺乳动物,这些生物和作物与其他系统成分相互作用。许多土壤生物可以改善土壤质量状况,但是也有一些生物如线虫、病原细菌或真菌会降低作物生产力。在土壤生物指标中,主要考虑了土壤微生物指标,而中型和大型土壤动物也可以指示土壤质量状况,对土壤动物作为土壤质量表征的研究目前仍处在开展阶段。

3.3.2.2 土壤质量评价方法

随着地统计学、GIS技术、模糊数学等数理统计方法在土壤质量评价中的应用,土壤质量评价方法呈多样化发展,即可以根据评价对象、目的、功能以及评价范围选择适宜的评价方法。

(1)土壤质量指数法

在土壤质量的综合评价方法中，土壤质量指数法是目前使用较广泛的方法，已被众多学者采用。Andrews et al.(2002)利用土壤质量指数法对加利福尼亚州中部农场土壤进行了评价。Reginald E M et al.(2007)运用加权求和模型计算不同施肥处理的土壤质量指数，进而评价长期施肥对土壤质量的影响。Mohanty et al.(2007)通过计算土壤质量指数评价了稻麦体系中耕作措施和秸秆还田对土壤质量的影响。Andrews et al.(2002)利用指数模型和加权求和模型评价了蔬菜地土壤质量指数。王军艳等(2001)应用指数和法对潮土农田土壤肥力变化进行了评价研究。加权求和法得到广泛使用，并有进一步的改进。张庆利等(2003)以江苏省金坛市为例，采用修改后的内梅罗公式计算土壤综合质量指数，进行土壤质量的定量化评价。王令超等（2001）认为，在农用地评价中，加权求和模型适合于农用地经济评价，而以因素分值的幂来描述因素对总体贡献的几何平均值模型则适合于农用地自然属性评价，他们综合两种方法的优点设计了动态加权求和模型。秦明周等（2000）采用修正的内梅罗评价模型，突出了土壤属性因子中最差因子对土壤质量的影响。刘彦随等（1999）在陕西秦岭山地采用评价因子的面积加权模型进行生态单元的潜力评定，兼顾了特定土壤评价因子因分布面积的差异带来的影响。

(2)GIS与土壤质量评价的结合

随着计算机技术的迅速发展,地理信息系统(Geographic Information System,简称GIS)以强大的空间分析能力,以空间属性数据一体化处理方式,在农用地评价、土地适宜性评价等实际工作中得到了广泛应用(赵庚星等,1999;朱怀松等,2004;张金霞,2004)。欧阳进良等(2002)以GIS为平台,以具体的作物类型为评价目标,通过建立评价指标体系有针对性地进行土地综合生产力评价与土壤质量变化研究。应用GIS进行土地评价所涉及的技术问题也有很多研究,如利用GIS获取土地评价单元和评价数据(胡月明等,1999),数字高程模型在土地适宜性评价中应用的技术及基于四叉树编码的空间叠置分析方法(贺瑜等,2006),数字地面模型与空间叠加分析在土地定量评价中的应用(唐宏等,1999),以及市县级部门如何构建基于GIS的耕地利用评价信息系统(毕如田等,2004,2005)。

利用GIS、模糊数学以及多元统计方法进行土壤质量评价已成为发展趋势。GIS具有强大的空间分析和数据管理功能,并可以在空间数据库的基础上建立针对各类问题的应用模型,对空间信息和数据进行有效的加工处理、科学分析和决策管理。因此,应用GIS对土壤质量进行评价可以提高农业决策的可靠性、客观性。

①多变量指标克立格法(MVIK)

考虑土壤系统的变量都是随机分布的,Jonathan et al.(1996)和Nazzareno et al.(2004)提出将无数量限制的单个土壤质量指标利用地统计学方法综合成为总体土壤质量指数,将这一过程称为多变量指标转换(MVIT)。

多变量指标克立格法主要有以下几个步骤:收集原始数据→设定指标的阈值→进行空间结构分析,做出临界值的变差函数图→确定未知、邻近的研究区域→对未采样区进行估计,获取累计分布函数→运用GIS技术获取每个指标的概率图以及克立格图→获取综合指标的克立格分布图。

②空间插值方法

吴克宁等(2007)以滩小关水源地评价为例,将地理信息系统技术和传统技术相结合,采用ArcviewGIS对采样点进行空间插值获取土壤养分等级空间分布图,将离散的土壤养分采样点推演为整个区域的土壤养分状况,为水源地的农业生产起到了一定的指导作用,也为土壤养分采样数据的实际应用提供了一种方法。其研究结果表明,研究区土壤养分含量贫乏是影响作物生长的关键因素。

(3)GIS与灰关联分析结合评价法

由于土壤评价实践过程越来越丰富,土壤质量的评价方法和模型有了较大的发展,其中灰色系统方法较早地运用在土壤质量评价中,由于土地质量相关的资料比较难收集,一些学者使用灰色系统理论对特定区域进行了土壤质量评价(辛建军等,1987;贾宁凤等,2004)。

由于土壤属性数据的不完备性,结合模糊数学的土壤评价方法得到了广泛的应用。运用模糊数学模拟参评因素与农用土地资源质量之间的关系;以模糊聚类法综合分析各参评因素的状态水平及各因素相互作用产生的综合协同效应,从质量方面对农用土地资源进行合理的分类;采用模糊综合评判法准确地评定宗地的等级水平,从而构成了一个较为完整的农用土地资源质量的模糊综合评价方法体系(刘洋等,2005)。廖桂堂等(2007)采用地统计学、GIS与多元统计分析,对蒙顶山茶园土壤肥力质量进行了定量化综合评价研究,结果表明,结合GIS进行肥力质量评价能更直观地反映土壤肥力质量的空间分布规律与程度。

(4)模糊神经网络模型

模糊神经网络目前已成为一个很热门的研究领域。周勇等(2003)指出,模糊神经网络的本质就是将常规的神经网络赋予模糊输入信号和模糊权值,其模糊理论的逻辑取值是在0和1间连续取值。张明媛(2004)运用GIS和人工神经网络对土地利用变化进行预测,结合GIS的空间分析功能和神经网络的信息处理功能和常规综合指数方法进行比较,验证了应用神经网络分等方法的有效性。

周江红等(2004)利用RAGA的PPE模型在小流域土地适宜性评价中的应用,采用改进的加速遗传算法优化投影方向,通过寻求最优投影方向及投影函数值对水土保持小流域规划中土地适宜性进行评价。刘耀林等(2005)将计算智能理论引入土地评价领域,运用模糊神经网络建立土地适宜性评价模型,该模型不存在规则爆炸问题。黎夏等(2005)提出了基于神经网络的元胞自动机(Cellular Automata)以模拟复杂的土地利用系统及其演变的方法。研究者们将人工神经网络、遗传算法等新方法与其他方法结合尝试性地应用在土地评价中,为土地评价提供了新的思路。

从目前的土地评价方法发展来看,土壤质量评价的方法由定性描述到定性和定量综合解析方向发展,增加空间和时间的考虑,在多维度的模型中进行土地评价。随着信息技术的发展,在今后的土地评价中,GIS技术和数学模型方法及其综合使用将越来越受到重视,使土地评价更加科学化、综合化和动态化,使土壤质量评价的成果既能反映土壤质量的时间变异,又能表现土壤质量的空间分布,为土地规划决策者和土地管理人员提供查询、决策和监督的便利。

基于当前毛乌素沙地生态环境恶化、土地质量差、荒漠化现象严重等许多亟待解决的问题,以土壤质量评价理论为指导,通过研究与复配土质量密切相关的诸多土壤质量评价因子,探讨建立合理的土地质量评价的数学模型,为砒砂岩与沙复配土的稳定性及可持续利用研究提供科学指导和理论依据,这对毛乌素沙地砒砂岩与沙复配土的可持续利用方面有着重要的意义。

3.4　田间水肥管理理论

3.4.1　水肥耦合效应概述

在农业生产过程中,水肥历来是人们关注的两大焦点。俗语说的好:“有收无收在于水,收多收少在于肥。”这充分说明了水和肥对作物生长的显著作用。水和肥对作物的生长不是孤立的,而是相互作用、相互影响的。无论是缺水还是缺肥,都对作物生长有较不利的影响,又由于水和肥在农业生产过程中是可以人为调控的两大技术措施,所以水肥耦合效应是 20 世纪 80 年代就提出的田间水肥管理新概念,其主要内容是强调水和肥两大因素之间的有机联系对植物生长的影响,通过水肥之间存在的协同效应,进行田间作物的综合管理,以提高作物生产能力和水肥利用效率。水肥耦合效应在农业生产过程中,表现为土壤养分与土壤水分这两个体系融为一体,相互促进、相互影响,并对植物的生长发育产生作用。水肥耦合效应对作物生长发育不仅仅是植物营养学研究的范畴,在长期的农牧业生产实践中,人们要进行农牧业经营和管理,其目的是要利用作物水肥因素的协同效应建立作物水肥耦合效应模型,生产优质的产品。在田间土壤中,水是溶剂,养分是溶质,养分运移与吸收多通过土壤水分进行,水肥耦合对作物的生长可以产生以下 3 种不同的结果或现象:

叠加效应:若水肥两个体系的作用等于各自体系效应之和,体系之间无耦合效应,称为叠加效应。

协同效应:即水肥两个体系相互作用、相互促进、相互影响,其多因素的耦合效应大于各自效应之和。协同效应也称正效应。

拮抗效应:水肥两个体系或两个以上体系相互制约、互相抵消,拮抗效应也称负效应。

在土壤—植物—大气系统中,水是贯穿整个系统的动力因素。水分的缺乏将导致作物从土壤中吸收养分的三种机制——截获、质流和扩散受到抑制,加剧作物生长过程中的营养不良状况,同时,养分不足致使作物生长缓慢,有限的水分不能充分利用导致减产。水分和养分是影响旱地农业生态系统生产力的主要因素。

水是肥效发挥的关键,肥是打开水土系统生产效能的钥匙,水肥耦合效应既是争取作物高产、优质、高效的必由之路,又是旱区农业可持续发展和中低产田治理的关键要素。

作物水肥耦合效应的研究由来已久并取得了重要的进展,其研究成果对指导我国旱作农区作物生产、解决旱地农业的持续稳定发展问题起到重要的推动作用。但是,不同地区因其降雨量、蒸发量、热量和土壤肥力等条件的不同,其作物水肥耦合效应机制也有所不同。因此,通过对旱区具有代表性的土壤和气候条件下的作物水肥耦合效应机理的研究,不断强化旱作农田作物水肥要素的调控力度,是提高作物对肥料和有限降水利用效率的一个重要途径。同时,将水肥耦合效应理论用于指导旱地农业生产,是不断提高旱作农田有限水分的生产潜力和实现旱地农业可持续发展的重要方面。

3.4.2 水肥耦合效应的理论依据

3.4.2.1 水分对肥料的作用

土壤中水分对肥料的作用主要包括两个方面:一方面是适宜的水分条件有利于加速无机肥料的溶解及有机肥料中养分的矿化,加快养分的释放和转化;另一方面是过多的水分使土壤溶液中养分过度稀释,造成养分的流失。Viets(1972)认为,虽然根系对水分和养分的吸收是两个相对独立进行的过程,但土壤水分状况会对土壤中的各种理化活动及微生物和植物的生理活动产生重大影响,从而使土壤中的水分和养分相互交织地联系在一起。植物吸收土壤中的养分的前提是养分能够溶解在水中,并通过截获、质流或扩散到达根系表面。养分在土壤中迁移的速率和距离受土壤水分状况的影响,在一定土壤水分条件下,养分的迁移速率和距离与土壤含水率呈正相关。一般而言,当土壤含水率处于田间持水量的范围时,最有利于土壤养分的溶解,其迁移的速率也最快,利于根系对养分的吸收。此外,土壤水分条件还直接影响植物的各项生理进程,从而影响植物对养分的吸收和利用。

3.4.2.2 肥料对水分的作用

合理施肥可改善土壤理化性质,增强微生物活性,提高土壤蓄水保墒能力,提高植物对水分的吸收效率,使作物产量和品质获得提高。研究表明,土壤肥力越高,土壤有效养分充足,植物的蒸腾速率越低,水分利用效率越高。合理施肥对水分的影响主要体现在三个方面:一是合理施肥可提高产量,从而使水分利用率提高;二是合理施肥可促进植物根系生长发育,提高根系活力,使根系吸水能力增强,从而使水分利用率提高;三是合理施肥有利于作物地上部的生长发育,提高地面覆盖率,降低地表水分蒸发量,从而使水分利用率提高(穆兴民,1999)。

我国农学界于20世纪80年代提出了“以肥调水”的观点,即通过合理施肥改善土壤养分状况,并对植物的营养状况产生积极影响,促进植物各项生理活动的进行,从而提高植物对土壤水分的吸收利用能力,使作物产量和品质获得提高。

3.4.3 水肥耦合效应的研究进展

3.4.3.1 水肥耦合效应在国外的研究进展

在16世纪,国外就有水肥耦合效应科学的试验记载。人们最初认识的营养物质是水,17世纪后期人们才认识到肥的作用,试验是从单因素试验到多因素试验(Roland and

Daniel,1998;Hannawa and Shuler,1993)。在19世纪末,最小因子定律是重要突破;到20世纪中期,水肥耦合效应主要研究各因素对植物生长的影响,即因素之间的耦合效应(Hojjati,1978)。Russell(1967)分析了施氮肥效果与降雨量的关系,他指出降雨量(春小麦生育期)小于120 mm时,施氮没有效果。Shimshi指出,氮素和水分的供应对植物生产的共同影响可以用最低因子定律求出其近似值,把水分因子限制下的植物生物量与氮素因子限制下的植物生物量进行对比,年降水量低于200 mm时,受水分限制的植物生物量小于受氮素限制的植物生物量,植物生物量主要受水分因子供应的限制;年降水量200~400 mm时,受水分限制的植物生物量大于受氮素限制的植物生物量,植物生物量主要受氮素因子供应的限制(Wallace et al.,1990)。尽管植物根系吸收养分和吸收水分是两个各自独立的过程,然而由于水分的有效性影响着整个土壤的微生物过程、物理过程以及植物生理过程,使得土壤中水分和养分密切且复杂地联系在一起(Baly,1935;Ye,2007)。旱地小麦对氮肥有效利用和土壤中可利用水分之间的关系中表明:不同湿度条件下,小麦产量和施肥量之间的关系满足二次回归曲线方程:

$$y = a + bx - cx^2$$

式中　y——小麦产量,kg/hm²;

　　x——施氮肥量,kg/hm²。

肥料中氮素的利用或在土壤中的累积在很大程度上受作物灌水量的影响。施氮量一定,当灌水量增加时,土壤中未被利用的NO_3-N降低,但当灌水量超过548 mm时,灌水量继续增加,NO_3-N残余量又有增加的趋势,表明灌水量有一定的阈值,超过此值,氮肥的利用率不再随灌水量的增加而升高(Daamen,1997;Lafleur and Rouse,1990;Molz,1981)。水分利用效率和降水利用效率的差异最多可达50%左右(Choudhury,1988;Dolman,1993)。由于农艺措施的更新,使土壤中储水量增加,土壤中水分利用率提高。

3.4.3.2　水肥耦合效应在国内的研究进展

近年来,许多学者对冬小麦的水肥效应进行了研究,特别是在对冬小麦进行合理施肥、提高降水利用效率等方面进行了研究。作物在生长过程中,要通过根系不断从土壤中吸收养分和水分,因此会在根际周围形成养分相对耗竭区,从而在近根际和远根际土壤间形成水分和养分浓度梯度,致使水分向近根区土壤迁移,以达到水势平衡。养分溶解在土壤中,也会随溶液的迁移而迁移,到达近根际,以使养分浓度梯度缩小。因此,土壤的水分状况直接影响土壤养分的迁移,水分充足,养分的迁移就容易;水分不足,养分的迁移就困难,甚至难以进行(刘芷宇等,1990)。水分既会有效地影响植物对土壤养分的吸收,也会影响作物生长及产量。研究表明,施肥促进根系发育,在水分偏少的情况下,施用氮、磷肥料对作物的扎根深度和根系总量有显著的促进作用,同时也促进了根系活动,有利于吸收其生长所需的养分和水分(张喜英,1999)。据梁银丽(1996)研究表明,在有限供水条件下,如土壤含水量在田间持水量的40%~58%,随着施磷量增加,水分利用率提高。而且,土壤干旱情况越严重,磷的效果越好。干旱条件下施肥可以提高植物吸收水分的效率(Mengel and Kirby,1987),可以显著提高小麦对土壤储水,特别是深层储水的利用。增加施肥水平，可以使土壤吸纳更多的肥料，提高土壤水势，使水分得以储存，以供给小麦利用，从而提高小麦利用土壤水分的能力。旱地施用磷肥由于满足了作物生产过程对营养元素的需求，因此具有明显的增产效果（Jerry et al. ,2001），但是否与抗旱性增强有关，存在不同意见。作物高产需要一定的水肥配比，但并不是高水高肥就一定效果好。比如，在水分充足年施磷的增产效应较低，而在缺水年施磷的增产效应较为显著（汪德水等，1995）。

总之，水分和养分是影响植物生长发育的两大主要因素，也是相互影响和相互耦合的因子。水分缺乏使得营养物质合成和转运受影响，养分缺乏使得水分吸收和利用受影响。因此，要发展旱区农业，确保国家粮食安全，使有限的水分和养分供应获得最大的经济效益，就必须充分发挥水肥耦合效应，达到水肥协调。

水和肥是毛乌素沙地种植业发展的主要限制因素，只有具有良好保水、保肥能力的土壤才能保证本地区农业的可持续发展。根据毛乌素沙地的水分条件，在不增加施肥量的前提下，通过"以水调肥"、"以肥控水"的水肥耦合效应来提高作物水肥利用效率，从而确保作物经济产量、改善作物品质、提高经济效益，是当前砒砂岩与沙复配土的稳定性和可持续利用研究中迫切需要解决的问题。

3.5　区域水资源管理理论

3.5.1　水资源可持续利用的理论基础

3.5.1.1　水资源的可持续性

水资源一般是指地球表层由大气降水形成的，可被人类利用的水、水域和水能资源，区别于石油、煤炭等矿产资源的本质在于，水资源是一种可再生的动态资源，具有可恢复性和可更新性。水资源的可持续性主要由水文循环这一方式得以实现，水文循环不仅提供源源不断的新鲜水，而且还起到美化自然、净化环境的作用。因此。只要人们开发利用水资源的过程中在数量和速度上不超过水体自身的恢复再生能力，水资源的可持续性就会得以实现。水资源本身所具有的可持续性是对其进行可持续利用研究的前提基础（刘善建，2000）。

3.5.1.2　水资源的有限性

水资源的有限性由以下几个方面决定：

第一，水资源具有区域性。如前所述，地球上的淡水资源虽然具有循环和可更新的特性，就其总量而言似乎可以满足人类的基本要求，但淡水丰富一词往往掩盖了它在地区上分布的不均匀性，如果考虑到降雨的时空分布和年内分配的不均匀，淡水资源的地区分布往往带有明显的地区性差异。

第二，水资源的开发利用具有阈值性（张鑫，1999；张贵民，2000）。在开发利用过程中，区域水资源系统具有最大的开发利用程度和供水能力，一方面，水资源的开发利用不能超过其最大恢复能力;另一方面,水资源的开发利用程度还受区域的社会生产条件、经济技术水平等其他因素制约。

第三,水资源的不协调性(汪党献等,2000)。水资源的不协调性表现在区域的水资源条件与该区域的人口、社会、经济、环境、矿产资源等不相匹配:某些区域存在人口众多而水源较少,或者人口较少,而水源较多,导致人口分布与水资源分配不协调;区域GDP较高而水源少,或者区域GDP较低而水源多,造成水资源与生产力布局不协调;耕地和灌溉面积与水资源不协调;水资源与其他矿产资源不协调;水资源空间分布与生态环境用水需求不协调等。这种区域水资源与区域发展中存在诸多不匹配的地方,有赖对水资源进行时间与空间的调节,从而满足区域可持续发展的需要。

由以上分析可知,相对于某个区域来讲,水资源决不是"永远持续的",而是非常有限的。

3.5.1.3　水资源的社会、经济属性

人类社会、经济活动离不开水资源。从社会角度看,人口增长,城市化进程加快,人们生活方式的改变,必然导致对水资源需求的增加;反过来,科技进步可提高用水比率(水的利用效率),从而相对增加水资源总量,同时政府出台的各种法规政策对水资源的利用方向有着重要的引导作用。从经济角度看,经济的发展更是离不开对水的需求,经济中的产业结构调整与水资源的变化存在一定的相互关系,经济系统内各要素的变化必然导致对水资源总需求的变化,反过来,经济发展水平也决定了水资源的开发利用水平,经济条件主要体现是为水资源的开发利用提供设备和投资,往往经济发达的国家,水资源的开发利用程度也越高。总的来讲,水资源的社会、经济属性就体现为,一方面,水资源为区域社会、经济的发展提供可靠的供水保证;另一方面,社会经济的发展水平也极大地影响着水资源的开发、利用、管理水平。

3.5.1.4　水资源的环境属性(唐克旺,1999)

水资源具有环境属性,是环境的组成部分。水资源在环境中有利的一面是能够稀释和净化人类各类活动排泄出来的污染物质,为人类提供美好的生存景观,改善和维持局地气候,支持植被发育,保持生物多样性,净化空气等。水资源在环境中不利的一面是人类在开发利用水资源过程中对生态环境所犯下的错误,如盲目过度开采水资源导致河湖萎缩、森林草原退化、土地沙化、水土流失等,在不合理的利用与管理中导致灌区次生盐渍化,地表水、地下水污染等,这些问题皆和水资源密切相关。水资源的可持续性、有限性、社会与经济属性、环境属性为区域水资源可持续利用研究构筑了坚实的理论基础。

3.5.2　水资源优化配置原则

资源优化配置过程是人类对水资源及其环境进行重新分配和布局的过程,是在一定的社会经济条件及水资源问题出现的背景下提出的,一方面,随着人口增长、社会经济发展,出现了有限水资源与不断增加的需水量之间的尖锐矛盾,有些地区水资源短缺已成为制约社会经济发展的主要因素,这就迫使人们寻求水资源的最佳分配,以实现有限水资源

发挥最大效益的愿望。另一方面,正是由于水资源的短缺,使得水资源在用水行业、用水部门、用水时间上存在客观的竞争现象,而对于这种现象的不同解决方案(配水方案)将导致不同的社会效益、经济效益以及环境效益,这就为选择最佳效益的配水方案提供了可能。另外,随着系统工程理论方法的出现及不断发展,为解决复杂水资源系统优化问题提供了技术支撑。因此,水资源优化配置不仅关系到它所依托的生态经济系统的兴衰,更关系到对可持续发展战略支撑能力的强弱,必须加强研究和实践,以利于社会、经济的持续发展。显而易见,水资源优化配置的最终目的就是保证区域可持续发展。

合理配置水资源应遵循下列几点具体原则(冯尚友,2000):

(1)在维持生态经济系统均衡的前提下,从水资源持续利用本身的质和量与空间和时间上,从宏观到微观层次上,从开发、利用、保护水资源及其环境同步规划和同步实施角度上,综合配置水资源及其有关资源,从而取得环境、经济和社会协调发展的最佳综合效益。

(2)水资源是一种可再生资源,具有时空分布不均和对人类利害并存的特点。对它的开发利用要有一定限度,必须保持在它的承载能力之内,以维持自然生态系统的更新能力和永续利用。对水患的防治也只需保持在一定的防洪标准之内,以达到防灾、减灾目的,不可能也无须采用所谓的完全消灭水害的措施。

(3)在水资源利用和水患防治系统范围内,生产、生活废弃物的排放应尽可能地减少到最低程度,即保持在环境容量范围之内,从而消除和减轻环境污染或防治污染的负担,保持水的清洁和充足的水量。

(4)水资源的合理配置必须与地区社会经济发展状况和自然条件相适应,因地制宜。应按地区发展计划,有条件地分阶段配置资源,以利环境、经济、社会的协调持续发展。

3.5.3　水资源优化配置方法

3.5.3.1　**优化方法**

线性规划是用来解决约束条件为线性等式或不等式,目标函数为线性函数的最优化问题。这种方法多用于解决资源分配型问题、存储问题等。其数学模型可表示如下:

目标函数:

$$\max(\text{或}\ \min)Z = CX$$

约束条件:

$$AX \leqslant, =, \geqslant b$$

$$X \geqslant 0$$

式中　$c = (c_1, c_2, \cdots, c_n)$;

$b = (b_1, b_2, \cdots, b_n)^r$;

$A = (a_{ij})_{\max}$。

线性规划的通用解法是单纯形法和改进的单纯形法。如果线性规划要求解值必须是整数时,就是所谓的整数规划。它是线性规划的扩展。

非线性规划法是用来解决约束条件和目标函数中部分或全部存在非线性函数的有关问题。许多实际问题包括水资源规划、管理的决策问题,多属于非线性规划问题。非线性规划问题没有一个通用的解法,只能针对不同的非线性规划问题,采用不同的优化技术,以求节省存储量及计算时间。

动态规划是一种多阶段决策理论和方法。它根据问题的时间和空间特性,把全过程分成若干相互连接而又不重复、循环的阶段,对每个阶段都需要做出一定的决策,这个决策不能仅孤立地考虑本阶段的结果,而要把全过程的各阶段联系起来考虑,务必使整个过程取得最优结果。应用动态规划最优性原理,可把具有 N 个阶段的多阶段决策问题化为 N 个单阶段决策问题。动态规划把问题分成若干阶段,运用建立的递推关系逐阶段依次做出最优策略,并使全过程达到最优结果。因问题的复杂程度不同,有常规动态规划、状态增量动态规划(IDP)、微分动态规划(DDP)、离散微分动态规划(DDDP)及渐进优化算法(POA)等。

3.5.3.2　模拟技术

水资源系统应用的模拟技术是指利用计算机模拟程序进行仿造真实系统运动行为实验,通过有计划地改变模拟模型的参数或结构,便可选择较好的系统结构和性能,从而确定真实系统的最优运行策略。面向可持续发展的水资源开发和管理系统的优化,考虑到人口、资源、环境与经济的协调发展,因素多、涉及面广,因而可应用模拟技术进行求解,得到一般意义下的优化结果。在农业配水中,模拟技术可根据水文或气象预报模拟出灌区的供水和排水过程,制订出灌区调配水量计划以及洪水来临时的分洪和泄洪措施,此时灌溉模拟模型常以净效益年值作为响应值输出。经过多次模拟运行后,点绘出相应曲面上的最大净效益年值,从而求出最优管理运行方案。

3.5.3.3　多目标决策技术

目标是指决策者的愿望或追求的方向与结果。在水资源开发利用中,如果只有一个目标来评价开发利用方案,称为单目标;如果需用几个目标,全面、公平地权衡开发方案的取舍时,所考虑的这些目标的集合,称为多目标。任何一个面向可持续发展的水资源开发与管理系统的目标至少有 3 个目标,即经济目标、社会目标和环境目标,使这 3 个目标综合最佳,就是一个多目标决策问题。其目的是在不可公度而又相互矛盾的目标之间,经过权衡、协调,求得满意的解决途径。

3.5.3.4　其他方法

近些年来,随着模糊(Fuzzy)数学、人工神经网络(ANN)、遗传算法(GA)等新型理论、方法的不断发展和完善,人们开始探索这些新型理论、方法在水资源系统中应用的可能性。

毛乌素沙地砒砂岩与沙复配成土后进行集约化的农业生产势必需要大量的水资源,毛乌素沙地水资源占有量与集约化农业生产需水规模是否匹配?砒砂岩与沙复配成土技术在当地是否可以保证可持续利用?这些问题仍需进一步探讨和研究。因此,本书将以区域水资源管理理论为指导,对毛乌素沙地水资源量进行调查研究,以保证农业的可持续发展。

3.6 生态修复基础理论

3.6.1 生态修复的概念

为了加速已破坏生态系统的恢复,还可以辅助人工措施的生态系统健康运转服务,而加速恢复则称为生态修复。在特定的区域、流域内,依靠生态系统本身的自组织和自调控能力的单独作用,或依靠生态系统本身的自组织和自调控能力与人工调控能力的复合作用,使部分或完全受损的生态系统恢复到相对健康的状态(康乐,1990;丁圣彦,2003)。生态修复应包括生态自然修复和人工修复两个部分。日本学者认为,生态修复是指通过外界力量使受损的生态系统恢复、重建或改进,这与欧美学者"生态恢复"概念的内涵类似。修复与恢复是有区别的,更不同于生态重建。生态恢复是指停止人为干扰,解除生态系统所承受的超负荷压力,依靠生态系统本身的自动适应、自组织和自调控能力,按照生态系统自身规律演替,通过其休养生息的漫长过程,使生态系统向自然状态演化,恢复原有生态的功能和演变规律,完全可以依靠大自然本身的推进过程。生态重建是对被破坏的生态系统进行规划、设计,建设生态工程,加强生态系统管理,维护和恢复其健康,创建和谐、高效的可持续发展环境。对于生态修复,国际上已有相应的科学理论支撑体系,对生态系统退化机理及其恢复途径已有所研究,并被日本、美国及欧洲地区所应用,取得了良好的效果。

3.6.2 生态修复基础理论

在生态修复理论的实际应用与生态修复的具体实践过程中,各种与生态修复相关的理论交叉运用并相互影响,从而有力地推进了生态修复理论与实践的发展。其中,对生态修复及其综合效益评价影响较大的相关理论,包括恢复生态学理论、景观生态学原理、环境生态学与可持续发展理论和资源与环境价值评估的经济学基础理论等。

3.6.2.1 恢复生态学理论

恢复生态学是一门侧重于研究生态系统退化的成因及内在机理、退化生态系统恢复与重建的技术与方法、生态学过程与其机理的学科。由于退化生态系统的恢复和重建过程大都属于人为因素,是一个相当复杂且综合的过程。因此,恢复生态学在一定意义上可以说是一门生态工程学,或是在生态系统水平上的生物技术学(钱一武,2010)。

生态修复是一个复杂的系统工程,涉及多学科、多领域,许多生态学理论均可以在这个过程中得以检验、完善和发展。由于生态修复工程的特点和属性决定了恢复生态学是一门综合性、专业性很强的学科,它的发展演变与其他学科的发展进步密不可分、相辅相成。不仅在生态学内的种群生态学和群落生态学等学科分支,到现代的生态系统生态学、保护生态学等有密不可分的联系,而且与生态学外的许多学科,如地理学、生物气象学,甚至经济学、管理学等保持着广泛的学科交叉。因此,有关退化生态系统恢复与重建的研究,需要组织协调多学科、多部门、多专业进行综合研究,才能揭示其内在的规律性和特性。恢复生态学研究对象主要是指那些因人类活动干扰和自然界的突发灾变而受到破坏的自然生态系统的恢复和重建问题,因而具有较强的应用背景和现实需要。

3.6.2.2　景观生态学原理

景观生态学的研究对象都是区域性的、比较综合复杂的生态系统群,是主要研究在一个相当大的区域范围内,由许多不同生态系统所组成的整体(景观)空间结构、相互作用、协调功能及动态变化内在演替规律的生态学新分支。

景观生态学一般以整个景观为研究对象,尤其强调空间异质性的相互支持、依赖与发展,生态系统之间的相互作用,大区域生物种群的保护与管理,以及人类对景观及其组分的影响等。站在景观的层面上研究生态系统之间的问题,可以使低层次意义上的生态学研究得到必要的综合,也使生态学的理论研究得到拓展和延伸(肖笃宁,2002)。当今,土地利用规划和决策仍然是景观生态学的重要研究内容和不可缺少的组成部分。

3.6.2.3　环境生态学

环境生态学是一门通过研究在人为干扰下生态系统内部各组成因素之间内在的变化机理、演替规律等,寻求恢复、重建受损生态系统及相应保护对策的科学。环境生态学研究重点是环境污染的生态学原理和规律、环境污染的综合治理、自然资源的保护和利用、废弃物的能源化和资源化技术。它是研究生态系统中的生物与污染的环境两者之间作用与反作用、对立与统一、相互依赖与相互制约、物质的循环与代谢等一系列相互作用的规律,以及支配这些规律的内在机理。

根据不同的分类方式进行分类,环境生态学是环境学的重要组成部分,它同时又是应用生态学的一个重要分支。环境生态学作为一门跨领域、综合性强的新兴学科,是运用生态学的理论和方法,观察、认识生态破坏和环境污染等各种环境问题基础上,研究和探索生态系统在人为干扰下其内在的变化机制、规律和对人类的负面效应,并阐明环境治理的生态学途径,进而寻求促进受损生态系统实现恢复、重建及其保护对策的科学。

3.6.2.4　可持续发展理论

可持续发展理论是一种全新的经济学理论。它提出地球上的资源是有限的,人类不能无限地向大自然索求资源和财富。人类社会必须与自然界和谐相处,过度追求其经济社会发展目标必然以牺牲环境和自然为代价,最终要受到自然界的惩罚。经济社会发展本身要求新的经济发展模式,综合考虑社会、经济、资源与环境综合效益和自然界的承载能力,努力实现全面协调可持续的发展。

可持续发展旨在保护生态的持续性、经济的持续性和社会的持续性。从时间过程上来看,可持续发展强调了环境与资源的长期承载能力对社会发展进程的重要性,有限的资源满足人类社会长期发展的战略和模式是可持续发展的核心。资源不仅维持一个地区的经济发展,也是维系地区生态平衡的基础条件,社会发展对资源需求应该控制在资源的承载力范围内。生态环境质量评价应该紧紧围绕资源有限的原则,从可持续发展的角度对生态环境问题提出切实可行的治理和修复的措施与途径(张征,2004)。

3.6.2.5　资源与环境价值评估的经济学基础理论

随着生态修复在全球的发展,如何评价通过生态修复得到改善恢复的生态系统所带来的成效成为理论界和各地政府研究与探讨的重要问题。当前对生态修复事业的生态效益、经济效益和社会效益核算时,常运用资源与环境价值评估的经济学基础理论,主要有劳动价值论以及效用价值论。

第 4 章　试验设计

砒砂岩和沙是毛乌素沙地的重要物质成分，前者裸露风化后遇风起尘、遇水流失，后者结构松散、漏水漏肥，二者为具有明显差异性、互补性特征的两类物质。结合对毛乌素沙地基本概况、前期治理思路以及新时期生态脆弱区土地综合整治战略的系统分析和梳理，仍有必要深入开展沙地开发、治理、利用的综合研究，实现生态脆弱地区的生态环境治理与资源开发利用的协同发展。本项目通过研究砒砂岩与沙复配成土的复配土土壤特性、水肥管理和水资源可持续利用等方面的变化机理，从而为新造土壤的稳定性和可持续利用提供技术指导和理论支持。

4.1　研究目的

项目研究建立在砒砂岩与沙复配成土技术基础上，目的在于研究合成土壤的性质稳定性，调控合成土壤质量的良性发展，为促进合成土壤的可持续利用奠定基础。本项目研究对于增加耕地面积，提高土壤质量，保障我国 18 亿亩耕地红线，以及保证粮食生产安全具有重要意义；同时，由于对毛乌素生态脆弱区进行生态开发、和谐利用，对于促进研究区域的生态环境安全和人与自然和谐发展具有重要意义。项目研究具有重要的经济效益、社会效益和生态效益。

4.2　材料与方法

4.2.1　材料

砒砂岩的种类有白色、灰色、紫红色以及粉红色等多种类型。而本研究区域在榆林市榆阳区小纪汗乡大纪汗村，本研究所用砒砂岩样品、风沙土样品均采自毛乌素沙地榆林市榆阳区大纪汗，主要以紫红色形态存在。

4.2.1.1　砒砂岩

（1）砒砂岩矿物组成

砒砂岩主要由石英、长石、钙蒙脱石和方解石等矿物组成，详见表 4.1。

①石英

石英呈块状或粒状，是非常稳定的无色透明矿物，具有硬度大、抵抗风化能力强的优点，几乎不发生化学溶解作用。砒砂岩中的石英含量平均约为 50%，小于其他砂岩中石英的平均含量（66.8%），因此这种砒砂岩成分的成熟度不高，随着其他矿物的风化，石英的平均含量也会增大，这标志着沉积岩向着更成熟的方向转化。

②长石

长石在础砂岩中的平均质量百分数为 12% ~27%，在风力作用下极易风化，导致岩石结构破坏，岩体抗蚀力减弱。此外，长石的风化物主要为粉末状的高岭石，这种岩石抗蚀能力极差，易被进一步风化，造成础砂岩分布区内更强烈的水土流失现象。

③钙蒙脱石

紫红色砂岩与灰白色砂岩的高岭石、方解石、伊利石、白云石、石英和钾长石的平均含量几乎相同，但钙蒙脱石的平均含量为 20%，在灰白色砂岩中钙蒙脱石含量比紫红色砂岩略高，紫红色砂岩的钙蒙脱石的平均含量只有 15.8%，而紫红色与灰白色相间的条带状砂岩的钙蒙脱石含量比前两种要分别高 4% 和 8.2%，钾长石、斜长石和钙蒙脱石的含量则明显比前两种高。钙蒙脱石具有遇水体积发生膨胀的特点，膨胀体积最大可达干燥时体积的 150% 左右，膨胀后的钙蒙脱石大大降低了岩体的透水性，从而使岩石具有较强的持水及保水性。因为矿物的持水性越强，会导致岩石及成土后土壤的持水性越大，因此常以具有较强保水、持水能力的础砂岩沉积物颗粒作为保水剂，这也为增强研究区内大片沙土地的保水、持水能力提供了可行的思路。

表 4.1　不同类型础砂岩的矿物组成　（%）

类别	灰白色础砂岩		紫红色础砂岩		紫红灰白混合础砂岩	
	含量	均值	含量	均值	含量	均值
石英	43 ~ 70	50.5	34 ~ 60	50.8	35 ~ 50	42.5
钾长石	6 ~ 25	10.9	5 ~ 20	10.8	8 ~ 25	16.5
斜长石	0 ~ 5	1	0 ~ 10	3.6	8 ~ 10	9
方解石	2 ~ 26	11	4 ~ 20	12	0 ~ 2	1
白云石	0 ~ 2	1.8	2 ~ 2	2	2 ~ 2	2
钙蒙脱石	12 ~ 35	20	10 ~ 25	15.8	23 ~ 25	24
伊利石	0 ~ 8	3	0 ~ 8	3.3	5 ~ 5	5
高岭石	0 ~ 6	2	0 ~ 5	2.1	0 ~ 0	0

注：表中数据来自《内蒙古南部础砂岩侵蚀内因分析》（石迎春等，2004）。

④碳酸盐矿物

碳酸盐矿物和黏土矿物在础砂岩矿物的组成中主要起胶结作用。础砂岩中的碳酸盐矿物主要由方解石和少量的白云石组成。础砂岩中的黏土矿物主要由钙蒙脱石及少量伊利石和高岭石组成。方解石具有化学性质活泼的特点，在遇到水流后，易与水中的 CO_2 发生化学反应，被水流带走，减弱了砂岩颗粒间的胶结作用，所以础砂岩岩体在干燥时通常十分松散，易发生水土流失。

（2）础砂岩化学组成及主要离子

经实验室对样品检测，础砂岩的化学成分总体较稳定，其中稳定组分 SiO_2 的质量分数为 64.67%，Al_2O_3 的质量分数为 12.83%，FeO 的质量分数为 10.12%，总的质量分数达到了87.62%（见表4.2）。通常岩石的活泼性由不稳定组分的含量来决定，而砒砂岩中的不稳定组分 Na_2O、K_2O、CaO 占总化学成分的5.79%，虽然含量远远不及稳定组分，但其异常活泼，很容易发生化学变化，也就是说它们容易导致岩体结构的破坏，减弱岩体抵抗侵蚀的能力，但是从农业的角度来说，其却能作为作物生长的营养物质。

表4.2　砒砂岩的化学成分　（%）

砒砂岩化学成分	SiO_2	TiO_2	Al_2O_3	FeO	MnO	MgO	CaO	Na_2O	K_2O
质量分数	64.67	1.33	12.83	10.12	0.08	1.97	1.64	1.15	3

经对样品的主要离子组成测定，砒砂岩的 pH 值为8.35（见表4.3）。在碱性条件下，大气降水的入渗易形成裂隙水或孔隙水，这些都能与岩石中相对不稳定的化学成分发生作用，不断达到新的平衡，从而使裂隙或孔隙逐渐加大，从而促进砒砂岩岩石的风化，提供足够的成土母质。

表4.3　砒砂岩的离子组成

pH	有机质（g/kg）	全氮（g/kg）	主要离子含量（g/kg）							
			CO_3^{2-}	HCO_3^-	Cl^-	SO_4^{2-}	Mg^{2+}	Ca^{2+}	Na^+	K^+
8.35	0.78	0.23	0.004	0.030	0.020	0	0.010	0.020	0.910	0.087

（3）砒砂岩粒度分布

本研究选取的样品使用马尔文激光粒度分析仪 Mastersizer 2000（英国）对其粒度组成特征进行了分析研究。粒度试验应用湿法手动测量法。图4.1为砒砂岩的粒度组成频率分布和累计曲线。

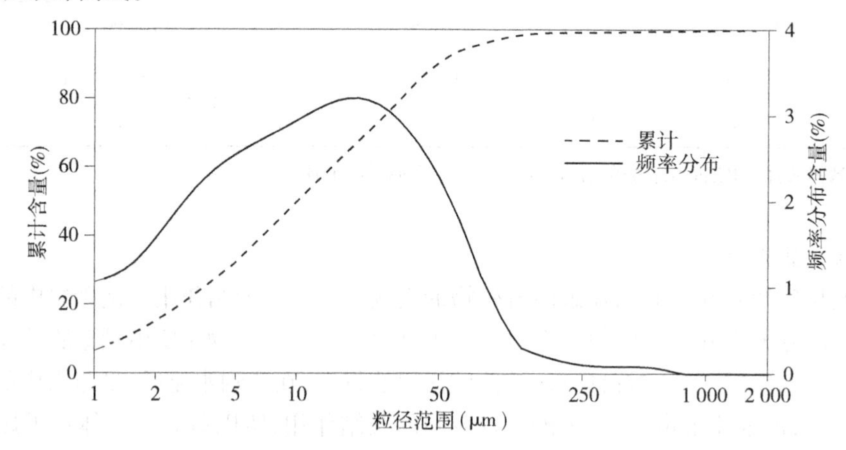

图4.1　砒沙岩粒度组成频率分布和累计曲线

根据激光粒度分析仪测定分析结果，砒砂岩的粒度分布范围在0.317～709 μm，表面积平均粒径为3.9 μm，体积平均粒径为22 μm，$d(0.1)$为1.4 μm，$d(0.3)$为4.9 μm，

$d(0.5)$为11 μm,$d(0.6)$为16 μm,$d(0.9)$为51 μm(其中$d(0.1)$表示累计百分数为10%时的粒径,依次类推)。以上参数表明础砂岩的粒径较细,主要集中在粉粒和黏粒段。从图4.1中也可以看出,础砂岩粒度分布范围较广,其粒度组成频率分布没有明显的峰。粒度组成累计曲线没有明显的陡坡,属多分散型累计曲线,说明础砂岩均质性较差。

(4)础砂岩粒度组成

质地是土壤重要的物理性质之一,主要取决于成土母质类型。由于础砂岩的松散结构和易风化特点,其具有成土母质最基本的特性。而础砂岩中缺乏有机质和植物生长所需的营养元素,营养物质的累积较慢,使得成土过程十分缓慢,故以础砂岩母质为基础形成的栗钙土也较少见,大部分的础砂岩以介于母质与土壤之间的形式而存在(王愿昌,2007)。础砂岩土体胶结松散,粗粒(砂粒及粉砂)含量占85%以上,且常含有砾石。础砂岩形成于河湖相冲积性沉积层之上,结构体沿水平轴方向发展,常呈片状结构,受钙蒙脱石遇水膨胀影响,础砂岩地表板结紧实,植物根系下扎极为困难。

本研究中础砂岩粒度组成分布见图4.2。从图4.2中可以看出,础砂岩在粒径范围为0.01~0.05 mm的含量最高,即粗粉粒含量最多,占41.27%,粗砂粒(0.25~1 mm)含量最少,占0.66%,细黏粒(<0.001 mm)含量为6.51%,粗黏粒(0.001~0.002 mm)含量为7.75%,细粉粒(0.002~0.005 mm)含量为17.32%,中粉粒(0.005~0.01 mm)含量为16.72%,细砂粒(0.05~0.25 mm)含量为9.77%。这和图4.1的频率分布曲线趋势一致,础砂岩在粒径为0.01~0.05 mm的频率最高,之后向两边粒径分布频率递减。按目前国际上常用的美国土壤质地标准,即<0.002 mm为黏粒,0.002~0.05 mm为粉粒,0.05~2 mm为砂粒,本研究中础砂岩的黏粒、粉粒和砂粒含量分别达到了14.26%、75.31%和10.43%,质地达到了粉砂壤土的标准,从机械组成角度看,有改良沙土及保障作物生长的潜力。

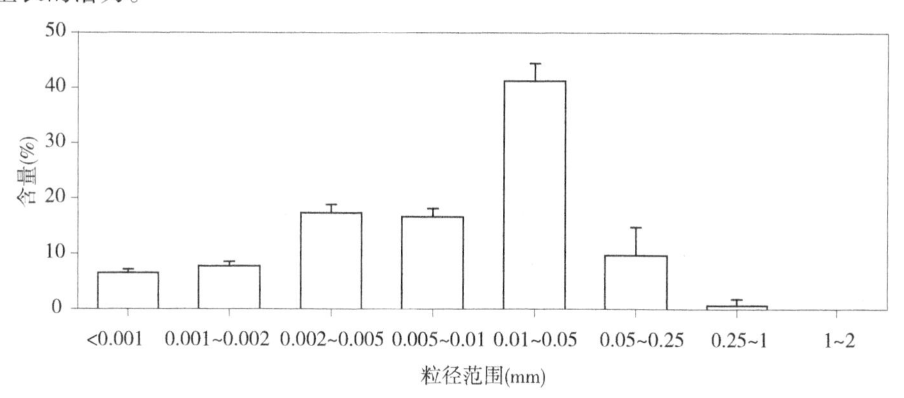

图4.2 础砂岩粒径范围分布

4.2.1.2 风沙土

(1)风沙土矿物组成

偏光显微镜的分析结果表明,毛乌素沙地中的风沙土主要由岩屑、长石和石英三种颗粒组成。主要的组成矿物如表4.4所示。

表 4.4　风沙土的矿物组成

矿物类型	石英	正长石	斜长石	伊利石	角闪石	岩屑
含量(%)	73	15	8	2	1	1

注:数据来自《毛乌素沙漠风积沙工程物理特性研究》(张德媛,2009)。

如表 4.4 所示,石英和长石为沙中的主要矿物,这两种矿物的总量占到风积沙成分的96%。沙中的次生黏土矿物为含量很小的伊利石,因此沙土无结构,通体松散。角闪石为沙中的重矿物,此外还含有一些火成岩和变质岩碎屑。

(2)风沙土化学组成及主要离子

大纪汗风沙土的化学组成检测结果见表 4.5。

表 4.5　风沙土的化学组成

氧化物	SiO_2	TiO_2	Al_2O_3	FeO	MnO	MgO	CaO	Na_2O	K_2O
含量(%)	78.05	0.51	11.84	2.64	0.05	1.06	2.08	—	2.16

注:数据来自《砒砂岩地区水土流失及其治理途径研究》。

经沙土样品检测分析,检测结果见表 4.6。有机质含量平均值为 3.32 g/kg,全氮含量平均值为 0.14 g/kg,K^+ 含量平均值为 0.4 g/kg。这表明沙土的养分含量较低,但仍然含有一定量的养分,经过自然和人工培肥与改良,能够为作物生长提供养分。

表 4.6　大纪汗项目区风沙土样品养分含量分析

pH	有机质(g/kg)	全氮(g/kg)	主要离子含量(g/kg)							
			CO_3^{2-}	HCO_3^-	Cl^-	SO_4^{2-}	Mg^{2+}	Ca^{2+}	Na^+	K^+
8.85	3.32	0.14	0.005	0.07	0.05	0	0.021	0.023	23	0.4

(3)风沙土粒度分布

采用马尔文激光粒度分析仪 Mastersizer 2000(英国)对风沙土样品粒度组成特征进行检测研究,方法同砒砂岩的测定,样品的粒度频率分布和累计曲线见图 4.3。

根据激光粒度分析仪测定分析结果,风沙土样品的粒径范围在 0.564 ~ 2 000 μm 变化,表面积平均粒径为 108 μm,体积平均粒径为 345 μm,$d(0.1)$为 119 μm,$d(0.3)$为 225 μm,$d(0.5)$为 305 μm,$d(0.6)$为 356 μm,$d(0.9)$为 585 μm。以上参数表明,风沙土的粒径较粗,主要集中在砂粒段。本研究中得到的毛乌素沙地风沙土的平均粒径的结果和李智佩(2006)的研究结果相近。结合图 4.3 也可以看出,其粒径主要分布在 50 ~ 2 000 μm,颗粒整体较粗,粒度组成频率分布具有很窄峰态的分布曲线特征。粒度组成累计曲线属于单分散型累计曲线,均质性较好,分选性强。

(4)风沙土粒度组成

风沙土的粒度组成分布图见图 4.4。可以看出,粒度组成特点是分布范围主要集中在 0.05 ~ 1 mm,其含量达到 91.79%,主要为砂粒,其中细砂粒(0.05 ~ 0.25 mm)含量为31.42%,粗砂粒(0.25 ~ 1 mm)含量为 60.37%。石砾(1 ~ 2 mm)含量为 3.94%,小于0.05 mm 粒径含量为 4.27%,分选性较好。根据美国土壤质地标准,毛乌素沙地沙的黏

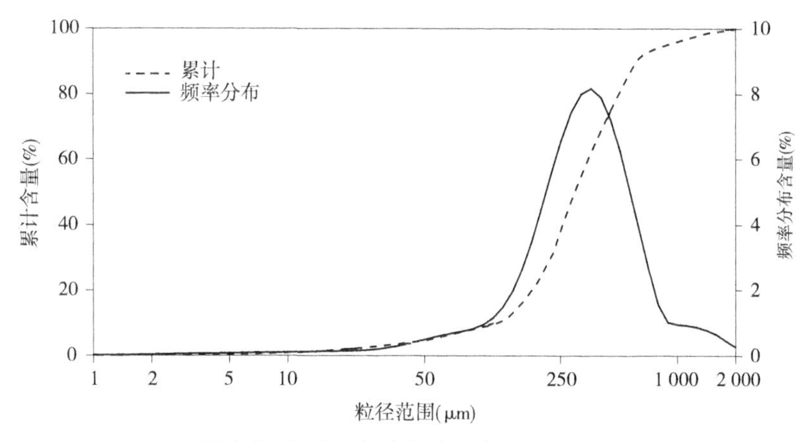

图4.3 风沙土粒度频率分布和累计曲线

粒、粉粒和砂粒含量分别为0.21%、4.05%和95.73%，质地属于砂土。陈广庭(1991)指出表土的可风蚀性状况不仅取决于表土的单粒分布，还与表土是否存在结构体及结构体数量的多少均有重要的相关性。而沙化土地中结构体赋存的关键粒级就是黏粒、粉粒的含量，从中就可以看出，粉粒、黏粒含量极少，基本无结构性，抗风蚀能力很差。

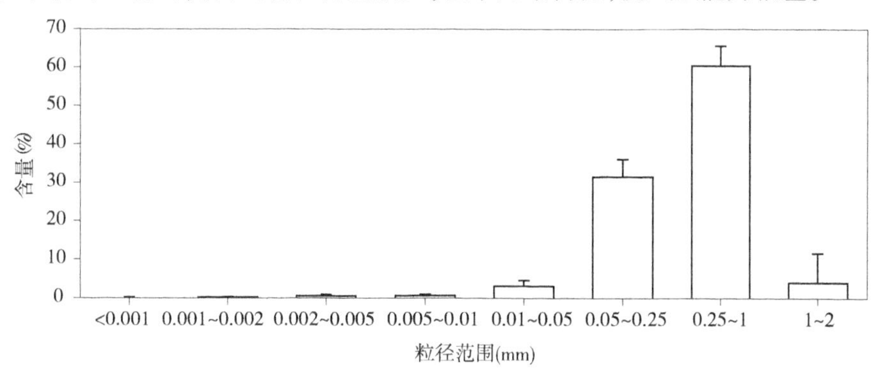

图4.4 毛乌素沙地沙的粒度组成

4.2.2 技术路线

以砒砂岩与沙复配成土技术为基础，通过复配土土壤特性研究、水肥管理和水资源可持续利用研究，为毛乌素沙地砒砂岩与沙复配土的稳定性和可持续利用提供理论基础。本研究的技术路线图见图4.5。

4.2.3 田间小区设计

田间小区试验在陕西省土地工程建设富平试验基地进行，富平县(东经108°57′~109°26′，北纬34°42′~35°06′)是关中平原和陕北高原的过渡地带，属渭北黄土高原沟壑区，地势北高南低，自西北向东南倾斜，境内海拔375.8~1 420.7 m，属于大陆性季风温暖带半干旱型气候，年总辐射量5 187.4 MJ/m^2，年平均日照时数约2 389.6 h，年均气温13.1 ℃，年平均降水量527.2 mm(1960~1995年)，降水年际变化大，年降水量变异系数

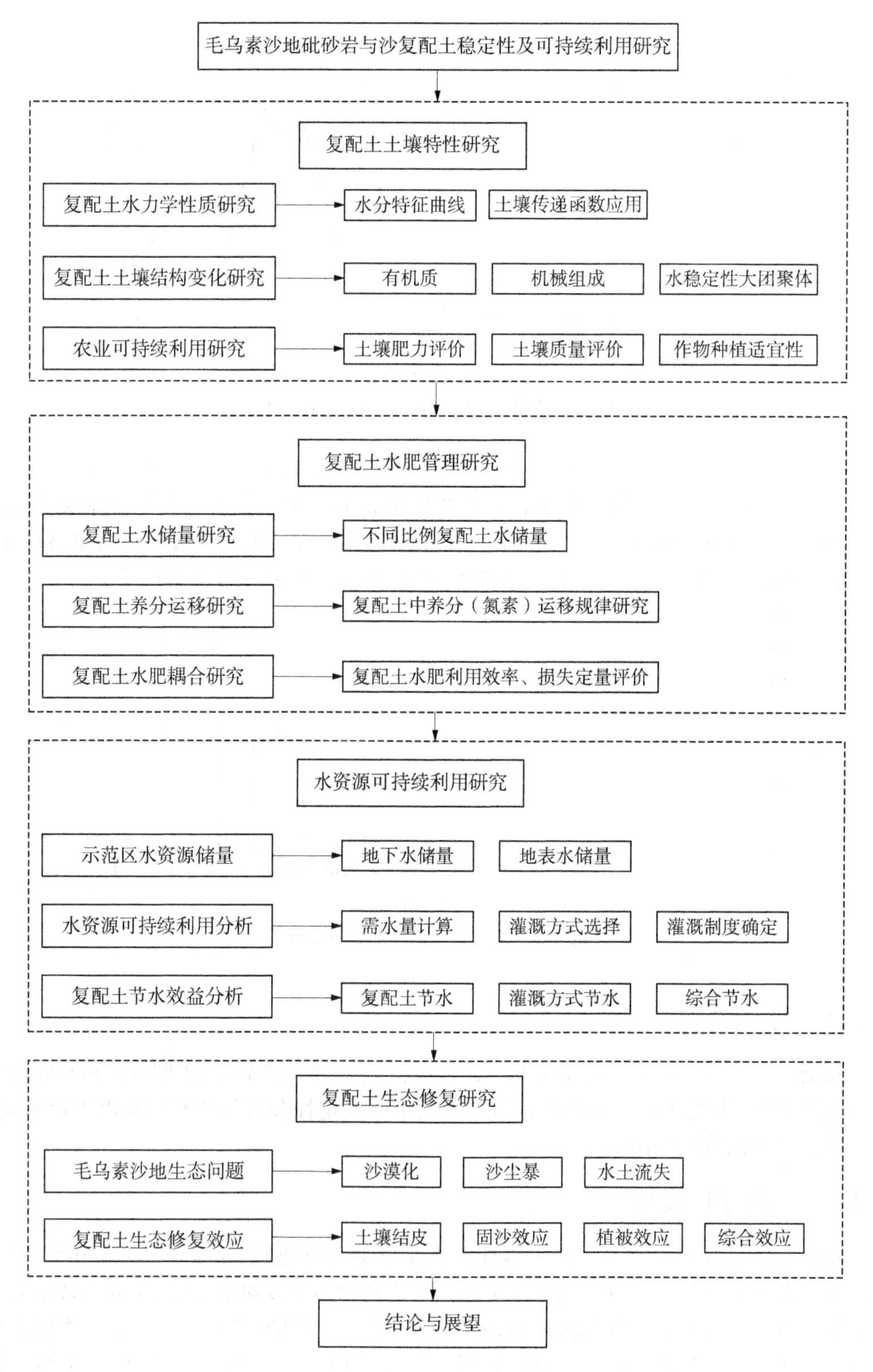

毛乌素沙地砒砂岩与沙复配土稳定性及可持续利用研究
复配土土壤特性研究
复配土水力学性质研究
水分特征曲线
土壤传递函数应用
复配土土壤结构变化研究
有机质
机械组成
水稳定性大团聚体
农业可持续利用研究
土壤肥力评价
土壤质量评价
作物种植适宜性
复配土水肥管理研究
复配土水储量研究
不同比例复配土水储量
复配土养分运移研究
复配土中养分（氮素）运移规律研究
复配土水肥耦合研究
复配土水肥利用效率、损失定量评价
水资源可持续利用研究
示范区水资源储量
地下水储量
地表水储量
水资源可持续利用分析
需水量计算
灌溉方式选择
灌溉制度确定
复配土节水效益分析
复配土节水
灌溉方式节水
综合节水
复配土生态修复研究
毛乌素沙地生态问题
沙漠化
沙尘暴
水土流失
复配土生态修复效应
土壤结皮
固沙效应
植被效应
综合效应
结论与展望

图 4.5　技术路线图

(C_V)达到 21.1%。

在试验基地布设 15 个小区,每个小区面积为 2 m×2 m,共占地 100 m^2。根据小区立地条件,考虑光照、微地形等因素的均一性,15 个处理采取自南向北"一"字形布设。通常土壤耕作层深度为 30~40 cm,因此试验小区将砒砂岩与沙的混合深度设计为 0~30 cm,模拟实地条件,30~70 cm 完全用沙填装。按照试验设计的比例计算后混合,即土沙比 1:1、1:2、1:5 的小区分别覆砒砂岩(黄土)0.6 m^3、0.4 m^3、0.2 m^3。该试验为 4 因素 3 水平试验,采取正交设计,共 9 个处理,即处理 1 到处理 9。处理 10 到处理 14 不限制灌水量,作为试验的补充处理。处理 15 是在表层混合黄土,视为对比试验,分析沙与砒砂岩混合和与黄土混合对作物产量的影响。

小区试验布设分 6 个步骤。第一步,开挖 2 m×2 m×0.7 m 的坑;第二步,在每个坑 30~70 cm 深填装沙;第三步,将砒砂岩与沙按比例混合;第四步,施加土壤培肥措施;第五步,将砒砂岩(黄土)与沙的混合物填装在每个小区 0~30 cm 深处;第六步,按试验设计种植。小区建设及试验过程见图 4.6。

图 4.6　小区布设全过程

4.2.4　试验管理

2011 年 3 月至 2013 年 3 月,按照研究计划开展小区种植试验,在试验期间,对土壤理化性质、作物长势和作物产量进行检测。试验管理包括作物种植类别、肥力控制及试验期测定项目。

4.2.4.1　种植作物

在试验期间,完成两季春玉米和冬小麦的种植。玉米品种为金诚 508,小麦为小偃 22。

4.2.4.2　肥力控制

试验田的施肥量:N 为 255 kg/hm^2;P_2O_5 为 180 kg/hm^2;K_2O 为 90 kg/hm^2。试验田全部采用人工播种。其中,磷肥、氮肥、钾肥分别为磷酸二铵、尿素和氯化钾。

4.2.5　试验方法与内容

4.2.5.1　试验项目

(1)土壤水分测定

在春玉米和冬小麦的主要生育期测定其土壤含水率,根据试验小区的覆土厚度取土,每 10 cm 取土一次,采用土钻取土烘干法。

(2)土壤容重测定

采用环刀剖面取土法,在小区中以对角线布置 5 个点,取土深度为 0 ~ 40 cm,每 20 cm 取一次。春玉米和冬小麦播种前和收获后各测定一次。

(3)土壤理化学性状测定

包括物理性质(含水量、土壤机械组成、水稳定性团聚体、田间持水量、作物萎蔫点、水分特征曲线、饱和导水率)和化学性质(pH、有机质、全氮、硝态氮、铵态氮、速效磷、速效钾等)。

每个小区按对角线选取 5 点,用土钻取 0 ~ 50 cm 土层混合土样(土层厚度 < 50 cm,按其小区土层最大深度取样),3 次重复,自然风干,过 0.15 mm 和 0.25 mm 筛。水稳性团聚体样品仅采集 0 ~ 30 cm 土壤。

(4)作物株高和生物量测定

在春玉米和冬小麦各生育期分别测定植株株高和干重。株高每个小区均选取 5 株进行标记,按照生育时期变化定点监测;干重采用烘干法(105 ℃,1 h,然后 70 ℃烘干 72 h)测定。

(5)作物产量构成因素的测定

玉米成熟后,在每个小区中间两行进行人工收获。每小区选出 5 株进行穗部性状调查,测定项目包括穗长、穗粗、秃顶长、穗粒数;待调查完之后,秸秆和风干籽粒均在 70 ℃条件下烘干 72 h,测定春玉米的百粒重,计算玉米生物产量及籽粒产量。

小麦成熟后,取每个试验小区的定位区 2 m^2(长 2 m × 宽 1 m),在每个小区取中间,测定小麦的穗粗、穗长、穗数及穗粒数;调查完后,秸秆和风干籽粒均在 70 ℃条件下烘干 72 h,测定冬小麦的千粒重,计算冬小麦生物产量及籽粒产量。

(6)气象资料收集

包括最高温度、最低温度、平均温度、降水量、太阳辐射、相对湿度、日照时数、风速等。

4.2.5.2　测定方法

(1)土壤质地

土壤质地是土壤中的各粒级占土壤质量的百分比组合,是土壤的最基本物理性质之一,对土壤的各种性状,如土壤的通透性、保蓄性、耕性以及养分含量等都有很大的影响;是评价土壤肥力和作物适宜性的重要依据。本研究中土壤质地的测定采用吸管法及激光粒度分析仪法。吸管法操作步骤见《土壤物理研究法》(依艳丽,2009)第三章。激光粒度分析仪法具体操作步骤是:取样品 0.5 ~ 0.8 g 放入 100 mL 烧杯中,加入 10 mL 浓度为 10% 的 H_2O_2 煮沸,使其充分反应;后加入 10 mL 浓度为 10% 的 HCl 煮沸,使其充分反应。给烧杯注满蒸馏水浸泡 24 h,抽去蒸馏水,加入 10 mL 浓度为 0.05 mol/L 的 $(NaPO_3)_6$ 分散剂后上机测量。

(2)含水量

土壤含水量采用烘干法进行测定,测定时把土样放在 105 ~ 110 ℃的烘箱中烘至恒重,则失去的质量为水分质量,即可计算土壤水分百分数。

(3)饱和导水率

饱和导水率指土壤孔隙全部充满水时,单位时间内通过单位面积土壤的水量。它是研究水分、溶质运移、推测土壤非饱和导水率、计算土壤剖面水的通量和设计灌溉排水系统工程的一个重要参数。土壤饱和导水率反映了土壤的饱和渗透性能。饱和导水率的测定采用环刀法:在室外用环刀取原状土样,带回室内浸入水中。在预定时间将环刀取出,除去盖子,在上面套上一个空环刀,然后将接合的环刀放到漏斗上,漏斗下面用100 mL烧杯承接;向上面的空环刀中加水,水面比环刀口低1 mm,水层厚<5 cm。同时连接马氏瓶,使马氏瓶的出气口与待测土样上的水层表层保持绝对高度一致,保证水头恒定;加水后,自漏斗下面滴下第一滴水时用秒表计时,定时更换漏斗下的烧杯,计量渗出水量Q_1、Q_2、Q_3、…、Q_n。每更换一次量筒,要用温度计记录水温;待单位时间内渗出水量相等时试验稳定。结果计算见公式4.1~公式4.4。

渗出水总量按下式计算:

$$Q = \frac{(Q_1 + Q_2 + Q_3 + \cdots + Q_n) \times 10}{S} \tag{公式4.1}$$

式中　Q——渗出水总量,mm;

Q_1、Q_2、Q_3、…、Q_n——每次渗出水量,mL,即cm^3;

S——环刀横截面面积,cm^2;

10——由cm换算成mm所乘倍数。

渗透速度按下式计算:

$$v = \frac{10Q_n}{t_n S} \tag{公式4.2}$$

式中　v——渗透速度,mm/min;

Q_n——n次渗出水量,mL,即cm^3;

t_n——每次渗透所间隔时间,min。

饱和导水率(渗透系数)按下式计算:

$$K_t = \frac{10Q_n L}{t_n S(h + L)} = v\frac{L}{h + L} \tag{公式4.3}$$

式中　K_t——温度为t(℃)时的饱和导水率(渗透系数),mm/min;

Q_n——n次渗出水量,mL,即cm^3;

t_n——每次渗透所间隔时间,min;

S——环刀的横截面面积,cm^2;

h——水层厚度,cm;

L——土层厚度,cm;

v——渗透速度,mm/min。

为了使不同温度下所测得的K_t值便于比较,应换算成10 ℃时的饱和导水率(渗透系数),按下式计算:

$$K_{10} = \frac{K_t}{0.7 + 0.03\ t} \tag{公式4.4}$$

式中　K_{10}——温度为 10 ℃时的饱和导水率(渗透系数),mm/min;

K_t——温度为 t(℃)时的饱和导水率(渗透系数),mm/min;

t——测定时水的温度,℃。

(4)容重

严格来讲,土壤容重应称干容重,土工上也称干幺重。其含义是干基物质的质量与总容积之比,采用环刀法进行测定。

在田间选择挖掘土壤剖面的位置,按使用要求挖掘土壤剖面;按剖面层次,分层取样;把装有土样的环刀两端立即加盖,以免水分蒸发。结果计算见公式 4.5:

$$\rho_b = \frac{m}{V(1+\theta_m)} \qquad \text{(公式 4.5)}$$

式中　ρ_b——土壤容重,g/cm^3;

m——环刀内湿样质量,g;

V——环刀容积,cm^3,一般为 100 cm^3;

θ_m——样品含水量(质量含水量),%。

(5)水稳定性团聚体

土壤团聚体,是指土壤中大小和形状不一、具有不同孔隙度和机械稳定性、水稳定性的结构单位,通常将粒径大于 0.25 mm 的结构单位称为大团聚体。大团聚体分为水稳性和非水稳性两种,非水稳性大团聚体组成用干筛法测定,水稳性大团聚体组成用湿筛法测定。筛分法根据土壤大团聚体在水中的崩解情况识别其水稳性程度,测定分干筛和湿筛两个程序进行,最后筛分出各级水稳性大团聚体,分别称其风干后质量,再换算为占原风干土样总质量的百分比。

在团聚体分析仪上进行湿筛分析,一次可同时分析 4 个土样。先将孔径为 7 mm、5 mm、3 mm、2 mm、1 mm、0.5 mm、0.25 mm 套筛用铁架夹住放入水桶中,再将称量的土样小心地放入 1 000 mL 平口沉降筒中,用洗瓶沿筒壁徐徐加水,使土样湿润并逐渐达到饱和(目的是驱除团聚体内的闭塞空气),湿润 10 min。小心沿沉降筒壁加满水,筒口用橡皮塞塞紧,上、下倒转沉降筒,反复 10 次。然后将沉降筒倒置于水中的团聚体分析仪的套筛上面,迅速在水中将塞子打开,轻轻晃动沉降筒,使之既不接触筛网,也不离开水面。当粒径大于 0.25 mm 的团聚体全部沉到上部的套筛中时,在水中用手堵住筒口,将沉降筒连同筒中的悬浮液一起取出,弃去悬浮液。然后在水中慢慢提起筛子,再下降,升降幅度为3 ~4 cm(注意:上层的筛子不能露出水面),反复 10 次后提出套筛,将筛组拆开。留在筛子上的各级团聚体用细水流通过漏斗分别洗入白铁盒或铝制盒中,待澄清后倒去上面的清液,使各级团聚体自然风干,称量(精确至 0.01 g)(或在低温电热板上烘干,再在空气中平衡 2 h 后称量)。

结果计算见公式 4.6 ~ 公式 4.7。

水稳定性大团聚体的质量百分数按下式计算:

$$W_{Gj} = \frac{m_j}{m} \times 100 \qquad \text{(公式 4.6)}$$

式中　W_{Gj}——某级水稳定性大团聚体的质量百分数,%;

m_j——该级水稳定性大团聚体的风干质量,g;

m——风干土的质量,g。

水稳定性大团聚体的总质量百分数按下式计算:

$$W_{Gt} = \sum_j W_{Gj} \quad \text{(公式4.7)}$$

式中　W_{Gt}——水稳定性大团聚体的总质量百分数,%;

W_{Gj}——某级水稳定大团聚体的质量百分数,%。

(6)水力学参数

土壤水力学参数对于水分运动、水分平衡的计算十分重要,在土壤水分和溶质运移动力学模拟的研究中,描述土壤水分含量与能量关系的土壤水分特征曲线,以及描述土壤透水性质的饱和与非饱和导水率是必需的土壤水力学参数。水分特征曲线是土壤含水量与土壤吸力或基质势的关系,也称为毛管压力与饱和度的关系曲线,它描述了土壤储蓄和释放水的能力。水力传导度是土壤传输水分的能力度量,取决于土壤特性和液体特性。在含水量达到饱和含水量的土壤中,水力传导度称为饱和水力传导度;在含水量低于饱和含水量的土壤中,水力传导度称为非饱和水力传导度。

本研究中水分特征曲线采用离心机法测定,根据水分特征曲线方程,就可通过田间持水量、萎蔫含水量对应的吸力计算出其具体数值。用专用环刀取样,经吸水、控水、平衡后,用CR21GIII高速冷冻离心机测定样品的水分特征曲线。测定水分特征曲线过程中,共选取15个水吸力点(0.01 bar(1 bar = 105 Pa)、0.03 bar、0.05 bar、0.07 bar、0.1 bar、0.3 bar、0.5 bar、0.7 bar、1 bar、2 bar、3 bar、5 bar、7 bar、10 bar和12 bar)进行土样含水率的测定,进而求得含水量与吸力的对应关系,然后利用VG模型对试验数据进行拟合得到各复配土的水分特征曲线。

(7)pH

pH是土壤溶液中氢离子活度的负对数,用水(或0.01 mol/L $CaCl_2$溶液)处理土壤制成悬浊液,测定悬浊液的pH值。本研究中pH采用电位法进行测定。

(8)土壤有机质

土壤有机质采用重铬酸钾容量法(外加热法)进行测定,见《土壤农化分析》(鲍士旦,2000)第三章。

(9)硝态氮、铵态氮

本研究采用全自动间断化学分析仪测定硝态氮、铵态氮。田间土样取出后立即放入冷藏箱带回实验室进行分析,试验前用2 mol/L的KCl溶液浸提(水土比为5:1),用全自动间断化学分析仪(cleverchem200,德国)测定铵态氮和硝态氮的含量,同时用烘干法测土壤质量含水量。

(10)速效磷

速效磷的测定采用Olsen-紫外分光光度法,见《土壤农化分析》(鲍士旦,2000)第五章。

(11)速效钾

速效钾的测定采用乙酸铵浸提火焰光度法,见《土壤农化分析》(鲍士旦,2000)第六章。

(12)土壤重金属测定

参考 GB/T 17138—1997 中的方法,具体为称取 0.2 ~ 0.5 g(精确到 0.000 2 g)试样与聚四氟乙烯消解管中,加少量水润湿后,加入 10 mL 盐酸,于 DEENA 全自动消解仪中消解,使样品初步分解,待蒸发至约剩 3 mL 时,取下稍冷,然后加 5 mL 硝酸,150 ℃消解 20 min,之后加 5 mL 氢氟酸、3 mL 高氯酸,加盖后继续消解 40 min;之后开盖消解至氢氟酸、高氯酸蒸发完,加 1 mL 硝酸温热溶解残渣。然后将溶液转移至 50 mL 容量瓶中,加 5 mL 硝酸镧溶液,冷却后定容至标线摇匀待测。对照样与以上试样平行处理。土壤样品处理好之后,使用 ICP - MS 对样品中的 Cr、Ni、Cu、Zn、As、Cd、Hg 和 Pb 含量进行测定。

(13)作物指标

分别在不同生育期利用叶面积指数仪 LAI2200 测定叶面积指数;取 1 m^2 植株测定作物干物重;收获后取 20 m^2 植株测产。

(14)气象资料

用自动气象站的记录:最高温度、最低温度、降水量、太阳辐射、相对湿度、日照时数、风速等。

4.3　复配土水力学性质研究试验设计

室内试验所用砒砂岩样品、沙样品均采自毛乌素沙地榆林市榆阳区。试验共设计了 7 个砒砂岩与沙的混合比例,分别为 1:0、5:1、2:1、1:1、1:2、1:5、0:1。将采集来的砒砂岩与沙自然风干后,分别研磨,过不同粒径的土壤筛后备用。土壤机械组成测定过 2 mm 筛,土壤有机质测定过 0.25 mm 筛。土壤机械组成和有机质直接按不同比例混合、制备复配土测定即可。由于容重对土壤水分运动的影响较大,因此本研究中将不同砒砂岩与沙混合比例的复配土的容重都统一设定为同一容重。在制备测定土壤饱和导水率样品时,首先按设定容重和设定混合比例称取不同砒砂岩与沙样品于烧杯中,并充分混合均匀。然后,在混合样品中加适量纯净水并充分混合,保证土壤样品均匀、湿润。最后,将混合样品分层装入环刀中,层间刮毛,以便于层与层间土壤紧密贴合,装填土壤不能过紧或过松,要保证不同砒砂岩与沙的混合样刚好装满整个环刀,以确保不同砒砂岩与沙混合比例下的土样容重相同。土壤机械组成采用英国马尔文激光粒径分析仪 MS2000 测定,土壤有机质采用重铬酸钾外加热法测定,土壤饱和导水率测定是将复配土装填到内径和高均为 5 cm 的环刀中,采用定水头法测定。用 CR21GIII 高速冷冻离心机测定样品的水分特征曲线。

4.4　复配土保水持水性研究试验设计

4.4.1　不同颗粒级配复配土保水持水性研究

该研究着重研究不同颗粒级配砒砂岩对含水量的影响,以裸露砒砂岩为对照,对比分析在有沙覆盖条件下不同级配砒砂岩的水分损失，判断砒砂岩与沙混合的合理级配（见图4.7）。试验共计分为8组，分别放置于8个花盆中，每组试验由直径为2 cm、3 cm、4 cm、5 cm的砒砂岩岩块和若干沙组成。8个花盆中分别装入10 cm沙，在沙上放置1组砒砂岩，其中4组在砒砂岩上再覆盖10 cm沙，模拟有沙包裹状态的砒砂岩；另外4组砒砂岩裸露放置。8组试验同时灌水，为避免水滴对砒砂岩和沙结构的破坏，灌水时在土样上方覆盖滤纸，使水能够缓慢地浸润砒砂岩。为保证砒砂岩吸水充分，灌水分3次进行，前两次每个花盆灌水1 500 mL，最后一次灌水500 mL，每次灌水间隔30 min。从最后一次灌水明水面消失开始计时，分别于灌水后的2 h、10 h、22 h和30 h取砒砂岩岩体，进行土壤水分测定。

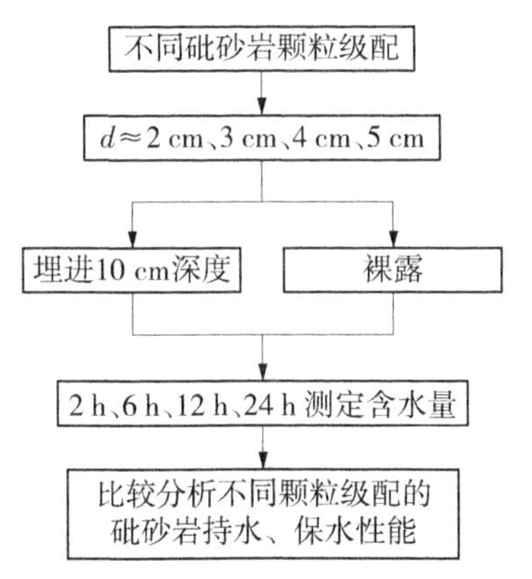

图4.7　不同颗粒级配研究路线

4.4.2　确定颗粒级配复配土持水、保水性能的研究

该项研究分两步进行，首先，对砒砂岩与沙混合、全沙和全砒砂岩保水性进行研究；其次，将砒砂岩与沙混合，测定土壤水分时将砒砂岩单独剥离，分别分析混合后砒砂岩本身和砒砂岩与沙混合物的持水和保水性能。

试验一：在地面下挖出3个30 cm×30 cm×30 cm（长×宽×高）的空间，模拟水分的水平和垂直运移。分别填装沙、砒砂岩和砒砂岩（直径在2～3 cm）与沙1∶2的混合样品，分三次缓慢灌水，直到地表出现明水面且不会快速消失为止，表明供试样品已经饱和。分别于灌水后的0.5 h、6.5 h、21.5 h、44.5 h、51.5 h，按照0～5 cm、5～10 cm、10～15 cm和15～20 cm分层采样，测定土壤含水率。对比分析沙、砒砂岩和二者混合后的持水、保水性能（见图4.8a）。

试验二：在一个70 cm×70 cm×50 cm（长×宽×高）的通透容器中，模拟砒砂岩与沙混合物水分的运移过程。30～50 cm深填入沙子，0～30 cm深填入砒砂岩与沙（直径在2～3 cm）比例为1∶2的混合样品，容器下部与地面相接。向装有混合物的容器中灌水，直至下部有水渗出。分别于灌水后6 h、18 h、30 h、42 h、54 h、102 h、294 h、318 h、342 h、390 h、438 h、510 h、606 h、678 h、798 h、894 h、990 h、1 110 h，按照0～5 cm、5～10 cm、10～15 cm、15～20 cm、20～30 cm分层采样，并将砒砂岩岩块从混合物中剥离出来测定含水率。

测定砒砂岩与沙 1∶2 混合后，不同深度的砒砂岩岩块和砒砂岩与沙混合物随时间延长的水分变化，分析混合后水分在混合物中的运移过程。同时，另一个容器中装有沙子，灌水完全后，按照上述进行同样处理，测定纯沙随时间延长的水分变化情况作为对照（见图 4.8b）。

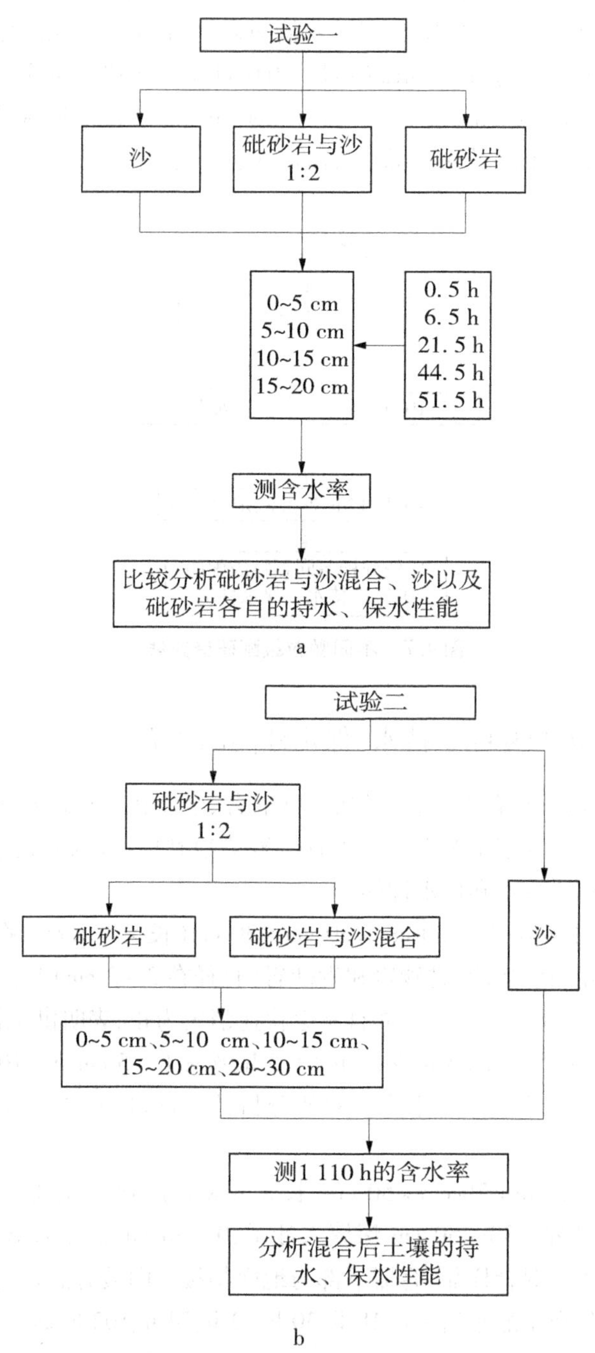

图 4.8　砒砂岩、沙、砒砂岩与沙混合的持水及保水性能研究路线

4.5　复配土土壤结构变化研究试验设计

试验选择了黄土与沙 1∶2，砒砂岩与沙 1∶1、1∶2 和 1∶5 等 4 个混合比例来进行研究。设置黄土与沙 1∶2 处理的原因是：在毛乌素沙地榆林市榆阳区以往的土地整治中，普遍采用拉黄土与沙混合进行土地整治的方法，设置这一处理是为了对比研究用黄土和砒砂岩进行沙地土地综合整治的差别。共布设了 15 个小区，采用条状布设，每个小区尺寸为 2 m×2 m。每个小区只是在耕作层（30 cm）覆盖了砒砂岩与沙不同混合比例的复合土壤，30～70 cm 为沙土。从 2010 年 6 月到 2011 年 6 月，采用当地农民传统的水肥管理措施在 15 个小区上进行了 2 季不同作物的种植试验。分别在每季作物收获时对复配土壤的土壤质地、水稳定性团聚体和作物产量进行了监测，土样取样深度设置为 0～5 cm、5～10 cm、10～15 cm、15～20 cm、20～25 cm、25～30 cm、30～40 cm、40～50 cm 和 50～70 cm，共 9 层，每层采集至少 100 g 土壤用于实验室测定。供试土壤理化性质见表 4.7，具体试验种植情况见表 4.8。

表 4.7　砒砂岩和沙的基本理化性状

	土类	砒砂岩	沙土
粒径比例(%)	砂粒(0.05～2 mm)	19.57	91.39
	粉粒(0.002～0.05 mm)	72.94	5.51
	黏粒(＜0.002 mm)	7.49	3.10
质地		砂壤土	砂土
pH		8.35	8.85
容重(g/cm^3)		1.42～1.67	1.57
毛管孔隙度(%)		44.94	26.33
密实程度		紧密	疏松
养分	有机质(g/kg)	3～5	1～3
	全氮(g/kg)	0.035	0.03
	全磷(g/kg)	0.001 9	0.002 6
	速效钾(g/kg)	0.06	0.088
矿物组成(%)	SiO_2	64.67	78.05
	CaO	1.64	2.08
	Al_2O_3	12.83	11.84
	Na_2O	1.15	—
	K_2O	3	2.16

第一季田间试验的作物种植品种为玉米（户单四号）、大豆（秦豆 11 号）、马铃薯（陕北）。玉米按 24 株/小区的密度种植，大豆按 36 株/小区的密度种植；马铃薯用种薯切块按 36 株/小区的密度种植。种植前施足底肥，施磷酸二铵 375 kg/hm^2，尿素 150 kg/hm^2。追施尿素一次，150 kg/hm^2。

表 4.8　各试验小区种植作物种类

小区编号	混合比例(砒砂岩:沙)	第一季种植作物	第二季种植作物
0	1(黄土):2	夏玉米	冬小麦
1	1:1	夏玉米	冬小麦
2	1:1	大豆	冬小麦
3	1:1	马铃薯	马铃薯
4	1:2	大豆	冬小麦
5	1:2	马铃薯	冬小麦
6	1:2	夏玉米	马铃薯
7	1:5	马铃薯	冬小麦
8	1:5	夏玉米	冬小麦
9	1:5	大豆	马铃薯
10	1:2	夏玉米	冬小麦
11	1:2	夏玉米	冬小麦
12	1:2	大豆	马铃薯
13	0:1	马铃薯	马铃薯
14	1:2	夏玉米	冬小麦

第二季田间试验的作物种植品种为小麦(小堰22)和马铃薯(夏波蒂)。相同作物的田间管理与第一次相似。小麦籽种播种量为 135 kg/hm^2。种植前施足底肥,施磷酸二铵 300 kg/hm^2,尿素 150 kg/hm^2。灌水 3 次,冬灌 1 水,春灌 1 水,灌浆期 1 水,春季化学除草 1 次。冬灌各处理追施尿素 150 ~ 225 kg/hm^2,春季追施尿素 150 ~ 225 kg/hm^2。

4.6　复配土水肥耦合研究试验设计

本研究在陕西省土地工程建设集团榆林野外科学观测试验站进行,试验站位于毛乌素沙地榆林市榆阳区小纪汗乡大纪汗村。榆阳区(东经 109°28′58″ ~ 109°30′10″,北纬 38°27′53″ ~ 38°28′23″)位于陕西北部,海拔 1 206 ~ 1 215 m,毛乌素沙漠南缘,无定河中游。试验区属典型中温带大陆性半干旱气候区,降水时空分布不匀,气候干燥,冬长夏短,四季分明,日照充足,春季多风干旱,秋季温凉湿润。年均气温 8.1 ℃,≥10 ℃积温 3 307.5 ℃且持续天数为 168 d。年平均无霜期 154 d,年平均降水量 413.9 mm,60.9% 的降雨集中在 7 ~ 9 月三个月,雨热同期。年极端降雨最大 695.4 mm(1964 年),最小 159.6 mm(1965 年);日最大降水量为 141.7 mm(1951 年 8 月 15 日)。年平均日照时数 2 879 h,日照百分率 65%。年总辐射量 145.2 kcal/cm^2。项目区土壤类型主要以风沙土为主,全氮含量 0.075%,全磷含量 0.63 g/kg,全钾含量 26.51 g/kg,有机质含量 0.03%。

试验地共设计 2 个尺寸为 15 m × 12 m 的小区,在考虑混合复配土壤的混合比例时,将每个小区平均分为 3 个 5 m × 12 m 的次小区,分别考虑了 1:1、1:2 和 1:5 等 3 种混合比例(见图 4.9),每个小区只是在表层 30 cm 覆盖了不同混合比例的复合土壤(砒砂岩尽量粉碎,直径最好在 4 cm 以下,保证表层砒砂岩与沙按比例均匀混合覆盖),30 cm 以下为当地沙土。3 种比例复配土壤及原始沙土的主要物化性质见表 4.9。

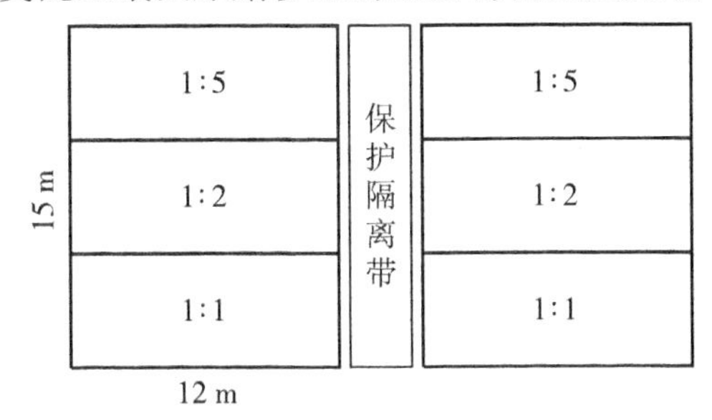

图 4.9　小区试验布置

表 4.9　试区土壤主要物化性质

混合比例（砒砂岩∶沙）	深度（cm）	粒径组成（%）			质地（美国制）	容重（g/cm^3）	全氮（g/kg）	全磷（g/kg）	全钾（g/kg）	有机质（g/kg）
		砂粒	粉粒	黏粒						
1∶1	0~30	50.05	38.51	12.44	砂壤土	1.37	0.44	0.50	22.26	2.26
1∶2	0~30	54.57	34.61	10.82	砂壤土	1.52	0.54	0.55	23.67	2.61
1∶5	0~30	70.97	20.42	8.61	壤砂土	1.56	0.65	0.59	25.09	2.97
原始沙土	30~140	90.00	4.15	5.85	砂土	1.61	0.75	0.63	26.51	3.32

试种作物为春玉米（榆单 9 号），分别于 2012 年 5 月 10 日和 2013 年 4 月 22 日进行了两季种植，各小区均采用相同的灌溉与施肥处理。2012 年种植前施基肥，磷酸二铵 335 kg/hm^2，复合肥（$N-P_2O_5-K_2O$：12~19~16）375 kg/hm^2，然后用旋耕机将表层 15 cm 复配土与肥料旋耕均匀。在玉米生长期间，分别于苗期、拔节期和灌浆期灌水 3 次，灌水量分别为 35 mm、75 mm 和 20 mm。于拔节期追施尿素一次，施尿素量为 375 kg/hm^2。2013 年种植前施基肥，施肥量为 120 kg N/hm^2，然后用旋耕机将表层 15 cm 复配土与肥料旋耕均匀。在玉米生长期间，共灌水 5 次，每次约为 55.6 mm。于拔节期和灌浆期各追肥 1 次，施肥量为 69 kg N/hm^2。2012 年试验用于研究氮素淋失特征，2013 年试验用于研究水肥损失。

在玉米关键生育期，分别在不同砒砂岩与沙复配比例的试验小区用土钻采取 10 cm、20 cm、40 cm、60 cm、80 cm、100 cm、120 cm 深度土壤样品，每次取样均在施肥和灌溉后的一周内进行。田间土样取出后立即放入冷藏箱带回实验室进行分析，试验前用 2 mol/L 的 KCl 溶液浸提（水土比为 5∶1），用全自动间断化学分析仪（cleverchem200，德国）测定铵态氮和硝态氮的含量，同时用烘干法测土壤质量含水量。土壤水分由中子水分仪（CNC100）测定，每周测定一次，测定深度与取样深度一致。在作物关键生育期测定地上部干物重、叶面积指数，收获时测定产量。基本气象要素（最高温度、最低温度、平均温度、降水量、太阳辐射、相对湿度、日照时数、风速等）由榆阳区气象局提供。

4.7　复配土固沙效应研究试验设计

本研究在陕西省土地工程建设集团榆林野外科学观测试验站进行。

设置了 1 个 15 m×12 m 的原始沙地对照小区；设置 3 个 5 m×12 m 的小区，分别考虑了砒砂岩与沙 1∶1、1∶2 和 1∶5 等 3 种混合比例（见图 4.10），每个小区只是在表层 30 cm 覆盖了不同混合比例的复合土壤（砒砂岩尽量粉碎，直径在 4 cm 以下，保证表层砒砂岩与沙按比例均匀混合覆盖），30 cm 以下为当地沙土。

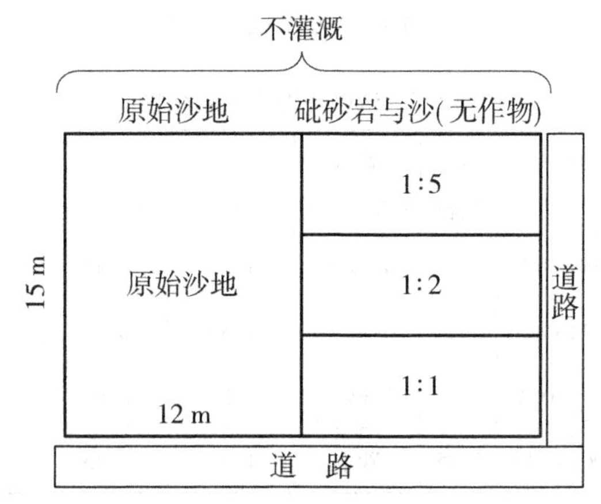

图 4.10　小区试验布置

定期监测 4 个小区的地温、土壤水分、土壤冻层厚度等，同时对砒砂岩与沙按不同比例进行复配前后、复配土与新的沙结合形成混合物前后，各类物质的粒径、团聚体、质地、结构等土壤物理性质的微观变化进行试验分析，结合外观形态、相互作用力等，探寻复配土的微观结构变化及其固沙机理。

第 5 章　砒砂岩与沙复配成土后土壤特性分析

土壤中影响作物生长的四大因素包括水、肥、气、热，其中水和肥是毛乌素沙地种植业发展主要的限制因素，只有具有良好保水保肥能力的土壤，才能保证本地区农业的可持续发展。土壤特性是评价土壤是否满足作物生长需求以及是否具有可持续利用的能力的重要依据。砒砂岩与沙复配形成的复配土，其形成过程与自然土壤形成过程有所差异，因而研究砒砂岩与沙复配土的土壤特性对判定复配土稳定性及其可持续利用能力有着重要的指导意义，其研究结果可以为进一步复配土的改进、推广应用提供参考。在试验和分析总结基础上，本章从复配土的水力学性质、土壤结构变化、土壤肥力评价等土壤特性角度分析其是否满足作物生长需求以及保证可持续利用的能力。

5.1　复配土水力学性质研究

复配土水力学性质的研究主要是复配土水分特征曲线的研究，旨在通过复配土水分特征曲线的研究，探求复配土的保水性、持水性以及有效水的变化规律。同时，为了验证土壤传递函数在预测砒砂岩与沙复配土水力学性质的适用性，还进行了土壤传递函数预测复配土水力学性质适用性研究，并用选定传递函数进行了应用。

5.1.1　复配土的水分特征曲线

水分特征曲线反映了土壤水能量与其含水量之间的定量化关系，可进行土壤含水量与土壤水吸力间的换算，可用原状土或填装土进行测定。水分特征曲线依赖于土壤性状，在不同阶段影响因素也不同，土壤水吸力为 0 ~ 100 kPa 时，水分特征曲线的形状依赖于土壤的结构特性（大孔隙）；随着土壤水吸力的增大，水分特征曲线的形状有赖于质地类型，特别是在水吸力为 1 500 kPa 以上时表现得更为明显。总体而言，土壤水分特征曲线受到土壤有机质含量、颗粒含量、比表面积大小以及孔隙度等因素的影响。

砒砂岩与风沙土在不同质量比（砒砂岩与风沙土质量比分别为 0:1、1:5、1:2、1:1、2:1、5:1、1:0）下复配后的土壤水分特征曲线如图 5.1 所示，图中的点为实测值，线为拟合值。从图中可以看出，随着复配土壤中砒砂岩质量的增加，其水分特征曲线逐渐向右移动，即在同一水吸力（1 ~ 1 200 kPa）下，随着砒砂岩质量的增加，其含水量逐渐增大。这说明在风沙土中加入砒砂岩后能增加其持水能力，为土壤储存水分创造了条件。复配土壤中，当全为砒砂岩时，Gardner 模型的拟合精度最高，为 0. 996 2；当全为风沙土时，Gardner 模型的拟合精度最低，为 0. 938 8。因此，Gardner 模型能很好地拟合这 7 种砒砂岩与风沙土复配土壤的水分特征曲线。拟合结果显示，当水吸力一定时，土壤容积含水量随砒砂岩质量的增加而增大，其储水潜力逐渐增强。

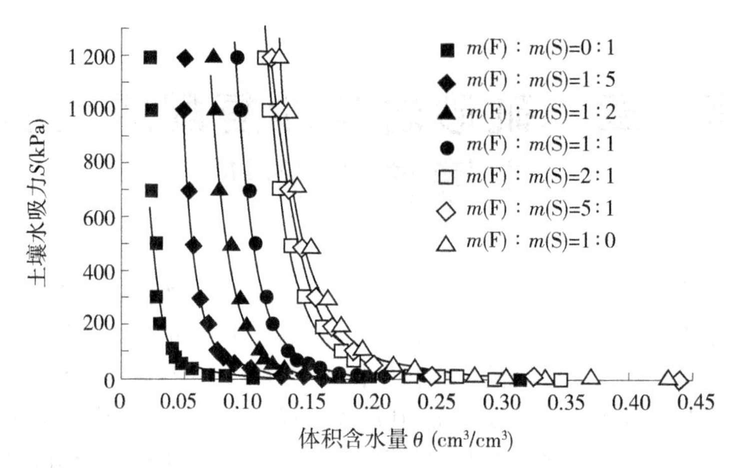

图 5.1　砒砂岩(F)与风沙土(S)不同质量比复配土壤的水分特征曲线

在砒砂岩与风沙土不同质量比复配土壤中,随着砒砂岩质量的增加,复配土壤的持水保水能力逐渐增强。综合考虑复配土壤的水分特征曲线、土壤含水量、比水容量、有效水含量、毛管孔隙度和有效水孔隙度,推荐当地进行风沙土改良时将砒砂岩与风沙土以 5∶1 质量比混合进行农业生产,此时土壤能达到较好的保水效果,能满足作物生长对水分的需求(张露等,2014;Luo and Wang,2014)。

5.1.2　土壤传递函数预测复配土水力学性质的适用性研究

区域土壤水分和溶质运移的研究是土壤物理学研究的一大热点,用计算机数值模拟土壤水分和溶质运移所遇到的主要问题之一是很难获取土壤水分运动参数,即土壤水分特征曲线 $h(\theta)$、饱和导水率 K_s、非饱和导水率 $K(\theta)$ 以及含水量 θ 等。土壤水力学参数一般是在室内或田间实际测定来获得的。实验室测定和田间现场测定方法虽然可以较准确地测得所选土样的土壤水力学参数,但在取样条件限制或是在区域尺度下进行土壤水运动研究时,则存在人力、物力、财力投入大,耗时、工作量大等多方面的问题(杨绍锷和黄元仿,2007)。

近些年来,学者们在通过间接方法获取土壤水力参数方面进行了很多的研究。目前,利用土壤粒径组成、容重、有机质含量或土壤结构等较易获取的土壤基础物理性质,并采用间接方法计算土壤水力学参数的方法,即土壤传递函数法(Pedo - Transfer Functions,简称 PTFs)得到了越来越广泛的应用,土壤传递函数法是用统计模型由土壤基本性质预测土壤水分运动参数的方法(王欢元等,2013)。即由已知的土壤水分运动参数和与之相对应的土壤基本理化性质建立多元回归方程,用此回归方程结合土壤基本理化性质来预测土壤的水分运动参数。土壤传递函数模型的种类有点估计模型、物理 - 经验模型和参数估计模型三种。

在砒砂岩与沙混合形成复配土的早期,两者难以混合均匀,必须经过一段时间的田间管理措施(耕作、灌溉等)的影响,颗粒才会完全松散并与沙土完全混合。因此,应用目前使用较广泛的土壤传递函数模型研究砒砂岩与沙复配土的水力学参数,可以为进一步研究砒砂岩与沙复配土的土壤水分和溶质运移模型提供基础数据。

本研究采用基于回归统计的 HYPRES 和基于神经网络的 Rosetta 模型研究适用于砒砂岩与沙复配土的土壤传递函数。

HYPRES 模型,使用了大约 5 500 个土壤样本建立基于统计回归方法的模型,模型需要的参数包括土壤的质地、土层、容重以及有机质含量,它是一个估算 Van Genuchten 经验方程参数的参数估算模型。其预测土壤饱和导水率的 PTFs 具体形式为:

$$\ln K_s = 7.755 + 0.0352S + 0.93T - 0.967D^2 - 0.000484C^2 - 0.000322S^2 + 0.001S^{-1} - 0.0748OM^{-1} - 0.643\ln S - 0.01398DC - 0.1673DOM + 0.02986TC - 0.03305TS \quad (公式5.1)$$

式中　K_s——饱和导水率,cm/d;

C——黏粒百分含量(<2 μm),%;

S——粉粒百分含量(2~50 μm),%;

OM——有机质百分含量,%;

D——土壤容重,g/cm³;

T——土层识别符号,表层为1,亚表层为0。

Rosetta 是由美国盐土实验室 Marcel G. Schaap 开发的一个应用程序。Rosetta 基于 BP 神经网络理论,用于估算饱和含水量、残余含水量、Van Genuchten 的参数 α,n。模型的建立使用了 2 085 个数据,用于估算饱和导水率模型的建立使用了 1 306 个数据。该模型提供了分层的 PTFs。

同时,两种模型模拟值和观测值的吻合程度可以用以下三种统计指标来评价:

(1)决定系数(R^2)

$$R^2 = 1 - \frac{SSE}{SSQ} = \frac{SSR}{SSQ} = 1 - \frac{\sum_{i=1}^{N}(y_i - \hat{y}_i)^2}{\sum_{i=1}^{N}(y_i - \bar{y}_i)^2} = \frac{\sum_{i=1}^{N}(\hat{y}_i - \bar{y}_i)^2}{\sum_{i=1}^{N}(y_i - \bar{y}_i)^2} \quad (公式5.2)$$

$$\bar{y}_i = \frac{1}{N}\sum_{i=1}^{N} y_i \quad (公式5.3)$$

式中　y_i、$\hat{y}_i$——测定值和预测值;

SSE——回归残差平方和;

SSR——回归平方和;

SSQ——总离差平方和。

(2)均方根差($RMSE$)

$$RMSE = \sqrt{\frac{1}{n}\sum_{i=1}^{N}(P_i - O_i)^2} \quad (公式5.4)$$

式中　O_i——第 i 个观测值;

P_i——与第 i 个观测值 O_i 对应的预测值;

n——数据的对数。

(3)Nash - Sutcliffe 模型效率(E)

$$E = 1 - \frac{\sum_{i=1}^{N}(P_i - O_i)^2}{\sum_{i=1}^{N}(O_i - O)^2} \qquad (公式5.5)$$

式中　O_i——第 i 个观测值；

P_i——与第 i 个观测值 O_i 对应的预测值；

O——观测值的平均值。

一般来说，决定系数（R^2）越接近于1，预测值和实测值的相关性越好。均方根差（*RMSE*）则是越接近于0，预测结果越精确。E 的变化范围从 $-\infty$ 到1。$E=1$ 表明预测值和观测值吻合的很好；$E=0$ 表明预测结果和观测值的平均值一样准确；$E<0$（$-\infty<E<0$）表明观测值的平均值比模型的预测值要好。总而言之，E 越接近于1，模型就越精确。

7个不同砒砂岩与沙复配比例下的土壤饱和导水率的实测结果和两种土壤传递函数的预测结果见表5.1，图5.2为预测值与实测值的对比图。从表5.1可以看出，土壤饱和导水率随着复配土中砒砂岩含量的增加而降低，由沙土的最高1 022.4 cm/d降低至砒砂岩的10.1 cm/d。在砒砂岩与沙复配比例1∶5～1∶2范围内时，复配土地饱和导水率出现了显著转变，饱和导水率大幅降低。

表5.1　不同砒砂岩与沙混合比例下的土壤饱和导水率预测结果　（单位：cm/d）

项目	混合比例（砒砂岩∶沙）						
	0∶1	1∶5	1∶2	1∶1	2∶1	5∶1	1∶0
实测值	1 022.4	231.8	70.6	37.4	18.7	14.4	10.1
HYPRES 模型预测值	82.1	49.6	39.8	37.3	36.6	33.6	30.3
Rosetta 模型预测值	1 022.9	274.2	81.0	60.1	55.9	48.5	49.1

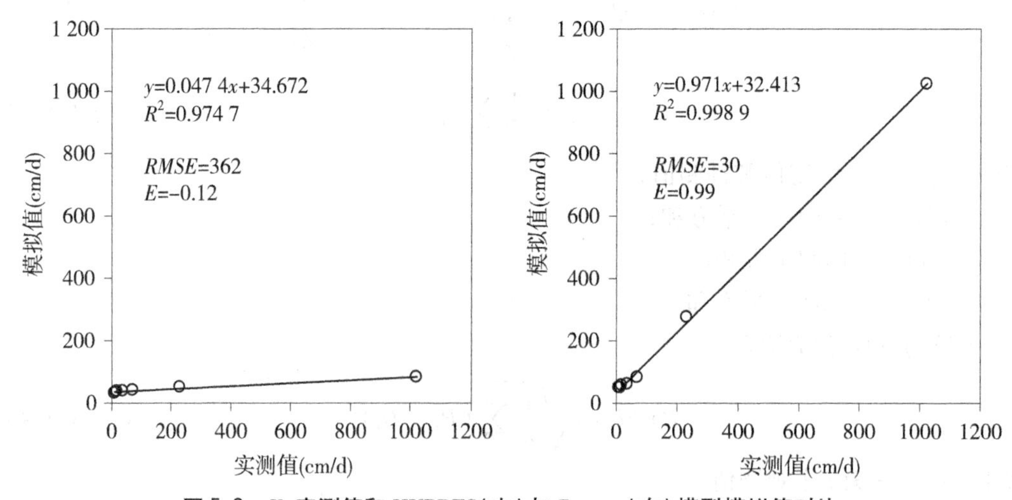

图5.2　K_s 实测值和HYPRES（左）与Rosetta（右）模型模拟值对比

从图5.2可以看出，虽然两种土壤传递函数预测的土壤饱和导水率结果与实测值的相关性较高，HYPRES和Rosetta模型与实测值的决定系数分别达到了0.974 7和

0.998 9,但是其预测的准确性差别较大。HYPRES 模型预测值与实测值的 *RMSE* 达到了 362 cm/d,而 Rosetta 模型预测值与实测值的 *RMSE* 则只有 30 cm/d,Rosetta 模型的预测结果准确性明显要好于 HYPRES 模型。HYPRES 模型预测值与实测值的 *E* 值为 -0.12,说明实测值的平均值要好于模拟值。Rosetta 模型预测值与实测值的 *E* 值为 0.99,说明模拟值和实测值的吻合程度很好。以上分析结果表明:在应用土壤传递函数进行砒砂岩与沙复配土土壤水力学参数预测时,Rosetta 模型的适应性更佳,实际应用中应采用该模型进行复配土的土壤水力学参数预测。

5.1.3　土壤传递函数在预测复配土水力学性质中的应用

土壤传递函数除可以预测土壤饱和导水率外,还可以预测土壤水分特征曲线。相对 HYPRES 模型,Rosetta 模型在预测砒砂岩与沙复配土土壤水力学参数时的适应性更佳。因此,我们可以应用 Rosetta 模型对砒砂岩与沙的土壤水分特征曲线进行预测,并用其指导砒砂岩与沙复配土的田间土壤水分管理。田间持水量、萎蔫含水量和有效水含量可以用来描述不同砒砂岩与沙混合比例下的土壤持水性能,有效水含量为田间持水量和萎蔫含水量之差。根据 Rosetta 模型预测复配土的 Van Genuchten 水分特征曲线方程,就可通过田间持水量、萎蔫含水量对应的吸力计算出其具体数值。一般来说,取吸力为 100 hPa(砂质土)或 330 hPa(其他质地)时的体积含水量为田间持水量,吸力为 15 000 hPa 时的体积含水量为永久萎蔫含水量。Rosetta 模型预测的不同砒砂岩与沙混合比例下的土壤水分特征曲线相关参数见表 5.2。

表 5.2　Rosetta 模型预测的不同砒砂岩与沙混合比例下的土壤水力学参数结果

项目	混合比例(砒砂岩: 沙)						
	0:1	1:5	1:2	1:1	2:1	5:1	1:0
θ_{wp}(cm^3/cm^3)	0.047	0.037	0.061	0.062	0.062	0.061	0.063
FC(cm^3/cm^3)	0.058	0.116	0.177	0.203	0.211	0.244	0.276
θ_s(cm^3/cm^3)	0.429	0.419	0.383	0.373	0.370	0.367	0.372
AWC(cm^3/cm^3)	0.011	0.079	0.116	0.141	0.149	0.183	0.213

注:θ_{wp} 为萎蔫点;*FC* 为田间持水量;θ_s 为土壤饱和含水量;*AWC* 为有效持水量,$AWC = FC - \theta_{wp}$。

从土壤饱和含水量、田间持水量和萎蔫点三者的关系来看:随着复配土壤中砒砂岩比例的增加,萎蔫含水量(萎蔫点)变幅不大,田间持水量逐渐增大。而土壤饱和含水量基本在逐渐减少,但1:0 比例下又出现了增加。土壤饱和含水量出现这种趋势的原因是:沙土和砒砂岩样品的容重在同等条件下相差较大(本研究中过 2 mm 筛的砒砂岩样品在中等紧实程度下的容重为 1.25 g/cm^3,而沙土在同等条件下可以达到 1.65 g/cm^3),而在本试验过程中将不同砒砂岩和沙混合比例下的复配土的容重设为相同,从而引起土壤孔隙的大小和数量的变化,这可能和田间实际情况差别较大。有效水含量也是随着复配土壤中砒砂岩比例的增加而逐渐增加,从而可以说明随着复配土壤中砒砂岩含量的增加,复配土壤中可被作物根系利用的有效水分越来越多了。

不同砒砂岩与沙复配比例的复配土的储水能力同样具有显著的差异。一般来说，超过田间持水量的灌溉就会向下发生渗漏。如果以 30 cm 的耕层来考虑砒砂岩与沙复配土的储水量：砒砂岩与沙混合比例 0:1、1:5、1:2、1:1、2:1、5:1、1:0 的土壤理论储水量分别为 17.4 mm、34.8 mm、53.1 mm、60.9 mm、63.3 mm、73.2 mm 和 82.8 mm。因此，在田间实际灌溉时，就可以对不同的复配土采取不同的灌溉管理方式。储水量较小的复配土壤，可以采取多次少量的灌溉方式；储水量较大的复配土壤，可以采取少次多量的灌溉方式；有针对性的灌溉管理方式对提高灌溉水利用效率具有显著的作用。

5.2 复配土土壤结构变化研究

土壤结构是指不同大小的土壤颗粒、团聚体和孔隙在空间上的有机组合形式。土壤结构决定了水、肥、气、热在土壤中的蓄存能力和传输能力，是土壤肥力的物质基础。研究复配土土壤变化结构，能够帮助我们更好地认识复配土土壤理化性质，使复配土朝有利于耕种及可持续利用方向发展。

在室内试验分析、田间试验和大田工程示范基础上，总结砒砂岩与沙复配土的性质，主要从机械组成、土壤孔隙度、水稳性团聚体几个方面开展复配土土壤结构变化研究。

5.2.1 复配土机械组成(质地)的变化研究

土壤质地是影响土壤肥力的一个极其重要的因素，它是决定土壤的蓄水、导水与保水、保温、通气、耕作等性能的主要因素之一，它与作物栽培具有极为密切的关系。砒砂岩和沙混合比例以及耕作均对复配土壤耕层质地产生了一定影响。

毛乌素沙地砒砂岩的粉粒含量高，高达 72.94%，按美国制土壤质地分类，其机械组成已达到粉壤土的标准，而沙土中沙粒占主导，含量高达 94.07%。对比不同砒砂岩与沙混合比例的复配土，随着砒砂岩比例的提高，复配土粉粒含量逐渐增大、沙粒含量逐渐减小，而黏粒含量变化不明显，复配土质地也从砂土、砂壤逐渐转变成壤土、粉壤土。复配土较高的粉粒含量为良好土壤结构的形成和土壤熟化奠定了物质组成基础。不同混合比例下复配土质地如表 5.3 所示。

表 5.3　砒砂岩与沙不同混合比例下的土壤质地

混合比例(砒砂岩: 沙)	粒径比例(%)			土壤质地
	砂粒(2 ~ 0.05 mm)	粉粒(0.05 ~ 0.002 mm)	黏粒(<0.002 mm)	
0:1	94.07	3.20	2.73	砂土
1:5	74.79	20.08	5.13	砂壤
1:2	64.67	30.04	5.29	砂壤
1:1	46.84	44.92	8.24	壤土
2:1	33.76	58.58	7.66	粉壤
5:1	20.61	72.18	7.21	粉壤
1:0	19.57	72.94	7.49	粉壤

进一步试验研究表明，随着作物种植年限的增加，复配土壤剖面中粉粒和黏粒富集土层有向下运移的趋势。0 ~ 30 cm 土层中粉粒和黏粒，尤其是粉粒向下运移趋势十分显著；下层土壤中的粉粒和黏粒比例也有小幅提高。

砒砂岩与沙表层中的粉粒和黏粒逐渐向下运移，主要是由于复配土在灌溉、耕作等田间管理措施的影响下，砒砂岩逐渐分散为以粉粒为主的颗粒，在重力及灌溉水驱动下，粉粒和黏粒渐渐通过砂粒间的孔隙向下运移，下层土壤中的粉粒和黏粒含量增加，托水托肥，逐渐形成"上松下实"的蒙金土。另外，复配土壤经过多年耕作，随着植物生长，腐殖质逐渐积累。腐殖质是土壤结构的胶结物质，能够促进团粒结构的形成，促进复配土壤形成稳定的结构。

5.2.2　复配土土壤孔隙度的变化研究

土壤孔隙性质包括土壤孔隙度的大小和土壤孔隙分布，土壤孔隙度是土壤水分与空气流通和存在的场所，对土壤结构、持水保水能力和保肥能力有多方面的影响。土壤非毛管孔隙的数量直接关系到根系的生长，当非毛管孔隙度 < 10% 时，根系气体交换受阻，生长困难（段文标，2003）。一般具有良好土壤孔隙的旱地土壤，要求通气孔隙度 > 10%，无效孔隙尽量减少，毛管孔隙尽量增加（吕贻忠，2006）。

土壤孔隙目前有一个相对公认的阈值范围，即具有良好结构的旱地土壤总孔隙度最好在50%以上，而其中通气孔隙比例不能低于10%（吕贻忠，2006）。另外，适宜的毛管孔隙度为总孔隙度的50% ~60%。

对比可以发现，砂壤质栗钙土非毛管孔隙度低于10%，质地紧实，植物扎根困难，不利于根系的生长，而复配土由于沙土与砒砂岩混合，增加了孔隙度，非毛管孔隙度达到17%，从而增大了复配土的渗透性；风沙土非毛管孔隙度高，但毛管孔隙度极低，仅为4.93%，而复配土具有30.13%的毛管孔隙度和17.07%的非毛管孔隙度，达到了良好的土壤孔隙度和孔隙分布，既能满足复配土通气透水的需求，又达到了保水保肥的要求，为复配土的持水保水性和保肥性提供了良好的结构基础。如图5.3所示，沙中混入砒砂岩后，非毛管孔隙有向毛管孔隙转变的趋势。毛管孔隙度增大，有利于蓄水供水，保证作物良好的生长条件。

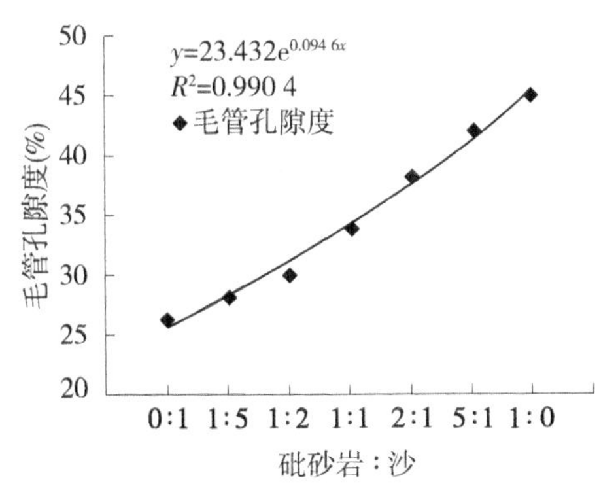

图5.3　砒砂岩与沙不同混合比例下的毛管孔隙度

本研究中根据试验测定数据,建立了混合土壤毛管孔隙度与混合土壤中砒砂岩比例回归方程:

$$y(\%) = -35.004x^4 + 49.18x^3 - 5.169x^2 + 9.532x + 26.36$$

$$(x \in [0,1], R^2 = 0.999, n = 7) \quad \text{(公式5.6)}$$

已知合成土壤容重为1.4 g/cm³,估算总孔隙度约47.2%,接近于50%,根据通气孔隙不低于10%的要求,需要毛管孔隙度不高于37.2%,即求解上述方程小于等于37.2%的解即为砒砂岩与沙配比的上限,计算结果为1.678∶1(约1.7∶1);根据各个比例的质地组成,可以发现,在砒砂岩与沙1∶5的条件下,混合土壤质地在砂壤与砂土临界处,所以限定砒砂岩与沙的最低下限为1∶5;同时根据土壤中毛管孔隙度应达到总孔隙度的50%~60%,设定毛管孔隙度不低于28%,由此求解出砒砂岩与沙比例的下限为1∶5.018(约1∶5)。综上分析,从理论上可以认为在砒砂岩与沙的配比为1∶5~1.7∶1的情况下,可以获得具有良好的孔隙度和孔隙分布的土壤结构。试验结果表明,在砒砂岩与沙1∶2~1∶5配比条件下,具有良好的理化性状。

毛管孔隙度和非毛管孔隙对土壤饱和导水率具有重要影响。由于砂土属于单粒结构,粒间孔隙度高,透水透气,而砒砂岩以毛管孔隙为主,两者按一定比例组成的复配土将两者的孔隙度优势结合起来,进而使复配土饱和导水率朝有利方向发展。如图5.4所示,复配土中随着砒砂岩比例的增大,饱和导水率逐渐减小(王欢元等,2014),土壤保水性提高。

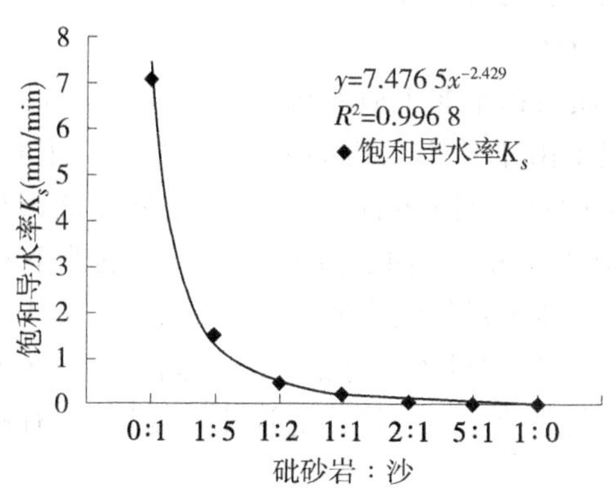

图5.4　砒砂岩与沙不同混合比例下的饱和导水率

5.2.3　复配土水稳定性团聚体变化研究

土壤团聚体是土壤结构最基本的单元,是土壤肥力的协调中心,影响着土壤的孔隙性、持水性、通透性和抗蚀性,是土壤性状的敏感性物理指标。土壤结构的稳定性可分为水稳定性、力稳定性和生物稳定性,水稳定性团聚体是指土壤结构体经水浸后不立即散开,保持土壤结构体形态不破碎。

混合比例是影响砒砂岩与沙复配土土壤水稳定性团聚体含量($P<0.001$)的重要因子。研究表明,砒砂岩与沙不同混合比例复配土水稳定性团聚体含量由大到小依次为1∶1>1∶2>1∶5,且三种复配土壤之间均存在显著差异;作物种植季数以及二者之间的交互效应对耕层土壤水稳定性团聚体含量无显著影响，但水稳定性大团聚体含量表现出随作物种植季数的增加而逐渐增加的趋势。

如图5.5所示，从混合比例角度看，无论是作物种植之前还是种植之后，复配土壤水稳定性团聚体含量均表现为1:1>1:2>1:5。种植作物之前，1:2、1:5复配土壤水稳定性团聚体含量较1:1分别降低了24%与35%，种植两季作物之后分别降低了18%与29%。土壤水稳定性团聚体含量随拌沙比例增加而降低。

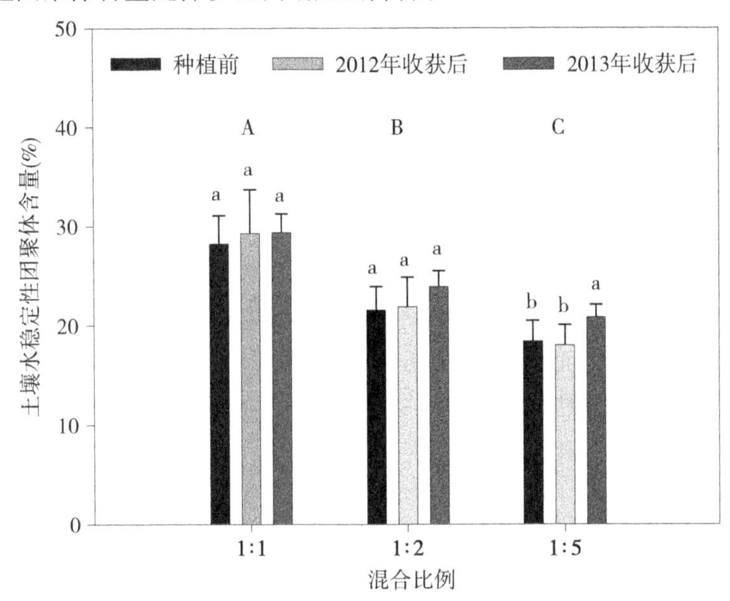

图5.5　混合比例以作物种植季数对复配土壤水稳定性大团聚体含量的影响

从作物种植季数的角度看，三种复配土壤水稳定性团聚体含量均表现出随作物种植季数增加而增加的趋势。较种植作物之前，1:1、1:2及1:5复配土壤水稳定性团聚体含量分别提高了3.9%、11.0%与13.3%，其中1:5复配土壤水稳定性团聚体含量增加趋势较为显著。

综上所述，稳定性团聚体含量随着复配土中础砂岩含量的增加，水稳定性团聚体数量逐渐增加，复配土的结构性越来越好，础砂岩含量的增加对复配土结构性的改良具有积极作用。而随着作物种植年限的增加，水稳定性团聚体含量都呈增加的趋势，而且土壤团聚体粒径分布逐渐变均匀，土壤结构逐渐改善而稳定，土壤结构呈稳定良性发展的趋势。另外，也要意识到，础砂岩比例含量不能过高，否则容易导致复配土的通透性差，影响作物的生长。

5.3　复配土可持续性研究

在自然界中，具有良好团粒结构的耕作层的形成需要很长的时间，人为活动作为成土因素，已逐渐引起人们重视。人为因素对土壤的影响在于人为因素是有意识、有目的地给予土壤以广泛而深刻的影响，使土壤发生变化，有时可改变原有的自然演化过程（全国土壤普查办公室,1998)。但人类的活动对土壤的影响并不是完全有益的,充分认识人类活动对土壤发展的影响,其重要意义在于尽可能避开人类对土壤的不利影响,充分发挥人类活动的积极因素。随着社会生产力的发展,农业生产技术水平提高,通过不断合理耕作、施肥、灌溉、排水、轮作及其他改良措施,人为因素对土壤影响将日益加剧,并逐渐居于主导地位(全国土壤普查办公室,1998)。利用砒砂岩与沙复配成土,通过控制砒砂岩与沙的配比、砒砂岩的级配以及耕作过程中灌溉施肥等措施可以满足目前作物的生长需求,但要保持耕地的可持续利用,不仅要满足于当前复配土的良好理化性状,更要保证土壤性质的稳定性及土壤结构和性质的良性发展,最终有利于复配土的可持续利用。在砒砂岩与沙复配土的生产实践中,可以采取一些措施保障土壤结构的稳定性和土壤性质的良性发展,以利于复配土的可持续利用。本书主要依据土壤肥力和土壤环境质量对复配土可持续性进行研究。

5.3.1　复配土土壤肥力评价

复配土样品均采自砒砂岩与沙复配成土示范工程项目区。项目区位于陕西省榆林市榆阳区小纪汗乡大纪汗村,面积约为163 hm^2,项目区平均分为7个区域,每个区域面积约为23 hm^2,在2012年马铃薯收获后,每个区域采集一个混合土样,共计7个。采样区地块形状见图5.6。

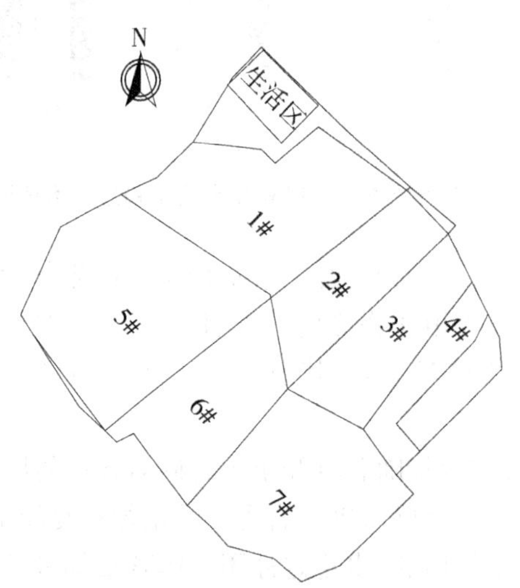

图5.6　采样区地块形状

土壤肥力评价中,土壤样品的采集与制备按照《土壤理化分析与剖面描述》进行;土壤重金属采样点布设按照《无公害食品产地环境评价准则》(NY/T 5295—2004)进行。

5.3.1.1　评价指标及测试分析方法

从众多影响马铃薯生长、产量和品质的土壤性状和营养元素中,选定了pH、有机质、全盐量、全氮、速效磷、速效钾6个土壤肥力指标作为评价指标,土壤样品的测试分析方法详见表5.4,土壤有机质、全氮、速效磷、速效钾元素的评价参照陕西省第二次土壤普查的《陕西土壤》。

表 5.4　土壤肥力检测项目与分析方法

检测项目	检测方法	依据的标准名称
pH	酸度计法	NY/T 1121.2—2006(pH 的测定)
有机质	重铬酸钾法	NYT 1121.6—2006(土壤有机质的测定)
全盐量	残渣烘干 - 质量法	NY/T 1121.16—2006(土壤水溶性盐总量的测定)
全氮	全自动间断化学分析仪	
速效磷	0.05 mol/L $NaHCO_3$ 法	《土壤农化分析》第五章土壤中磷的测定
速效钾	联合浸提 - 比色法	NY/T 1848—2010(联合浸提 - 比色法,2010)

5.3.1.2　示范区砒砂岩与沙复配土肥力水平分析

榆林市榆阳区小纪汗乡大纪汗村复配土 pH、有机质、全盐量、全氮、速效磷、速效钾的测定结果见表 5.5。

表 5.5　复配土 pH、有机质、全盐量、全氮、速效磷、速效钾的含量

土壤编号	pH	有机质(%)	全盐量(%)	全氮(%)	速效磷(mg/kg)	速效钾(mg/kg)
1	8.48	0.16	0.14	0.055	2.9	85.0
2	8.46	0.31	0.12	0.042	3.7	47.4
3	8.41	0.13	0.01	0.057	3.5	49.7
4	8.47	0.34	0.14	0.070	2.7	54.4
5	8.50	0.13	0.12	0.064	2.9	47.4
6	8.32	0.13	0.25	0.052	2.9	61.5
7	8.26	0.30	0.12	0.059	2.5	75.6
平均	8.41	0.22	0.13	0.057	3.0	60.1

由表 5.5 可以看出,复配土壤平均 pH 为 8.41,呈弱碱性。根据《陕西土壤》,榆林市榆阳区小纪汗乡大纪汗村土壤 pH 偏碱性,变幅在 8.26 ~ 8.50,同该地区其他农田土壤相比,酸碱度未发生较大变化。

土壤有机质是土壤的重要组成部分,其含量虽少,但对土壤肥力的作用很大,它不仅可以给土壤微生物活动提供必要的能源,而且对土壤物理性质和化学性质起着重要的调节作用。《陕西土壤》中陕北地区土壤的有机质以九级为主。砒砂岩与沙复配土在作物收获后,测得土壤有机质平均含量为 0.22%,变幅在 0.13% ~ 0.34%,处于九级水平。一般认为,土壤有机质含量 > 2% 的土壤比较肥沃,所以总体上来说,土壤有机质含量急需提高。

一般情况下,当耕作层土壤含盐量 > 0.2% 时,作物的生长发育会受一定的影响。砒砂岩与沙复配土平均全盐量为 0.13%,变幅范围为 0.01% ~ 0.25%,有 90% 左右的全盐量达标,符合种植标准。

砒砂岩与沙复配土测得土壤全氮平均含量为 0.057%,变幅在 0.042% ~ 0.070%,处于七级水平。

复配土壤速效磷和速效钾含量均较低,平均含量分别为 3.0 mg/kg 和 60.1 mg/kg,处于七级和六级水平,因此在复配土壤上种植作物时须采取一定的配肥措施,提高复配土的

土壤肥力。

5.3.1.3　田间试验复配土壤有机质和水稳定性团聚体变化

土壤有机质通常被认为是土壤质量和功能的核心,平均粮食单产水平与其具有密切的联系。而土壤团聚体是土壤养分的有效载体,较好的团聚体组成是土壤熟化的指标之一。

田间试验研究表明,作物种植季数对复配土壤耕层有机质含量产生极显著影响($P<0.001$),混合比例(砒砂岩与沙质量比分别为1∶1、1∶2、1∶5)对耕层土壤有机质含量无显著影响,二者之间的交互效应显著影响了复配土壤耕层有机质含量(柴苗苗等,2013)。

从图5.7可以看出,三种复配土壤耕层有机质含量均表现为种植两季作物之后显著高于未种植之前,二者达5%水平的显著差异。随种植作物季数的增加,所有小区0~30 cm耕层的土壤有机质含量逐步提高。1∶1、1∶2和1∶5的复配土的有机质含量经过两季作物后平均分别提高了2.74 g/kg、0.79 g/kg和1.39 g/kg。总体上看,1∶1复配土有机质含量显著高于1∶2与1∶5复配土,1∶2与1∶5复配土之间无显著差异,三种复配土耕层有机质含量均表现出随作物种植季数增加而显著增加的趋势。

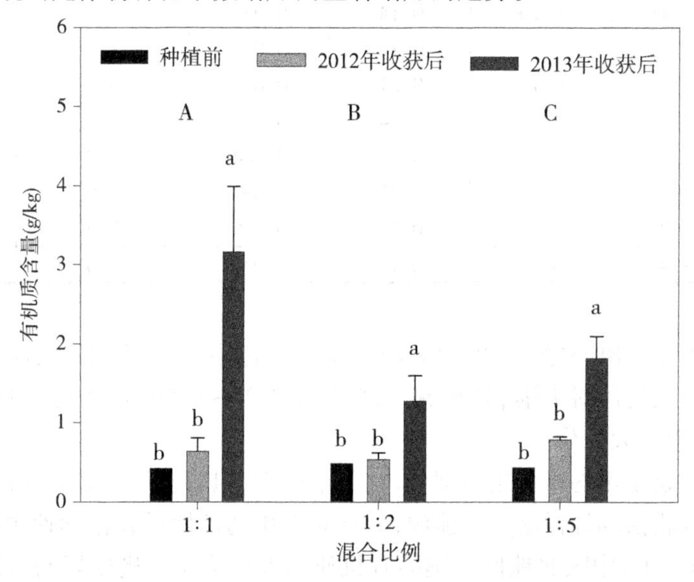

图5.7　混合比例以及作物种植季数对复配土壤有机质含量的影响

由本章5.2.3已知,复配土水稳定性团聚体含量表现为1∶1>1∶2>1∶5,并且表现出随种植季数的增加团聚体含量逐渐增加的趋势。

复配土有机质含量和团聚体含量均表现出随着种植作物季数的增加而增加的趋势,土壤肥力状况呈现出良性发展的态势。以上结果表明,砒砂岩与沙的复配土的肥力随作物种植季数的增加而逐渐增强,这对后期作物在复配土上的种植生长、复配土肥力的继续提高有互相促进的作用。

5.3.1.4　培肥措施

根据以上砒砂岩与沙复配土的土壤肥力状况分析,砒砂岩与沙复配各土壤肥力水平均有待提高。为保持并提高砒砂岩与沙复配土土壤肥力水平,实现新增耕地永续利用和农业可持续发展,需进行一系列的培肥措施(韩霁昌等,2013)。

(1)培肥原则

施用无害化处理的农家有机肥(韩玉侠,2012),施用符合国家标准的商品有机肥、化肥等,防止施肥对土壤造成的污染。提倡平衡施肥,防止土壤酸化而活化重金属。合理使用农药和除草剂,防止给土壤带来的化学污染(姜伍梅,2011)。坚持"测土配方,平衡施肥"的土壤施肥原则,做到作物必需的各种营养元素的合理供应和调节,以便满足作物生长发育的需求,达到提高产量,改善作物品质,减少肥料开支,防止环境污染的目的。

(2)培肥措施

①增施有机肥,培肥地力。2012年砒砂岩与沙复配土有机质含量为3~4 g/kg,仍处于急缺水平。有机肥的最大作用是能为土壤提供大量的有机质,是土壤可持续利用的重要物质基础。据此,为了提高复配土的土壤有机质,应多施有机肥,如可以大力推广免耕或秸秆还田。据分析,每50 kg稻草含钾量相当于1.5~2.25 kg氯化钾,稻田每年亩施稻草200 kg,土壤有机质可增加0.3~0.5 g/kg,土壤中全氮含量可提高0.07~0.11 g/kg(姜伍梅,2011)。秸秆还田还可以减少化肥用量,改善土壤结构和理化性状,增加土壤保水保肥能力,既减少土壤肥料养分的流失,又节约农业生产用水,可以有力地推进节水节肥农业发展。另外,也可广积农家肥,增施沼气液。实践证明,农家肥是优质的有机肥料。多施农家肥,既能培肥地力,又能减少施肥的成本(金宏鑫,2012)。

②优化施肥结构,推广应用测土配方施肥技术。测土配方施肥是为了更合理地施肥,为了保证土壤养分与作物生长的供需平衡(胡万里,2009;刘东雄,2012;刘彩霞,2012)。测土配方施肥是有针对性地合理施肥技术,可以做到缺什么补什么、缺多少补多少,提高肥料利用率,增加施肥效益,减少因盲目施用化肥而对土壤造成的酸化和污染。因此,测土配方施肥技术对保持土壤肥力有着重要作用。

③优化耕作制度,合理轮作倒茬。培肥地力,提高土壤养分含量,保持土壤生态平衡的重要途径之一是建立合理的耕作制度。用地与养地应有机统一,既能改善土壤理化性状,又能提高土壤养分的有效性,从而提高土壤肥力。

综上所述,利用砒砂岩与沙,通过控制砒砂岩与沙的合理配比、砒砂岩的级配等形成具有良好结构的复配土,可以满足作物生长的需求;通过合理耕作、施肥(尤其多施有机肥)和合理的灌溉等措施,可以促进复配土的结构和性质稳定和良性发展,增加耕地资源,促进土地的可持续利用和发展。

5.3.2 复配土土壤环境质量评价

在砒砂岩与沙的复配土中,砒砂岩作为成土母质含有一定比例的重金属,为了保证作为耕种用地的复配土重金属质量达标,此处选定了总砷、汞、铅、镉、铬重金属含量作为土壤环境质量评价指标(罗林涛等,2014)。测定方法采用ICP-MS法,评价标准参见《土壤环境质量标准》(GB 15618—1995)。

5.3.2.1 评价方法

(1)单因子污染评价法

单因子污染评价公式为:

$$P_i = C_i/S_i \qquad (公式 5.7)$$

式中　P_i——土壤中污染物 i 的单项污染指数；

C_i——土壤中污染物的实测数据，mg/kg；

S_i——污染物 i 的评价标准值，mg/kg。

当 $P_i \leqslant 1$ 时，表示土壤未受污染；$P_i > 1$ 时，表示土壤已受到污染，且 P_i 越大污染越严重。

(2)内梅罗综合污染评价法

为全面反映各重金属对土壤的不同作用，兼顾平均又突出高浓度重金属对环境质量的影响，采用内梅罗综合污染评价法，评价公式为：

$$P_{综} = \sqrt{\frac{(P_{iave})^2 + (P_{imax})^2}{2}} \qquad (公式 5.8)$$

式中　$P_{综}$——土壤综合污染指数；

P_{iave}——土壤各单因子污染指数的算术平均值；

P_{imax}——土壤各单因子污染指数中的最大值。

5.3.2.2　土壤污染等级分级标准

按综合污染指数划分土壤污染等级分级标准见表 5.6。

表 5.6　土壤污染等级分级标准

等级划分	$P_{综}$	污染等级	污染水平
1	$P_{综} \leqslant 0.07$	安全	清洁
2	$0.07 < P_{综} \leqslant 1$	警戒级	尚清洁
3	$1 < P_{综} \leqslant 2$	轻污染	土壤轻污染，作物开始受到污染
4	$2 < P_{综} \leqslant 3$	中污染	土壤、作物受到中度污染
5	$P_{综} > 3$	重污染	土壤、作物受污染已相当严重

以《土壤环境质量标准》(GB 15618—1995)中的数据为标准值，计算样品的单项污染指数和综合污染指数。

5.3.2.3　结果与讨论

(1)复配土、砒砂岩及沙中重金属含量

复配土、砒砂岩与沙 pH 平均值分别为 8.41、8.35 和 8.29，表明复配土、砒砂岩及沙呈碱性，因此采用《土壤环境质量标准》(GB 15618—1995)中二级标准的第 3 个等级标准作为评价标准。砒砂岩、沙、复配土重金属含量见表 5.7。从表中可知，除 Hg 元素外，复配土中 Cr、Ni、Cu、Zn、As、Cd 和 Pb 与砒砂岩相比分别下降了 0.13%、0.41%、0.44%、0.49%、0.50%、0.38%和 0.14%，表明通过客土这一物理措施，可以降低土壤的污染浓度，减小危害。复配土、砒砂岩及沙中重金属含量除 Hg 元素为复配土 > 砒砂岩 > 沙，其余 7 种元素含量均为砒砂岩 > 复配土 > 沙。复配土、砒砂岩及沙中重金属平均含量都在国家二级标准内，除 Cd 的平均含量超出国家土壤环境质量自然背景值 0.27 倍外，其他重金属的平均含量都在国家土壤环境质量自然背景值内。由绿色食品产地环境质量标准可知，该项目区标准的要求，说明 3 种土壤在重金属方面对农业生产无不良影响。

表5.7　砒砂岩与沙及复配土中重金属含量

重金属	复配土(mg/kg)			砒砂岩(mg/kg)			沙(mg/kg)		
	含量范围	均值±标准差	变异系数(%)	含量范围	均值±标准差	变异系数(%)	含量范围	均值±标准差	变异系数(%)
Cr	16.64～27.23	21.73±3.11[a]	14.31	24.15～25.70	24.93±1.09[a]	4.38	18.88～20.06	19.47±0.83[a]	4.28
Ni	6.273～14.55	9.37±3.14[b]	33.57	15.39～16.21	15.80±0.58[a]	3.69	5.38～6.24	5.81±0.61[b]	10.46
Cu	2.34～8.79	4.86±2.50[ab]	51.50	8.50～8.91	8.70±0.29[a]	3.34	2.15～2.52	2.34±0.27[b]	11.42
Zn	2.41～6.92	4.97±2.43[b]	48.90	7.95～11.66	9.81±2.64[a]	26.87	0.643～0.706	0.675±0.045[b]	6.60
As	2.48～15.50	6.28±4.28[ab]	68.17	12.45～12.59	12.52±0.10[a]	0.76	0.39～2.06	1.22±1.18[b]	96.13
Cd	0.184～0.327	0.253±0.056[b]	22.07	0.401～0.410	0.406±0.006[a]	1.58	0.155～0.173	0.164±0.013[b]	7.74
Hg	0.05～0.14	0.074±0.032[a]	43.55	0.062～0.063	0.063±0.001[a]	1.12	0.035～0.040	0.038±0.004[a]	9.33
Pb	15.79～21.44	17.91±1.93[ab]	10.75	20.61～21.06	20.84±0.32[a]	1.53	15.27～15.96	15.62±0.49[b]	3.14

注：a、b表示组内差异显著性，字母不同表示差异显著($P<0.05$)。

变异系数反映了总体样本中各采样点的平均变异程度。一般情况下，变异系数在0～10%属于弱变异，在10%～100%属于中等变异，100%以上属于强变异。由表5.7可知，该项目区复配土中8种重金属的平均变异程度由大到小的顺序为As>Cu>Zn>Hg>Ni>Cd>Cr>Pb，范围在10.75%～68.17%；砒砂岩中8种重金属的平均变异程度由大到小的顺序为Zn>Cr>Ni>Cu>Cd>Pb>Hg>As，范围在0.76%～26.87%；沙中8种重金属的平均变异程度由大到小的顺序为As>Cu>Ni>Hg>Cd>Zn>Cr>Pb，范围在3.14%～96.13%。由此可知，复配土和砒砂岩中8种重金属空间差异均不大，而沙中8种重金属平均变异幅度较大，这可能是由于沙流动性强，易随风迁移，从而导致各个样点之间污染程度存在较大差异。同时，除Zn元素外，砒砂岩各元素的变异系数与复配土和沙相比均为最小，且Cr、Ni、Cu的变异系数比较接近，分别为4.38%、3.69%、3.34%；As、Cd、Hg、Pb的变异系数比较接近，分别为0.76%、1.58%、1.12%、1.53%，说明人为活动对这几种重金属的污染贡献率相似，或者具有同源性。

复配土、砒砂岩及沙中除Cr和Hg含量之间无显著性差异外，砒砂岩与沙中Ni、Cu、Zn、As、Cd和Pb均存在显著性差异；砒砂岩与沙按一定的比例结合后形成复配土，其重金属Ni、Cu、Zn、As、Cd和Pb含量与沙之间无显著性差异，表明砒砂岩与沙复配成土之后可显著降低其重金属含量，更有利于农作物种植。

(2)复配土、砒砂岩及沙中重金属含量相关性分析

复配土、砒砂岩及沙重金属之间的相关系数见表5.8～表5.10。由表可知，复配土中

Cu 与 Ni、As 与 Ni、As 与 Cu、Cd 与 Zn、Cd 与 As、Pb 与 Ni、Pb 与 As 存在极显著的正相关关系，相关系数分别为 0.98、0.93、0.89、0.90、0.84、0.87、0.96，说明这几种重金属为复合污染或者来源相同，一方面来自成土母质，另一方面可能来自于当地农户在种植过程中施撒的化肥。

表 5.8　复配土中各重金属之间的相关系数（$n=7$）

重金属	Cr	Ni	Cu	Zn	As	Cd	Hg	Pb
Cr		0.77*	0.7	0.61	0.72*	0.76*	0.61	0.56
Ni			0.98**	0.81*	0.93**	0.83*	0.75*	0.87**
Cu				0.7	0.89**	0.71*	0.80*	0.83*
Zn					0.71*	0.90**	0.26	0.67
As						0.84**	0.77*	0.96**
Cd							0.36	0.74*
Hg								0.77*
Pb								

注：** 表示显著性水平 $P<0.01$（极显著），* 表示显著性水平 $P<0.05$（显著）。

砒砂岩中 Cu 与 Cr、Zn 与 Ni、As 与 Cu 存在极显著的正相关关系，相关系数分别为 0.99、0.99 和 0.98，Cd 与 Zn 存在极显著的负相关关系，相关系数为 -0.97，Hg 与其他几种重金属均不存在相关性。

表 5.9　砒砂岩中各重金属之间的相关系数（$n=7$）

重金属	Cr	Ni	Cu	Zn	As	Cd	Hg	Pb
Cr		0.22	0.99**	0.35	0.93*	-0.54	0.68	0.8
Ni			0.08	0.99**	-0.14	-0.94*	0.59	0.76
Cu				0.21	0.98**	-0.41	0.61	0.7
Zn					-0.01	-0.97**	0.66	0.84
As						-0.21	0.48	0.54
Cd							-0.78	-0.94*
Hg								0.81
Pb								

注：** 表示显著性水平 $P<0.01$（极显著），* 表示显著性水平 $P<0.05$（显著）。

沙中 Ni 与 Cr、Cu 与 Cr、Cu 与 Ni、As 与 Zn、Hg 与 Cd 存在极显著的正相关关系，相关系数分别为 0.98、0.99、0.96、0.97 和 0.98，Cd 与 Zn、Cd 与 As、Hg 与 As 存在极显著的负相关关系，相关系数分别为 -0.99、-0.97 和 -0.99，Pb 与其他几种重金属均不存在相关性。

表 5.10　沙中各重金属之间的相关系数($n=7$)

重金属	Cr	Ni	Cu	Zn	As	Cd	Hg	Pb
Cr		0. 98**	0. 99**	0. 14	-0. 1	0. 03	0. 19	0. 69
Ni			0. 96**	0. 19	-0. 06	-0. 02	0. 14	0. 66
Cu				0. 11	-0. 13	0. 06	0. 22	0. 72
Zn					0. 97**	-0. 99**	-0. 94*	-0. 62
As						-0. 97**	-0. 99**	-0. 79
Cd							0. 98**	0. 74
Hg								0. 83
Pb								

注： * *表示显著性水平 $P<0.01$(极显著)，*表示显著性水平 $P<0.05$(显著)。

(3)复配土、砒砂岩及沙中重金属含量评价

根据复配土、砒砂岩及沙中重金属含量的平均值，以国家土壤环境质量二级标准的第 3 个等级标准为评价标准值，代入评价方法公式计算，结合土壤污染等级分级标准，得到表评价结果见表 5. 11。

表 5.11　复配土、砒砂岩及沙中重金属含量评价结果

项目	单项污染指数(P_i)								综合污染指数($P_{综}$)	污染评价
	Cr	Ni	Cu	Zn	As	Cd	Hg	Pb		
复配土	0. 087	0. 156	0. 049	0. 017	0. 251	0. 422	0. 074	0. 051	0. 314	警戒级，尚清洁
砒砂岩	0. 100	0. 263	0. 087	0. 033	0. 501	0. 676	0. 063	0. 060	0. 503	警戒级，尚清洁
沙	0. 078	0. 097	0. 023	0. 002	0. 049	0. 273	0. 037	0. 045	0. 200	警戒级，尚清洁

复配土、砒砂岩及沙中各重金属单项污染指数均小于 1，表示 3 种质地的土壤均未受到重金属污染，其中复配土中 8 种重金属的污染程度依次为 Cd > As > Ni > Cr > Hg > Pb > Cu > Zn；综合污染指数依次为砒砂岩 > 复配土 > 沙，分别为 0. 314、0. 503、0. 200，表明 3 种土壤的污染级别均为警戒级，尚清洁。由土壤重金属来源可知，该项目区土壤重金属主要来自成土母质，人类活动对其影响较小。

通过以上分析可知，砒砂岩与沙复配土不但可以满足作物生长的需求，环境质量状况良好，而且随着种植年限的增加，土壤质量不断向好的方向发展，保持了耕地的可持续利用。砒砂岩与沙复配土中重金属质量符合农田土壤环境质量标准，能够保证土壤环境质量安全和农产品品质安全(罗林涛等，2014)。同时，在今后的农业种植过程中，应尽量施用有机肥、秸秆还田等措施来提高土壤肥力，尽量减少化学肥料和农药的施用和喷洒，禁止城市垃圾的倾倒与堆放，避免重金属对其污染而影响农作物种植。

5.3.3　复配土作物种植适宜性研究

我国干旱半干旱地区作物生长的最大限制因素是水分不足，在水分供应充足的条件下，各类旱地作物将呈现较好的生长态势。根据室内砒砂岩与沙混合比例的研究，砒砂岩与沙混合的土壤质地随着砒砂岩混合比例的增大在发生着变化，砒砂岩和沙混合比例为0∶1、1∶5、1∶2、1∶1、2∶1、5∶1 和 1∶0 的土壤质地为砂土—砂壤—壤土—粉壤，而土壤质地的粗细直接影响着土壤的蓄水性、透气性和保肥性。通过检测砒砂岩与沙不同比例下复配土的基本理化性质、作物的产量及相关农艺性状等，可以确定砒砂岩与沙不同配比条件下各种作物的种植适宜性。

试验田研究结果表明，小麦和玉米适宜在砒砂岩与沙混合比例为 1∶2 的土壤上种植，马铃薯适宜在砒砂岩与沙混合比例为 1∶5 的土壤上种植。如图 5.8 所示，花盆中复配土上栽种的韭菜、大蒜、红掌、鸡冠花、吊兰、蒿子梅等蔬菜和花卉等也长势良好，说明了复配土在植物种植方面的广泛适用性。

图 5.8　花盆种植效果

（图中依次为韭菜、大蒜、红掌、菊花、蒿子梅、芦荟、吊兰、鸡冠花、四季海棠）

第 6 章　砒砂岩与沙复配土壤水肥运移

良好的保水保肥性是保证土壤可持续利用的先决条件。因此，判断砒砂岩与沙复配土壤能否可持续利用重点在于研究其保水保肥性。保水保肥性研究涉及保水和保肥两个方面，而肥随水运移，因此保水保肥的关键是保水。本章主要对复配土的储水量、氮素淋失特征和结合土壤作物模型对复配土水肥损失进行了研究。

6.1　复配土储水量研究

土壤水在全球水循环过程中起着非常重要的作用，它与大气水、地表水、植物（水）、地下水一起组成相互作用的陆地水循环系统。土壤储水量即为某一土层内所有水分形成的水层的厚度。要想找出作物需水规律和建立正确的灌溉技术，从而达到科学用水，改良土壤，提高单位面积产量的目的，必须进行土壤水分测定，了解土壤中的储水量。因此，研究复配土水储量的动态变化具有重要的意义。下面以种植玉米为例，研究在玉米生长过程中复配土水储量的变化。

2012～2013 年玉米生长期内不同比例的砒砂岩与沙复配土中储水量的变化情况见图 6.1。土壤水分是植被生长所需水分的直接来源，由图可知，在 2012～2013 年玉米两个生长期内，混合比例为 1∶1、1∶2、1∶5 下 0～140 cm 厚度复配土土壤储水量的变化趋势基本一致，受灌溉和降水的影响，在生长期内呈波动变化，但是总体来讲，第二年的三个混合比例下复配土土壤储水量较第一年的有所减少。由图可以看出，在 2012 年玉米播种时，混合比例为 1∶2 和 1∶5 下 0～140 cm 厚度复配土土壤储水量的变化趋势基本一致。呈现出储水量减少的趋势，并且受灌溉和降雨的影响较小，混合比例为 1∶1 下复配土土壤储水量高于其他两个比例；随着玉米的生长，混合比例为 1∶1 下复配土土壤储水量的下降幅度明显高于其他两个比例，而混合比例为 1∶2 和 1∶5 的复配土土壤中储水量的变化基本一致，出现此差异的原因可能是随着砒砂岩与沙混合比例中沙土比例的提高，复配土中毛管孔隙度减少，复配土逐渐由主要蓄水转变为了透水透气性能兼备的土壤，在作物生长初期，由于灌溉使得 1∶1 比例复配土土壤表层含水量较高，水分并没有入渗到土壤深层，因而在0～30 cm，该比例下复配土土壤储水量要高于 1∶2 和 1∶5 两个比例。随着时间迁移，由于外界气温较高，1∶1 比例表层土壤水分快速蒸发，而 1∶2 和 1∶5 两个比例复配土土壤孔隙大，通透性好，水分入渗到土壤底层，蒸发慢，因此 1∶1 比例复配土壤在 0～140 cm 剖面中储水量要低于其他两个比例。

在 2013 年玉米生长期内，混合比例为 1∶1、1∶2 和 1∶5 的复配土 0～140 cm 土壤储水量的变化趋势基本一致，呈波浪线变化趋势，但是在此期间，受降水或灌溉的影响，1∶5 比例下的复配土中 0～140 cm 土壤储水量的波动幅度较其他两个比例大，这可能是由于1∶5 比例下表层土壤偏沙性，土壤质地越粗糙，水分越容易发生渗漏，并且在前面研究得出混

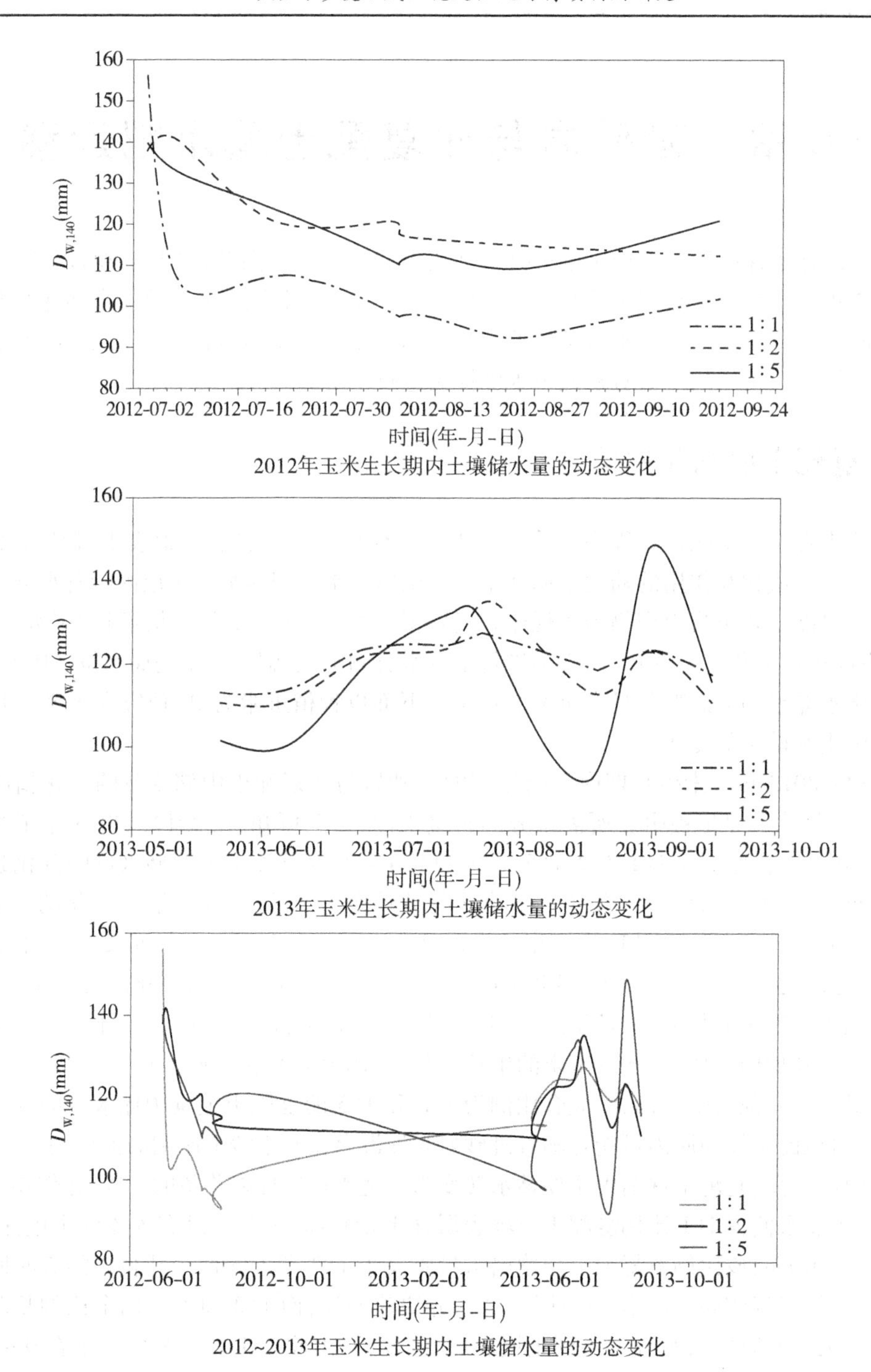

图 6.1　2012 ~ 2013 年玉米生长期内复配土土壤中储水量动态变化

合比例是影响砒砂岩与沙复配土壤水稳性大团聚体的含量($P < 0.001$)的重要因子，表现为 1∶1 > 1∶2 > 1∶5，且三种复配土壤之间均存在显著差异，在降水或者灌溉时，混合比例为 1∶5 的土壤发生渗漏而造成的波动较大。

从图6.1中可以得出,在三个比例中混合比例为1∶2的复配土,其土壤储水量的变化较为稳定,更加适合玉米的种植,该复配土混合比例可在研究区推广应用。

6.2　复配土氮素运移研究

现代农业主要是依靠施用大量化肥,尤其是氮肥,以提高单位耕地面积的粮食产量。我国是世界上最大的氮肥消耗国,2007年我国的化肥施用量为5 107.8万t,而其中氮肥施用量高达2 297.2万t。氮肥施入土壤—作物体系后,除被作物吸收和土体残留外,会通过多种形式损失,如氨挥发、反硝化和氮淋失等,氮素一旦被淋溶到作物根区以下,就难以被作物吸收利用,从而造成氮肥损失。更深层次的氮素淋失则会对地下水饮用安全构成潜在威胁。由于通过砒砂岩与沙复配成土技术新增的耕地土壤为新生土壤,当地农民对这种复配土缺乏相应的水肥管理经验,而氮素在砂质土壤中的淋失又相对较严重,因此研究氮素在砒砂岩与沙的复配土中的运移规律,对当地沙地综合整治具有重要的现实意义。下面以种植玉米为例,对氮素在复配土中的运移规律进行初步研究。

6.2.1　复配土壤剖面中铵态氮运移特征

玉米苗期、拔节期和收获期不同比例的砒砂岩与沙复配土中的铵态氮在土壤剖面中的分布情况见图6.2。由图可知:在玉米苗期、拔节期和收获期,不同复配比例下的铵态氮随土壤深度基本无变化,且规律相似,不同深度土壤剖面中的铵态氮含量均低于1 mg/kg。这是由于施肥后,尿素经水解作用会转化为铵态氮,铵态氮在4~7 d即可由硝化作用转化为硝态氮,随后土壤中铵态氮含量就会迅速下降,而土壤矿物对NH_4^+的表面吸附和晶格固定作用只能固定少量的铵态氮。因此,在玉米不同生长期内,不同混合比例下的复配土中铵态氮的含量均较低。巨晓棠等(2003)在研究冬小麦/夏玉米轮作中NO_3^--N在土壤剖面的累积及移动中发现,铵态氮含量一般在1~3 mg/kg,与本试验结果相似。

从单个时期看,玉米苗期和拔节期铵态氮的含量分别为0.69~0.74 mg/kg和0.84~0.94 mg/kg,而收获期铵态氮的含量仅为0.41~0.55 mg/kg。这是由于玉米种植前施用基肥较多,而拔节期又追施尿素375 kg/hm^2,所以苗期和拔节期各比例下土壤剖面中的铵态氮含量要高于收获期。在收获期时,比例为1∶5的复配土在不同土层深度的铵态氮高于1∶1和1∶2土层中的铵态氮。这可能是1∶5复配比例下土壤的水分、质地、导热性和通气性等因素共同作用的结果(罗林涛等,2013)。

6.2.2　复配土壤剖面中硝态氮运移特征

硝态氮是旱地农田无机氮存在的主要形态,由于硝酸根离子具有可溶性,且与土壤胶体带相同的负电荷,所以硝态氮极易在土壤内部移动,并且是最易被作物吸收利用的氮素形态,也是氮素流动、损失和被利用的中心环节。因此,氮素淋失一般以硝态氮为主,随水分运移到作物根层以下直至地下水。

图6.3为玉米苗期、拔节期和收获期复配土中硝态氮剖面分布。在玉米苗期,土壤

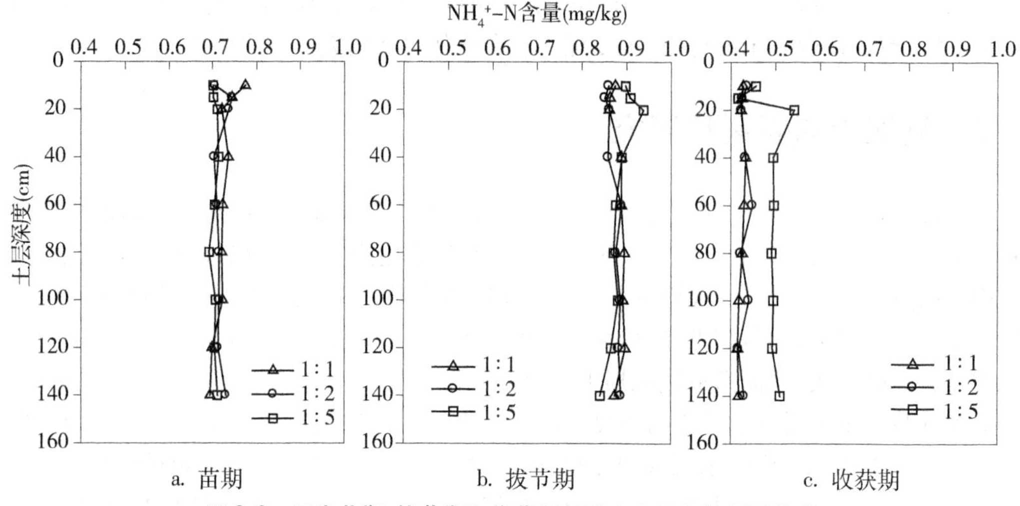

a. 苗期　　b. 拔节期　　c. 收获期

图 6.2　玉米苗期、拔节期和收获期复配土中铵态氮剖面分布

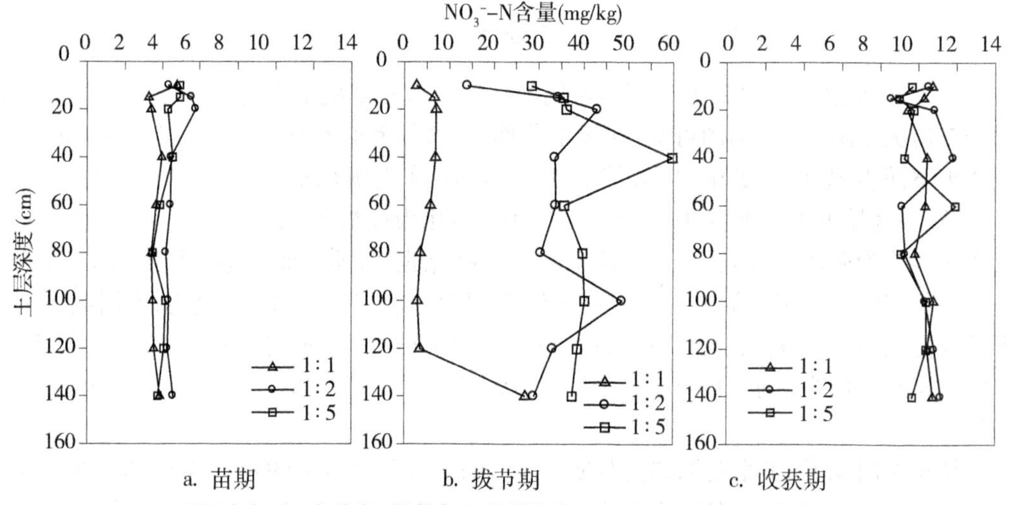

a. 苗期　　b. 拔节期　　c. 收获期

图 6.3　玉米苗期、拔节期和收获期复配土中硝态氮剖面分布

0～20 cm 的硝态氮含量明显高于土壤 20～40 cm，这主要是由于苗期灌水量较少，硝态氮未发生明显的淋洗，硝态氮主要富集在 0～20 cm 处。三种不同混合比例下硝态氮累积峰均在 20 cm 处。当砒砂岩与沙混合比例为 1∶2 时，硝态氮含量最大。由于硝态氮累积峰在土壤表层，因此该比例下玉米可利用的硝态氮就最多，最有利于作物的生长。而二者比例为 1∶1 时，0～20 cm 土壤剖面中硝态氮含量相对最少，仅为 3.38 mg/kg。在土壤剖面 20～40 cm 中，硝态氮含量逐渐降低，当剖面深度大于 40 cm 时，硝态氮运移特征相近。这可能是因为土壤剖面 0～20 cm 处是砒砂岩与沙的混合土壤，硝态氮主要累积在此处，且 30 cm 以下的土壤均为当地沙土，质地相同、灌水一致，因而淋失特性相当。

在玉米拔节期，土样是在施肥灌溉后采取的，因而不同比例下的硝态氮含量均明显高于苗期。混合比例为 1∶1 和 1∶2 的复配土中硝态氮在 20 cm 处出现移动峰值；1∶2 和 1∶5

比例下20~40 cm土壤剖面处,硝态氮含量仍然较高;混合比例为1∶5时,硝态氮含量在40 cm处出现峰值。由于1∶5比例下表层土壤偏沙性,灌水后硝态氮更容易发生向下淋洗,所以硝态氮累积峰相比混合比例为1∶1和1∶2的土壤向下移动至40 cm处,累积峰是淋溶作用与硝态氮在水分毛管作用下向上移动的共同作用而形成的。40~80 cm土壤剖面中混合比例为1∶2和1∶5的硝态氮含量明显高于混合比例为1∶1的土壤,这是由于表层砒砂岩与沙混合比例不同,使表层土壤质地差异而导致硝态氮向下淋失量不同,并且1∶5比例的淋失量高于1∶2的淋失量。但与0~20 cm和20~40 cm的淋失量相比,硝态氮的淋失量明显降低。由于灌溉与施肥的量较大,因此140 cm处硝态氮含量仍然较高,其中混合比例1∶5时,硝态氮淋失到深层土壤的最多,硝态氮含量高达37.43 mg/kg。土壤性质如容重、质地存在差异,可表现出不同的淋失特性。土壤质地越粗糙,水分越容易发生渗漏,肥料越容易随水发生淋失,因而即使种植相同作物和进行一致的水肥管理,表层砒砂岩与沙的混合比例不同,硝态氮淋失特性也不一致。

在玉米收获期,土层0~20 cm时,不同混合比例下的硝态氮变化较小,其含量均在9~11 mg/kg。20~40 cm时,混合比例为1∶2的复配土累积硝态氮最多,并出现累积峰,其含量为11.81 mg/kg,混合比例为1∶1和1∶5的硝态氮含量分别为10.46 mg/kg和9.25 mg/kg。40~80 cm中,混合比例为1∶5的土壤剖面中的硝态氮含量在60 cm处出现累积峰,其余两个比例硝态氮含量相差不大。80~140 cm时各混合比例下的硝态氮含量变化相似,并未随土层深度的增加而增加或降低。这可能是由于玉米生长吸收了大量氮素,土壤中0~80 cm中硝态氮含量减少,可向下淋失氮量减少,由于这时期未灌水与降雨,下层土壤均为原始土壤,因而淋失特性相当。

6.2.3　复配土壤剖面中无机氮的累积量分析

不同混合比例下砒砂岩与沙复配土壤作物生长情况见表6.1。由于试验设计中复配土的混合深度是30 cm,而玉米根系主要集中在90 cm以内,因此分段计算了玉米苗期和收获期0~140 cm土体无机氮的累积量,见表6.2。由表可知:玉米苗期,1∶2和1∶5比例条件下,株高大于种植在1∶1的复配土中的玉米,且无机氮累积量为1∶5>1∶2>1∶1。30~90 cm和90~140 cm土层,因3种复配土在30 cm以下的土壤质地基本相同,所以氮素累积差异不大。玉米收获后,1∶1、1∶2和1∶5混合比例的玉米产量分别为7 500 kg/hm^2、9 900 kg/hm^2和8 250 kg/hm^2,各层无机氮累积量均为1∶2>1∶5>1∶1。由于砒砂岩与沙混合比1∶1、1∶2和1∶5的土壤理论储水量分别为69.9 mm、59.7 mm和48.9 mm,因此1∶2和1∶5的复配土中氮素更容易向下淋失。由玉米产量及无机氮累积量可知,1∶1比例下复配土壤水分和温度条件导致了氨挥发和反硝化作用起了主导作用,导致土层中可供玉米吸收的无机氮减少,玉米产量低于1∶2和1∶5的复配土。

从总体来看,在玉米苗期和收获期,均是1∶2复配土0~140 cm土体中的氮素累积量最高,且玉米产量最高,这说明1∶2的复配土氮素保持性能较好,可供玉米吸收的氮素最多,其土质较1∶1和1∶5的复配土而言更适合种植玉米。同时从玉米收获后土体氮素累积量和收获后与苗期土体氮素累积量的变化来看,土体氮素残留量较多,表明施肥量大于作物需氮量,说明施肥量还有待优化。以上结果说明混合比例为1∶2时,复配土对氮素的保持性能最好,该复配土混合比例可在研究区推广应用。

表 6.1　不同混合比例下砒砂岩与沙复配土壤作物生长情况

混合比例（砒砂岩∶沙）	作物	苗期株高(cm)		穗期株高(cm)		花粒期株高(cm)		产量（kg/hm²）
		最大	最小	最大	最小	最大	最小	
1∶1	玉米	10	2	145	67	240	155	7 500
1∶2	玉米	15	2	160	100	253	196	9 900
1∶5	玉米	15	2	160	90	235	185	8 250

表 6.2　不同混合比例下砒沙岩与沙复配土壤剖面中无机氮累积量

混合比例（砒砂岩∶沙）	无机氮累积量(kg/hm²)							
	0～30 cm		30～90 cm		90～140 cm		0～140 cm	
	苗期	收获后	苗期	收获后	苗期	收获后	苗期	收获后
1∶1	22.2	48.3	45.5	56.7	38.5	55.3	106.3	160.2
1∶2	26.7	118.4	49.3	119.0	45.0	117.8	121.0	355.1
1∶5	38.5	101.5	41.2	105.3	38.3	99.5	118.0	306.2

6.3　复配土水肥损失模型模拟

作物生长是水、肥、气、热等共同作用的结果,而其中水、肥更是影响作物生长的最重要的两个因素。因此,为了探究复配土作物生长条件下水肥运移情况,在结合大田试验的基础上,应用了土壤作物系统模型的方法对不同比例下的复配土的水氮运移情况进行了研究。在本研究中,采用水氮管理模型(WNMM)来模拟研究农田水氮管理。该模型可以模拟水氮运移的主要过程,包括水动力学、水位波动、土壤温度、土壤和作物系统中的碳氮循环、作物生长和农业管理措施等。该模型已经被成功地应用在华北平原的几个试验点,更多关于该模型不同模块的详细描述可以参见相关文献。

WNMM 模型要求的输入数据包括地理信息、土壤性质(水动力和理化性质)、土地利用类型、气象数据(日数据和月数据)、作物生物学数据(能量转换系数、收获指数、最大叶面积指数和最大根深等)、农业管理措施(耕作、播种日期、灌溉和施肥日期和量、收获日期等)和控制数据(开始日期,模拟时段长、初始土壤条件)等。

WNMM 模型可以模拟土壤含水量、水分通量、溶质浓度(NH_4^+ 和 NO_3^-)、剖面温度、土壤蒸发和作物蒸腾、作物残留、反硝化速率、氨挥发速率、N_2O 释放、氮淋失、作物吸收、叶面积指数和作物生物量累积等。

6.3.1　模型参数输入

初始条件:模型需要的初始含水量、初始无机氮含量、有效磷含量、阳离子交换量、有机质含量等根据各处理下作物种植前的实测初始值给定。

边界条件:上边界设定为潜在土壤蒸发或水分渗透边界,下边界设定为自由排水边界。

气象数据：包括太阳辐射、最低温、最高温、风速、湿度、降水等气象数据都来自本试验点的自动气象站。

水力学参数：模型需要的水力学参数包括土壤各层的风干含水量、萎蔫含水量、田间持水量、饱和含水量、饱和导水率等。模型输入的初始值根据试验地基本理化性质由第 5 章 5.1.1 中土壤传递函数计算结果给定。

碳氮转换参数如氮矿化、固持、氨挥发和反硝化等的速率常数、作物参数等根据模型开发者的建议或参考相关文献得到。

6.3.2　模型校验

在模型校验过程中，用砒砂岩与沙复配比例为 1∶1 的试验数据对模型进行校正，用砒砂岩与沙复配比例为 1∶2 和 1∶5 的试验数据对模型进行验证。模型模拟的好坏程度用第 3 章 3.1.2 中的评价标准（相关系数和均方根差（*RMSE*））来判断。模型模拟的土壤水分、氮素、干物重、叶面积指数、产量以及各模拟项实测值与模拟值的对比图见图 6.4 ~ 图 6.16。

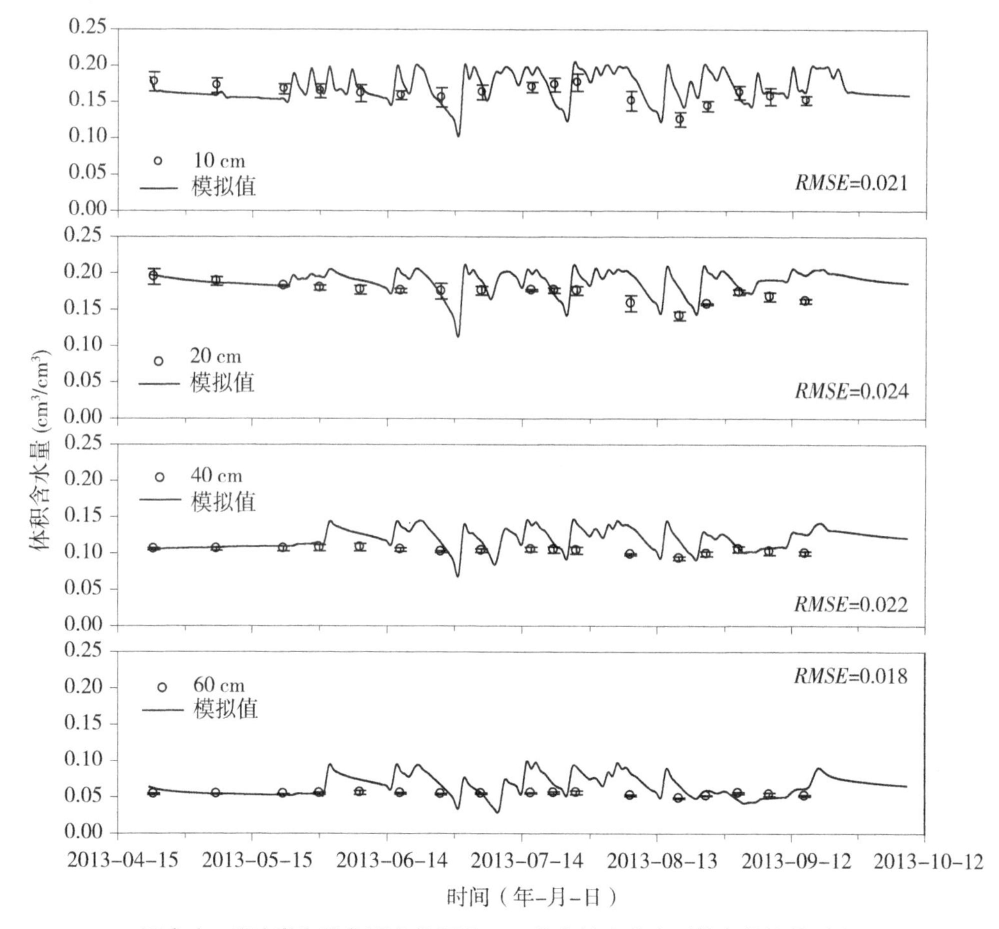

图 6.4　砒砂岩和沙复配土比例为 1∶1 的土壤水分实测值和模拟值对比图

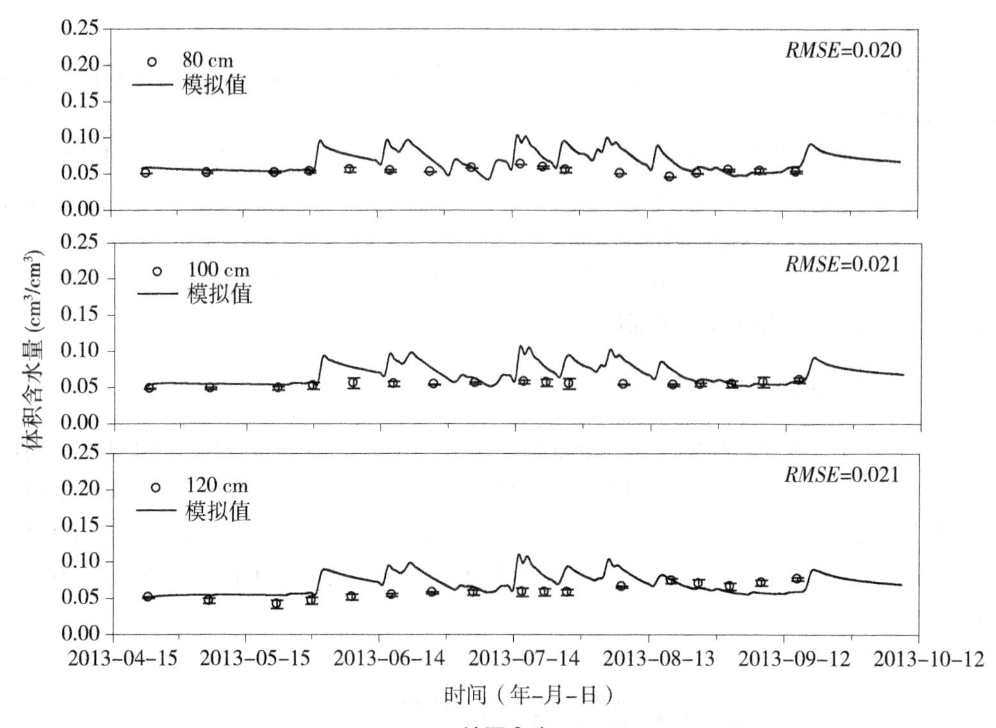

续图 6.4

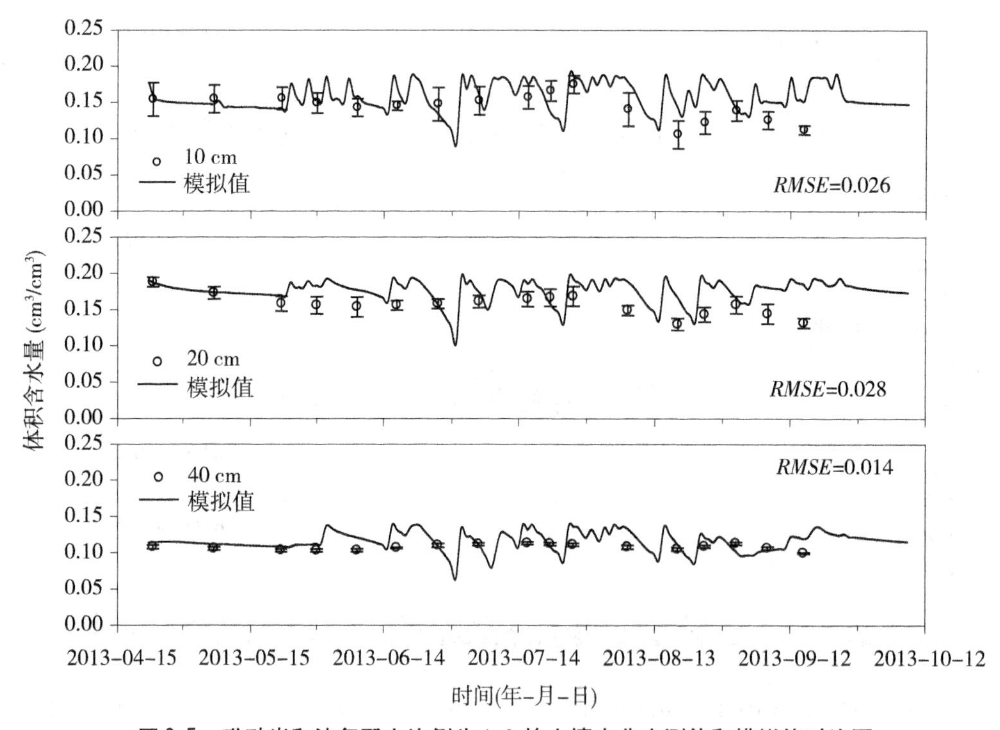

图 6.5　砒砂岩和沙复配土比例为 1∶2 的土壤水分实测值和模拟值对比图

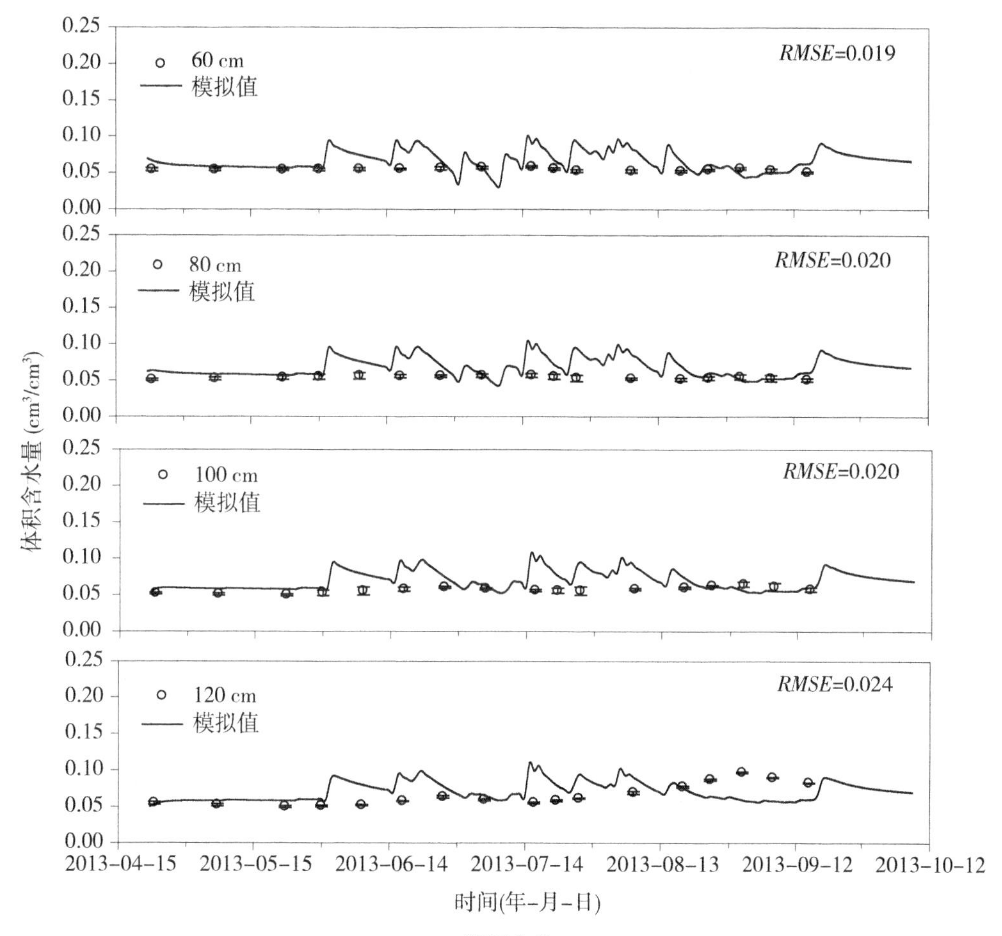

续图6.5

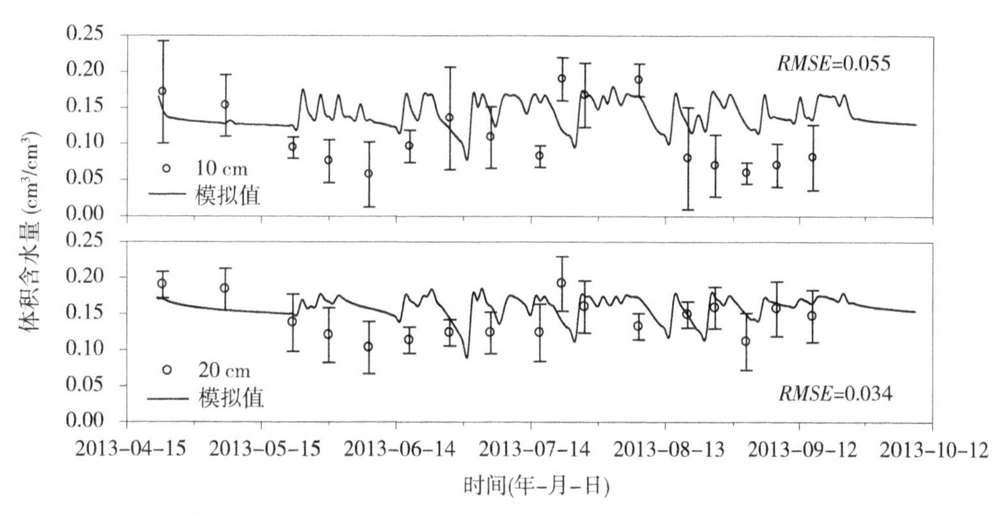

图6.6　砒砂岩和沙复配土比例为1∶5的土壤水分实测值和模拟值对比图

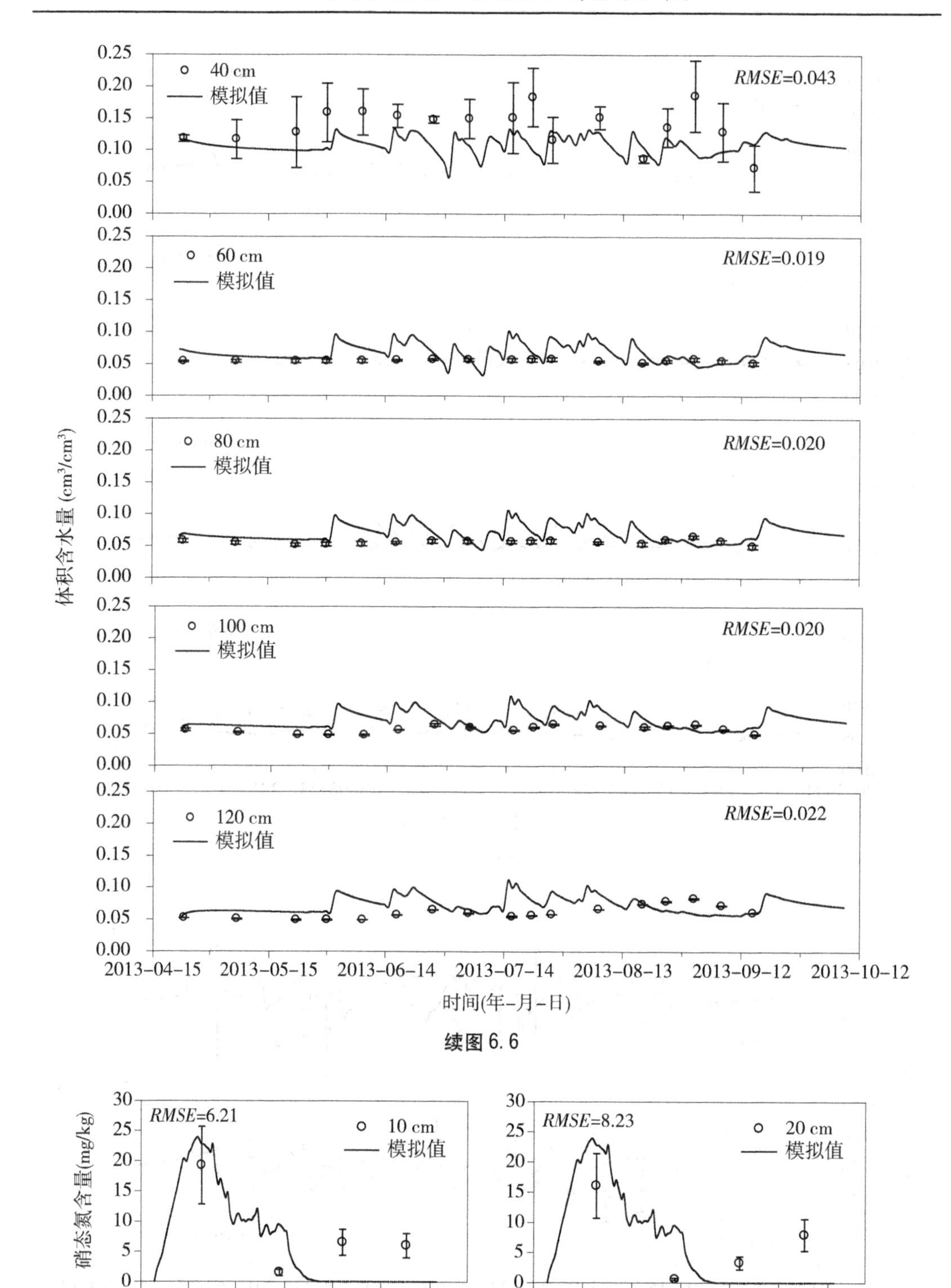

续图 6.6

图 6.7　砒砂岩和沙复配土比例为 1∶1 的土壤硝态氮实测值和模拟值对比图

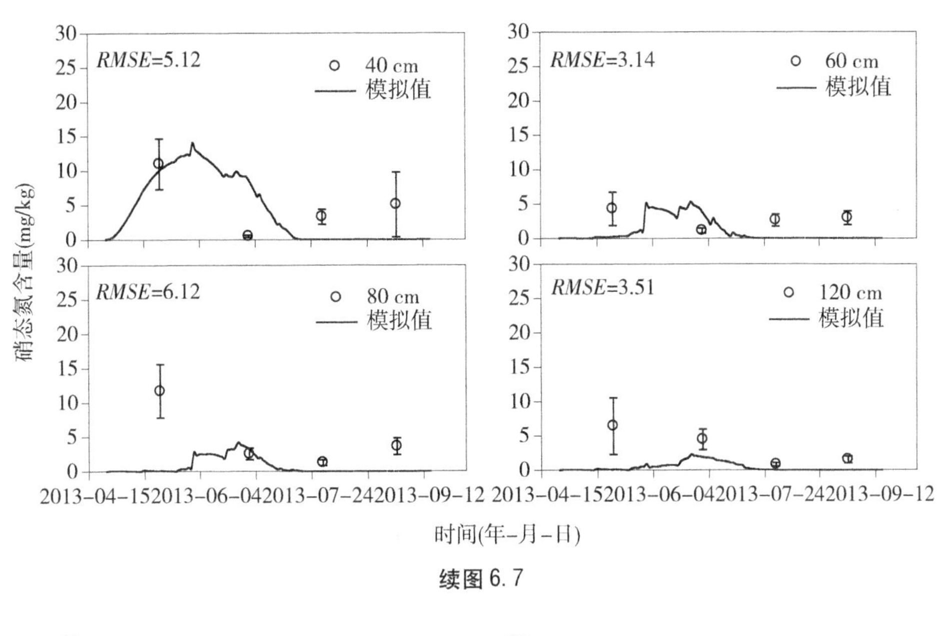

续图6.7

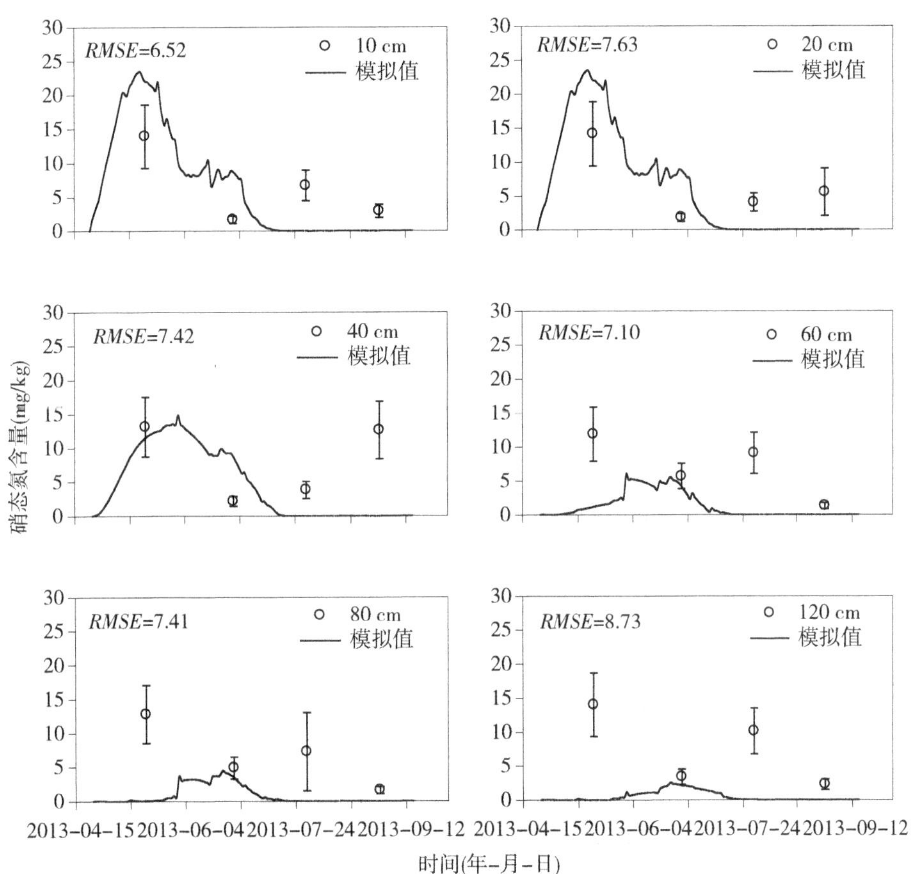

图6.8　础砂岩和沙复配土比例为1∶2的土壤硝态氮实测值和模拟值对比图

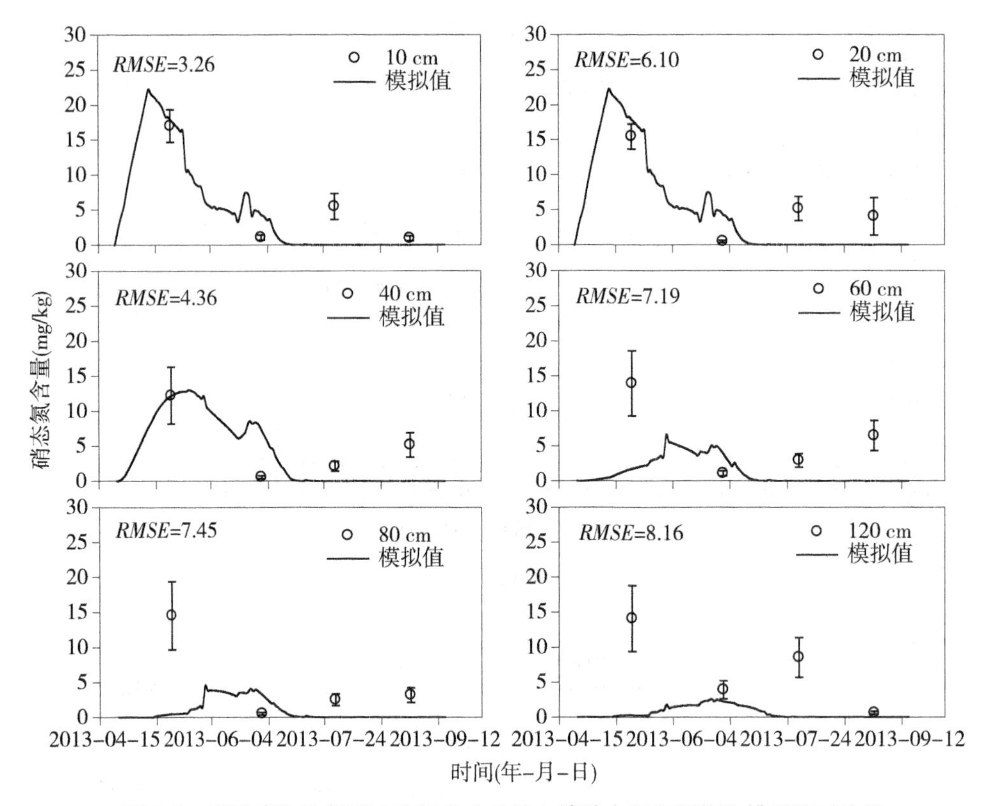

图 6.9　砒砂岩和沙复配土比例为 1∶5 的土壤硝态氮实测值和模拟值对比图

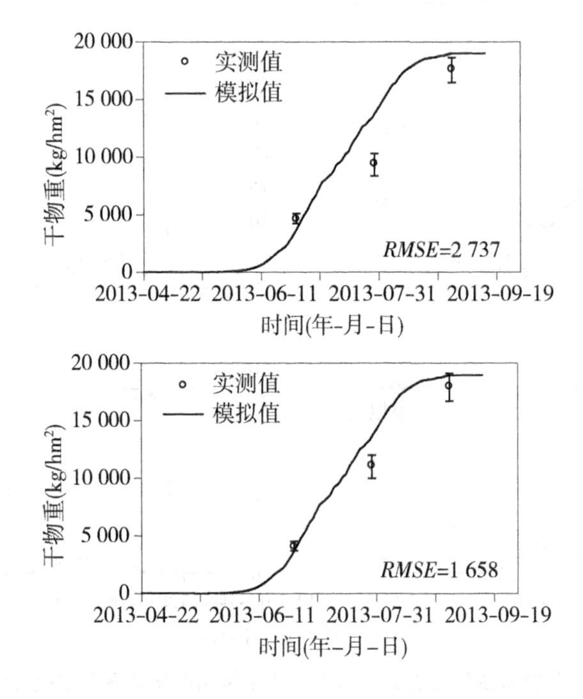

图 6.10　砒砂岩和沙复配土比例为 1∶1(上)和 1∶2(下)的作物干物重实测值和模拟值对比图

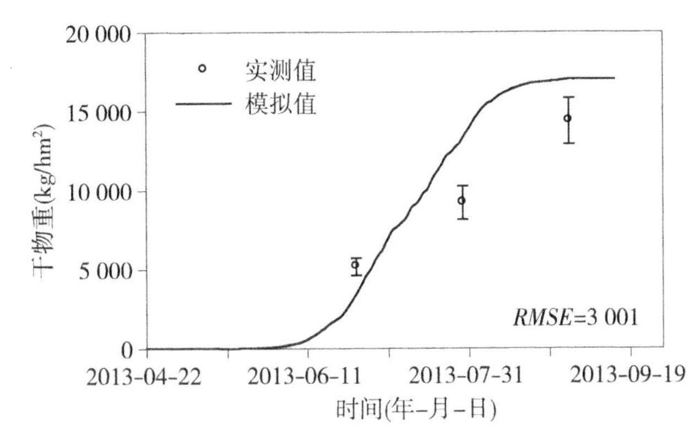

图 6.11　砒砂岩和沙复配土比例为 1∶5 的作物干物重实测值和模拟值对比图

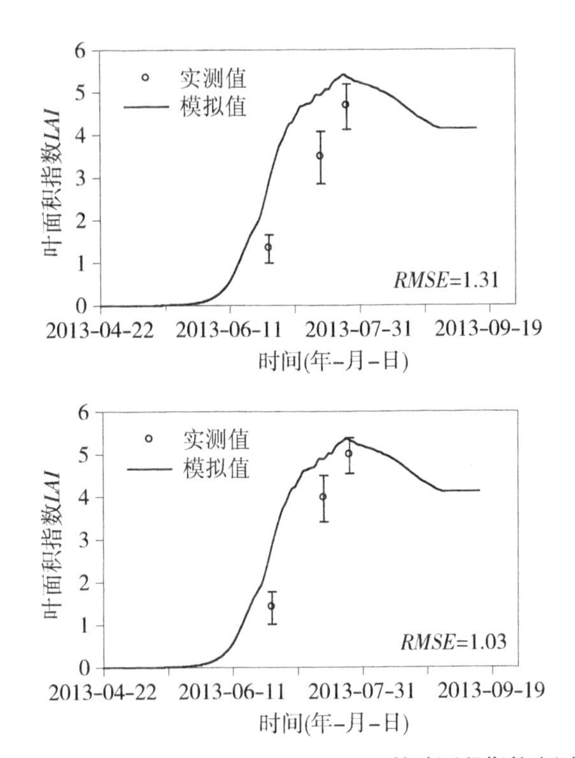

图 6.12　砒砂岩和沙复配土比例为 1∶1(上)和 1∶2(下)的叶面积指数实测值和模拟值对比图

根据结果可以看出:土壤水分模拟校正时的 *RMSE* 在 0.018 ~ 0.021 cm^3/cm^3 变化,验证时的 *RMSE* 在 0.014 ~ 0.055 cm^3/cm^3 变化,基本呈现底层模拟误差小、表层模拟误差大的趋势。这是因为表层土壤水分受降水、蒸发等因素的影响较为敏感,模拟误差较大,这和很多学者的研究结果是相似的。氮素模拟校正时的 *RMSE* 在 3.14 ~ 8.23 mg/kg 变化,验证时的 *RMSE* 在 3.26 ~ 8.16 mg/kg 变化。地上干物重模拟校正时的 *RMSE* 为 2 737 kg/hm^2,验证时的 *RMSE* 为 1 658 kg/hm^2 和 3 001 kg/hm^2。叶面积指数模拟校正时的 *RMSE* 为 1.31,验证时的 *RMSE* 为 1.01 和 1.33。产量模拟的 *RMSE* 为 239 kg/hm^2。土壤水分、氮素、干物重、叶面积指数及产量实测值和模拟值的相关系数分别达到 0.838 8、

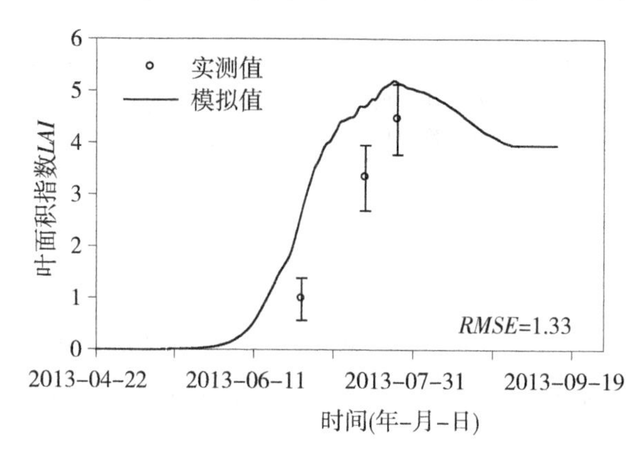

图 6.13　砒砂岩和沙复配土比例为 1∶5 的叶面积指数实测值和模拟值对比图

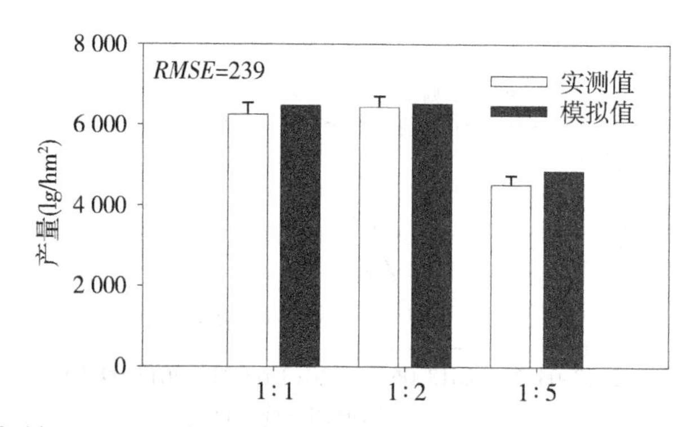

图 6.14　不同砒砂岩和沙复配土比例的产量实测值和模拟值对比图

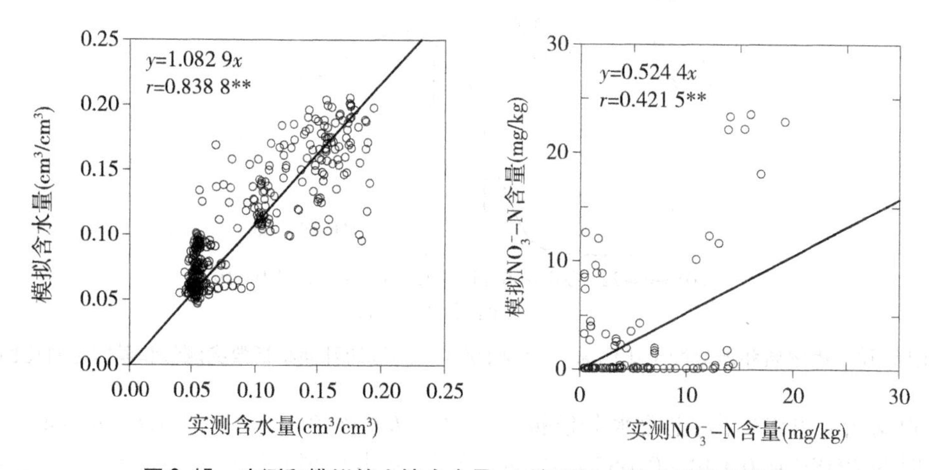

图 6.15　实测和模拟的土壤含水量、土壤 NO_3^- - N 含量的相关性

0.421 5、0.952 1 和 0.595 3，且都达到了显著相关水平（$P<0.01$）。总体而言，模拟结果基本是可信的。

6.3.3　水分分析

不同砒砂岩与沙复配比例 1.6 m 土体的水分平衡情况见表 6.3。从表中可以看出：

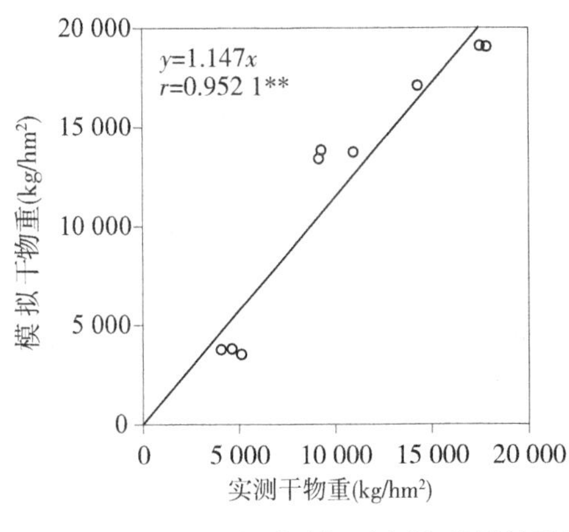

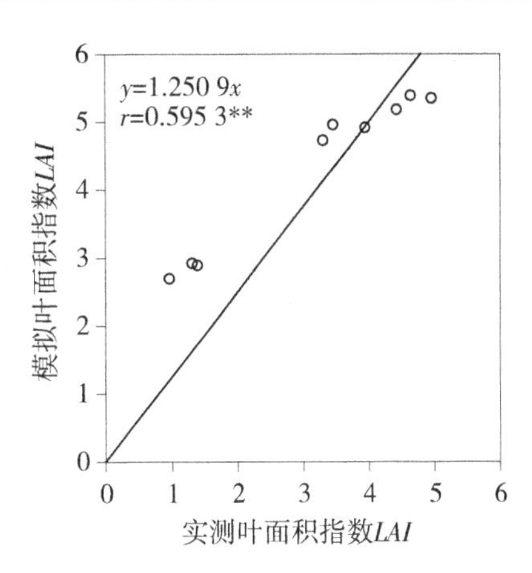

图6.16　实测和模拟的干物重、叶面积指数的相关性

由于在试验中对不同比例砒砂岩与沙复配土都采取了相同的灌溉处理，而由于不同的复配比例土壤具有不同的保水持水性，因而它们的蒸散量、渗漏量以及水分利用效率表现出不同的结果。三种比例复配土的蒸散量分别为497 mm、493 mm和484 mm，渗漏量分别为268 mm、283 mm和308 mm。随着复配土中砒砂岩比例的减少，蒸散量逐渐减少，而渗漏量则明显增加，这说明砒砂岩对防止沙地水分渗漏具有明显的作用。从储水量的变化来看，三种比例复配土的储水量变化分别为52.8 mm、41.8 mm和25.8 mm。三种比例复配土的水储量变化都是正的，说明水分是盈余的，而且随着砒砂岩含量的增加，盈余量也增大了，这也说明了砒砂岩的持水保水性。从产量情况来看，三种比例复配土的实际产量分别为6 250 kg/hm²、6 431 kg/hm²和4 513 kg/hm²，砒砂岩与沙比例为1∶2情况下的产量最高，1∶5比例下的产量明显偏低。从水分利用效率来看，三种复配比例下的水分利用效率分别为1.26 kg/m³、1.30 kg/m³和0.93 kg/m³，如果以1∶5复配比例下的水分利用效率为基础，1∶1和1∶2复配土的水分利用效率分别提高了35.5%和39.8%，这说明砒砂岩在提高沙地水分利用效率方面发挥了显著的作用。

表6.3　不同砒砂岩与沙复配比例1.6 m土体的水分平衡

混合比例（砒砂岩∶沙）	降雨量（mm）	灌溉量（mm）	蒸散量（mm）	渗漏量（mm）	水储量变化（mm）	实测产量（kg/hm²）	模拟产量（kg/hm²）	水分利用效率（kg/m³）
1∶1	484.2	333.6	497	268	52.8	6 250 ± 267	6 466	1.26
1∶2	484.2	333.6	493	283	41.8	6 431 ± 252	6 517	1.30
1∶5	484.2	333.6	484	308	25.8	4 513 ± 206	4 855	0.93

注：水储量变化 = 降雨量 + 灌溉量 − 蒸散量 − 渗漏量；水分利用效率 = 实测产量/蒸散量。

6.3.4　氮素平衡分析

不同砒砂岩与沙复配比例1.6 m土体的氮素平衡结果见表6.4。不同砒砂岩与沙复配比例复配土的施肥量是相同的，而它们氮素去向是不一样的。对1∶1、1∶2和1∶5复配土而言，氨挥发分别达到了 12.51 kg N/hm^2、11.99 kg N/hm^2 和 10.93 kg N/hm^2，分别占施肥量的 4.85%、4.65% 和 4.24%；反硝化分别达到了 2.83 kg N/hm^2、2.78 kg N/hm^2 和 2.16 kg N/hm^2，分别占施肥量的 1.10%、1.08% 和 0.84%，由于沙地土壤温度和湿度的原因，它们的反硝化占施肥量的比例略高于中国旱地土壤平均反硝化比例；作物吸收分别达到了 162.02 kg N/hm^2、161.85 kg N/hm^2 和 141.13 kg N/hm^2，是氮素输出的主要途径。氨挥发、反硝化和作物吸收氮素都是随着复配土中砒砂岩含量的降低而减少的。而氮淋失分别达到了 13.4 kg N/hm^2、17.5 kg N/hm^2 和 24.8 kg N/hm^2，分别占施肥量的 5.2%、6.8% 和 9.6%，且随着复配土中砒砂岩含量的降低而增大了。氨挥发和氮淋失成为氮素损失的主要途径。不同比例砒砂岩与沙复配土的氮素利用效率分别达到了 32.76 kg/kg N、33.13 kg/kg N 和 25.21 kg/kg N，1∶1 和 1∶2 复配土的氮素利用效率分别比 1∶5 的提高了 29.95% 和 31.42%；肥料利用效率分别达到了 24.22 kg/kg N、24.93 kg/kg N 和 17.49 kg/kg N，1∶1 和 1∶2 复配土的肥料利用效率分别比 1∶5 的提高了 38.48% 和 42.54%，这说明砒砂岩在提高沙地氮素（或肥料）利用效率方面亦有显著作用。

表 6.4　不同砒砂岩与沙复配比例 1.6 m 土体的氮素平衡

混合比例（砒砂岩∶沙）	施肥	氨挥发	反硝化	作物吸收	氮淋失	氮素利用效率	肥料利用效率
	(kg N/hm^2)					(kg/kg N)	
1∶1	258	12.51	2.83	162.02	13.4(5.2%)	32.76	24.22
1∶2	258	11.99	2.78	161.85	17.5(6.8%)	33.13	24.93
1∶5	258	10.93	2.16	141.13	24.8(9.6%)	25.21	17.49

注：氮素利用效率 = 实测产量/（氨挥发 + 反硝化 + 作物吸收 + 氮淋失）。肥料氮利用效率 = 实测产量/施肥量。氮淋失项括号中百分数表示的是氮淋失因子，氮淋失因子 = 氮淋失量/施肥。

6.3.5　水肥损失分析

不同砒砂岩与沙复配比例水分渗漏和氮素淋失动态图见图 6.17 ~ 图 6.19。大量研究结果表明，降水、灌水量、灌溉方式、施肥量、施肥方式及种植制度等均是水分渗漏和硝酸盐淋失的主要因素。由于试验区的降水主要集中在 6 ~ 9 月，因此水分渗漏主要发生在该时期内，而且降水量越大，相应的水分渗漏越大。从图中可以看出，灌溉量过大也会直接导致水分渗漏的显著增加，当有灌溉或是比较大的降水发生时，土体水分渗漏明显增加；特别是当灌溉和降水期有重合时，相应水分渗漏更是急剧增加。因为肥随水走，所以相应的氮素淋失和水分渗漏密切相关，氮素淋失也主要发生在水分渗漏时期。本研究中的氮素淋失量相对较小，这是由于复配土剖面中原始氮积累很少，从而在降水或灌溉的作用下，超过作物需求的氮素更多地积累在土体剖面中，还未淋失至 1.6 m 土体以下。

另外，一些研究表明科学地减少灌溉施肥量，作物产量不减少甚至会更高，作物的水分利用效率也会得到提高。精量灌溉施肥在提高水分利用效率的同时有助于保证地下水资源的可持续性。有研究指出，农民习惯的水氮投入如果能减少 30% ~ 60%，氮素淋失损失最大能减少一半。氮肥优化管理可以显著减少氮素淋失，特别是考虑作物需求的氮肥管理措施有助于提高氮素利用效率和减少氮素淋失。因此，对新成复配土而言，为了尽

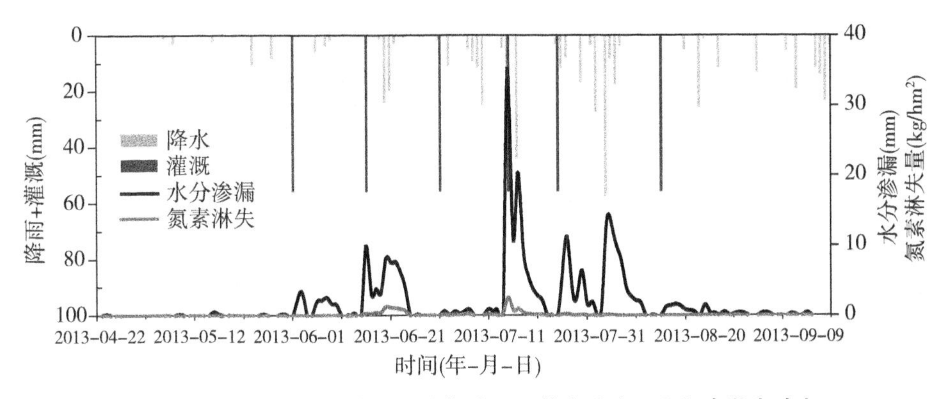

图 6.17　砒砂岩和沙复配土比例为 1∶1 的水分渗漏和氮素淋失动态

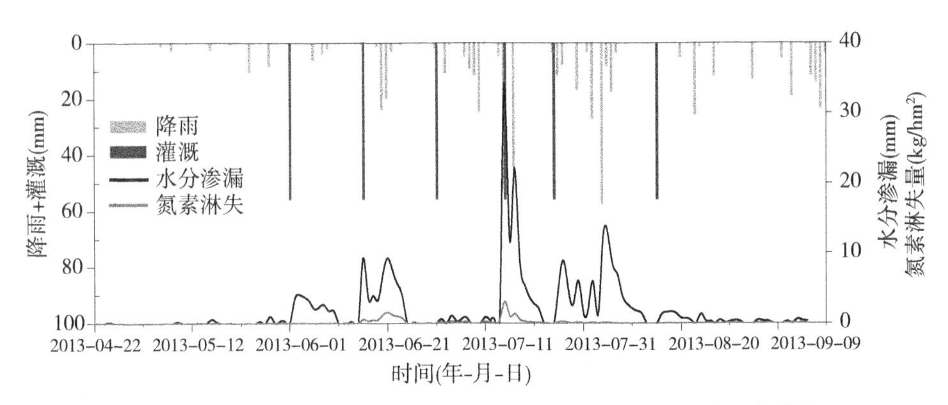

图 6.18　砒砂岩和沙复配土比例为 1∶2 的水分渗漏和氮素淋失动态

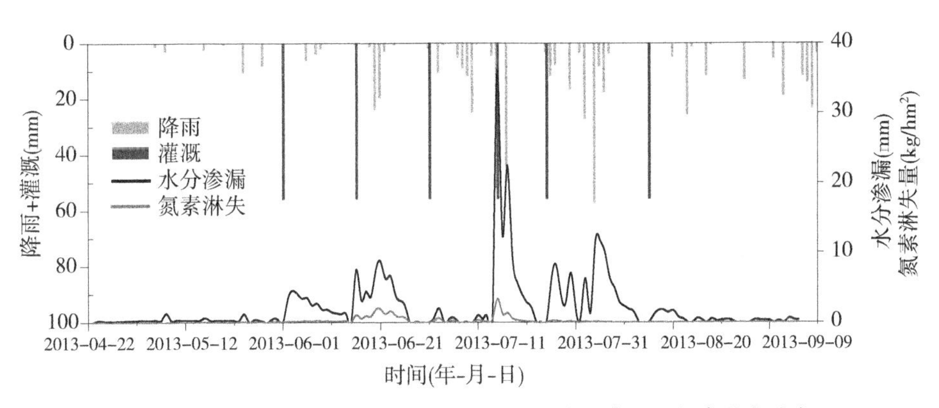

图 6.19　砒砂岩和沙复配土比例为 1∶5 的水分渗漏和氮素淋失动态

可能地减少水氮损失和提高水氮利用效率，更精细的水肥管理制度还有待进一步研究。

综上所述，通过对复配土壤水分、氮素平衡以及水肥损失分析，得出以下结论：

(1)通过对砒砂岩裸露和沙覆盖两种状态进行比较分析发现，裸露状态更有利于水分的吸收，沙覆盖则有利于水分保持。在土地整治过程中，砒砂岩与沙混合后，部分裸露，部分被沙包裹保护起来，一方面拥有吸收水分的功能，另一方面也拥有保水的功能。要同时具有吸收水分和保水功能，在沙中混合直径 2 ~4 cm 的砒砂岩岩块是较为合理的粒径范围。

(2)砒砂岩与沙混合后改善了黏重、板结的土壤耕性,并将砒砂岩岩块包裹起来,保护砒砂岩中的水分快速损失。由于砒砂岩毛管孔隙度高于沙,混合后土壤田间持水量提高,土壤持水能力大大加强,在土壤中形成很多小"水库",吸持大量的水分。在土壤水分充足时,砒砂岩岩块从环境中吸收水分并保存起来,减少了沙地的水分渗漏;当土壤干旱缺水时,其所吸持的水分在基质势和渗透压作用下,缓慢释放到环境中,增加了砒砂岩与沙混合物的含水量,供植物吸收利用,有效防止了水分的流失和无效蒸发,起到保墒抗旱作用,减少了沙地水分的深层渗漏和快速蒸发,提高了灌溉水或降水的利用效率,为植物增产提供有利条件。

(3)夏玉米生长期内,未发生铵态氮积累,且淋失量少,氮素淋失以硝态氮为主。硝态氮以"波浪式"的方式移动,在玉米不同的生长期,有不同的淋失特性。综合玉米生长期硝态氮淋失特点,混合比例为1:2时,硝态氮主要积累在0~40 cm处,处于耕作层,有利于作物根系吸收氮素。对种植玉米而言,该比例为工程实践中应推荐的最佳混合比例。

该研究仅在种植玉米的条件下分析了土壤氮素淋失特征,未考虑不同混合比例下作物的吸氮情况,建议在影响氮素淋失的综合影响因素方面继续深入研究,通过秸秆还田、控制施肥、增加作物轮作和优化灌溉等减少氮素流失,并可对综合氮素收支平衡或种植其他作物的氮素淋失特征进行研究。

6.3.6 不同气象条件年份下水肥耦合研究

降雨是影响作物灌水量的重要因素,不同气象条件年份下的作物水肥管理具有不同的管理方式。因此,需要在分析研究区多年降雨情况的基础上,模拟分析不同气象条件年份下的水肥耦合情况来制定相应的水肥管理制度。

由1990~2013年降水量变化趋势图(见图6.20)可以看出,1990年以来,榆林市榆阳区降水量存在显著的波动变化,全年的降水量主要集中在7~9月三个月,基本占全年降水量的66.7%左右。多年平均年降水量为402 mm,但是降水量年际分布极不均匀。23年来,年降水量最少的是2005年,降水量为248.7 mm;最多的是2001年,降水量为833.6 mm,降水量最多年与最少年相差584.9 mm,远高于多年平均降水量。特别2001年是个极值点,达到年降水量最大值,2001年之前,年降水量基本在年均降水量之下,只有1992

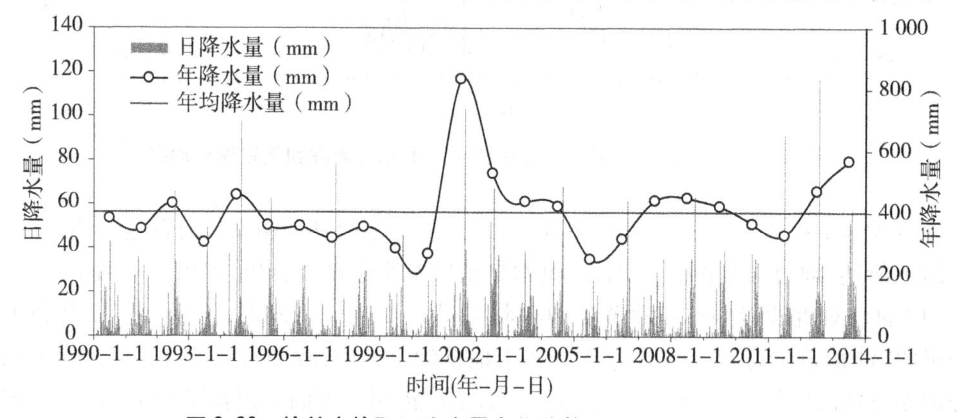

图6.20　榆林市榆阳区降水量变化趋势图(1990~2013年)

年和 1994 年的年降水量超过了年均降水量；2001 年之后，年降水量普遍有所增加，基本在年均降水量之上，只有 4 个年份的年降水量低于年均降水量，整体呈现先减小后增大再减小的波浪形趋势。

由于 2001 年属于极端降水情况，因此将其舍弃后，以平均降水量作为平水年的降水量标准，以分别为减少 50% 和增加 50% 降水量的年份作为缺水年和丰水年的降水量标准。分别选取 2005 年(248.7 mm)、2009 年(420.8 mm)和 2013 年(567.4 mm)的降水条件作为研究区缺水年、平水年和丰水年的年份代表，进而通过情境模拟来分别研究三种类型气象条件年份的合理灌溉量和施肥量。灌溉处理共考虑了 50 mm、100 mm、150 mm、200 mm、250 mm、300 mm、350 mm、400 mm、450 mm、500 mm、550 mm、600 mm、650 mm、700 mm 和 750 mm 等 15 个灌溉量处理，施肥处理共考虑了 40 kg N/hm^2、80 kg N/hm^2、120 kg N/hm^2、160 kg N/hm^2、200 kg N/hm^2、240 kg N/hm^2、280 kg N/hm^2、320 kg N/hm^2、360 kg N/hm^2、400 kg N/hm^2、440 kg N/hm^2、480 kg N/hm^2、520 kg N/hm^2、560 kg N/hm^2 和 600 kg N/hm^2 等 15 个处理。灌溉处理和施肥处理耦合作用后共计 225 个处理，通过水肥耦合情境模拟，对不同水肥耦合处理下的作物产量进行了研究，2005 年、2009 年和 2013 年的水肥耦合结果见图 6.21 ~ 图 6.23。

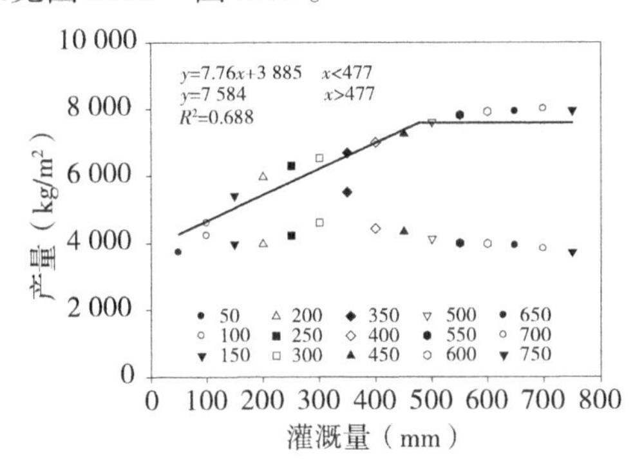

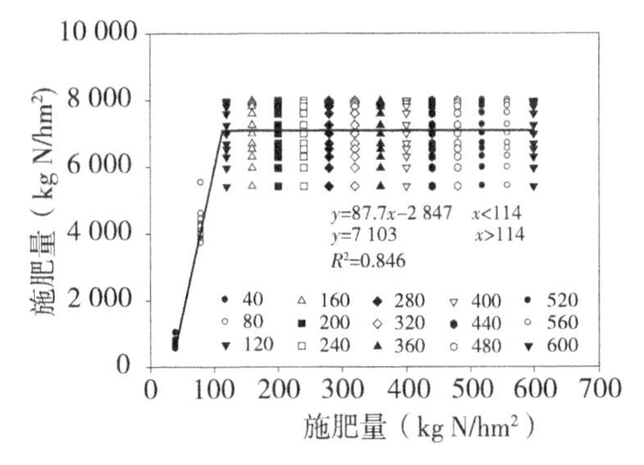

图 6.21　2005 年水肥耦合情境分析

对缺水年(2005 年)来说，灌溉量达到 477 mm，产量可以达到 7 584 kg/hm^2 的稳定产量，灌溉量继续增加，不但对产量增加没有显著作用，而且显著降低了灌溉水的利用效率。施肥量达到 114 kg N /hm^2，产量可以达到 7 103 kg/hm^2 的稳定产量，施肥量继续增加，同样会导致肥料利用效率的降低。可以看出，施肥量达到的稳定产量要小于灌溉量达到的

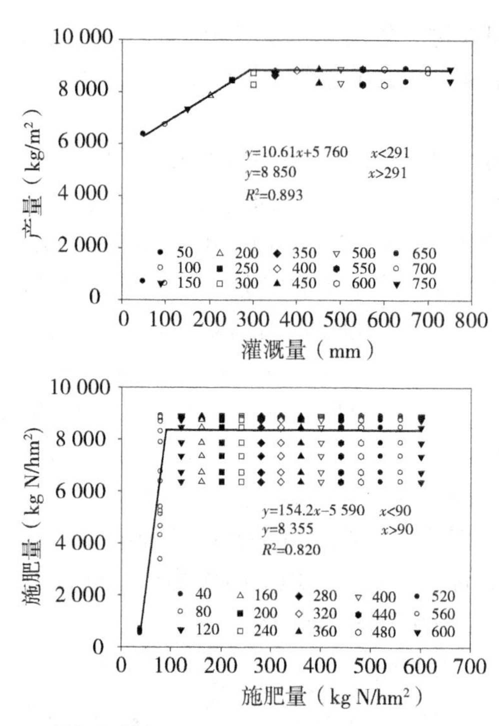

图 6.22　2009 年水肥耦合情境分析

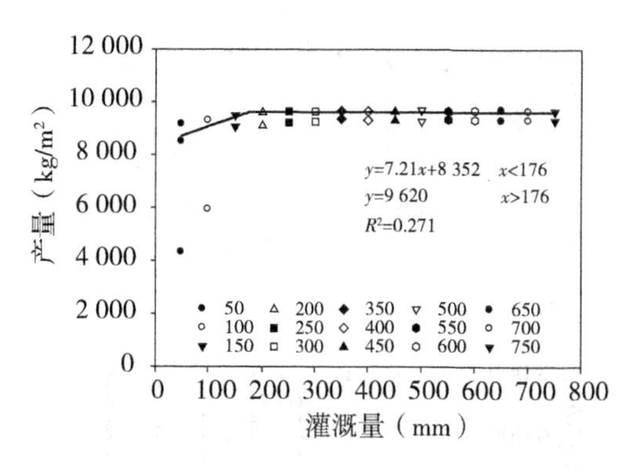

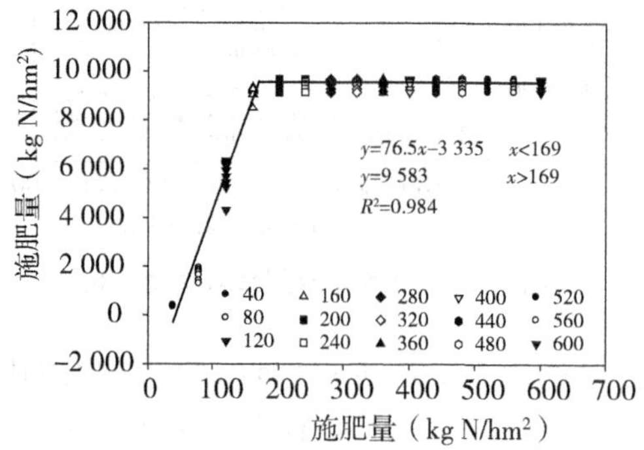

图 6.23　2013 年水肥耦合情境分析

稳定产量。这是由于水肥耦合效应存在协同效应(耦合正效应)、拮抗作用(耦合负效应)和叠加作用(无耦合效应)。因此,水肥耦合作用的结果不一定是灌溉量大的处理和施肥量最大的耦合处理的产量才最大,寻求产量的最大化需要找到水肥耦合效应为协同效应的最佳水肥耦合处理。综上所述,对缺水年而言,灌溉量为477 mm左右、施肥量为114 kg N/hm^2 左右的水肥管理制度是该降水年份下较好的水肥管理制度。

对平水年(2009年)来说,灌溉量达到291 mm,产量可以达到8 850 kg/hm^2 的稳定产量,灌溉量继续增加,不但对产量增加没有显著作用,而且显著降低了灌溉水的利用效率。施肥量达到90 kg N /hm^2,产量可以达到8 355 kg/hm^2 的稳定产量,施肥量继续增加,同样会导致肥料利用效率的降低。对平水年而言,灌溉量为291 mm左右、施肥量为90 kg N/hm^{2}左右的水肥管理制度是该降水年份下较好的水肥管理制度。

对丰水年(2013年)来说,灌溉量达到176 mm,产量可以达到9 620 kg/hm^2 的稳定产量,灌溉量继续增加,不但对产量增加没有显著作用,而且显著降低了灌溉水的利用效率。施肥量达到169 kg N /hm^2,产量可以达到9 583 kg/hm^2 的稳定产量,施肥量继续增加,同样会导致肥料利用效率的降低。对丰水年而言,灌溉量为176 mm左右、施肥量为169 kg N/hm^{2}左右的水肥管理制度是该降水年份下较好的水肥管理制度。

第 7 章 区域水资源匹配研究

我国正面临着严峻的水资源短缺、水质恶化和水生态退化问题,高效、可持续地利用水资源至关重要,水资源可持续利用直接影响到人口健康与社会生产(Naiman R J,2011)。我国人均水资源量不足世界平均水平的 1/4,资源型水危机、水质型水危机与生态型水危机已成为我国面临的最大挑战之一(石山,2006),技术性短缺和制度性短缺则加剧了水资源危机问题(周玉玺,2006)。高效、可持续地利用水资源至关重要,已成为当前社会管理的重要内容之一。提高利用效率是实现水资源可持续利用的必然选择(刘昌明,2009),《中华人民共和国国民经济和社会发展第十二个五年规划纲要》明确提出,到 2015 年农业灌溉用水有效利用系数提高到 0. 53。

在毛乌素沙地开发集约节约利用中,可利用的有效水资源是最为关键的,研究毛乌素沙地的开发,必须首先解决水的问题,特别是能否节水,水资源能否可持续利用,是土地能否可持续利用的决定因素。以水定地,适度开发,是区域可持续发展的基本保证。在复配土技术应用的基础上,拟通过以榆林市榆阳区大纪汗项目区为研究对象,对区域内的有效水资源总储量、供需平衡分析、复配土持水保水特性和不同措施下的灌溉制度效果研究,以此证明经应用复配土技术后,区域开发的规模是否与有效水资源匹配,区域的土地利用能否可持续,通过研究为区域内的水土资源优化配置提供支撑。

7.1 水资源储量分析

我国水资源人均占有率远低于国际平均水平,农业用水是我国水资源利用的主要途径。研究分析毛乌素沙地项目示范区的水资源占有量,能够从源头明确当地农业灌溉可利用水量,进而为示范区灌溉模式选择提供依据。

7.1.1 水资源概况

我国多年平均降水总量为 6. 08 万亿 m^3(648 mm),通过水循环更新的地表水和地下水的多年平均水资源总量为 2. 77 万亿 m^3。其中,地表水 2. 67 万亿 m^3,地下水 0. 81 万亿 m^3,由于地表水与地下水相互转换、互为补给,扣除两者重复计算量 0. 71 万亿 m^3,与河川径流不重复的地下水资源量约为 0. 1 万亿 m^3。我国人均水资源量为 2 200 m^3,目前有 16 个省(区、市)人均水资源量(不包括过境水)低于严重缺水线,有 6 个省区(宁夏、河北、山东、河南、山西、江苏)人均水资源量低于 500 m^3,预测到 2030 年我国人口增加至 16 亿时,人均水资源量将下降到 1 750 m^3。我国未来水资源的形势是严峻的(刘昌明,2000;陈志恺,2000),尤其是我国西北地区,是水资源短缺最严重的地区之一,水资源在西北地区生态安全和社会经济发展中具有至关重要的作用(友贞,2005)。统计表明(曲玮,2005),西北地区可利用的总水资源量约为 1 364 亿 m^3，人均水资源占有量约为 1 573 m^3；每年总用水量 811 亿 m^3，人均用水量 940 m^3。西北地区平均引水率高达 60% 以上，超过国际上引水率低于 50% 的参考警戒值。尤其是一些内陆河流域引水率极端偏高，如新疆乌鲁木齐河流域和甘肃河西石羊河流域引水率高达 160% 以上，引水量大大超过了水资源总量，严重破坏了水资源的自然平衡，导致湖泊萎缩和地下水位快速下降（孙国武，2004）。由于水资源紧缺，不仅限制了西北地区的社会经济发展，而且面临土地退化和自然灾害增加的严峻趋势。近 50 年来，西北地区沙漠化土地面积达 674.93 万 hm^2；天然森林面积减少 49% ~58%，草地面积减少 16% ~92%；干旱、沙尘暴等灾害发生频数增加，灾害程度加剧（宋连春，2004）。如果这种情况得不到有效遏制，将会导致内陆河下游绿洲全面消失、高原和荒漠湖泊干涸、高山冰川和积雪消亡等生态环境灾难。随着人口增长和经济发展对水资源需求的进一步增加，以及全球变暖对水循环过程和生态需水规律的改变，西北地区水资源危机将会更加突出，影响也更加深刻。据初步估计，西北地区 2030 年以前经济社会发展对水资源的需求量每年还将比现用水量新增 80 亿 m^3。西北地区许多流域水资源供需矛盾将会更加突出，水资源的合理调配和开发及高效利用无疑会成为该地区社会经济发展中急需解决的重大科学问题之一。

7.1.2　荒漠化地区水资源状况

荒漠化地区的蒸发量大于降水量，是造成干旱缺水的主要原因。那里土质疏松，再加上人类对水资源的不合理利用，造成了荒漠化地区水资源的极为短缺。

20 世纪 60 年代后期和 70 年代初期，非洲撒哈拉地区发生大干旱，造成了非洲大饥荒；1976 ~1977 年美国大旱及 1988 年北美大旱，影响波及美国 60% 的地区，使人们对水资源的问题有了深切的认识。目前，印度、中国耗用水量分别达到最大可利用量和安全极限量的 70%；阿拉伯地区 22 个地处沙漠的国家，水资源利用率已超过 85%，埃及和以色列基本上已使用了可以利用的全部水资源量。一方面水资源日益短缺，而另一方面水资源浪费现象又特别严重。统计结果表明，从 1900 年到 1975 年，世界人口大约翻了一番，年用水量则由约 4 000 亿 m^3 增加到 3 万亿 m^3，增长了约 6.5 倍，其中农业用水约增长 5 倍，城市生活用水约增长 12 倍，工业用水约增长 20 倍。特别是从 20 世纪 60 年代开始，由于城市人口的增长，耗水量大的新兴工业的建立，全世界用水量增长约 1 倍。农业灌溉一直采用粗放式的漫灌方式，严重浪费水资源。随着社会、经济、技术和城市化的发展，排放到环境中的污染物量日益增多，造成水体污染日益严重。水资源污染造成的“水质型缺水”加剧了水资源短缺的矛盾，加剧了居民生活用水的紧张和不安全性。

水资源是各种农作物赖以生存的基础，影响着农作物生长以及农业用水的合理分配与高效利用。在榆林的毛乌素沙地整治示范中，水资源是制约毛乌素沙地地区农业发展的主要因素，同时也是砒砂岩与沙复配成土的核心问题。如果项目区域水资源量无法满足灌溉水量要求，即使合理的砒砂岩与沙配比，也不能达到复配土种植的目的，因此水资源在对毛乌素沙地整治过程中起着决定性作用。沙地整治过程中砒砂岩与沙复配土本身具有保水特性，要合理利用水资源，需辅助高效节水灌溉制度，在这种综合措施下高效利用水资源,才具有节水的效果。因此,水资源是进行土地整治的前提和基础,只有摸清土地整治项目区的水资源状况,才能因地制宜地对项目区进行科学规划,全面提高土地利用效率,确保经济效益、社会效益和生态效益达到合理的协调统一和效益的最大化。

本章以榆林市榆阳区大纪汗项目区为研究对象,对该区砒砂岩与沙复配成土后水土资源供需平衡以及节水效益进行分析,在高效节水、可持续利用水资源等措施下,研究并实现区域水资源优化配置,以保证农业的可持续发展。

大纪汗项目区位于榆林市榆阳区小纪汗乡大纪汗村,由于项目区地处榆溪河西岸远端,无地表径流,项目区唯一的可选水源是地下水。项目区地下水为侏罗纪三叠系碎屑岩裂隙潜水和第四系冲积层空隙潜水,根据陕西师范大学对项目区内和周边机井现状调查,周边浅层地下潜流丰富,地面以下 20 m 内潜水活跃,渗透系数为 9.87 m/d 以上。100 m 以下为砂岩,含水量较少。现状机井涌水量为 35 m^3/h 左右。项目区潜水主要接受大气降水补给、地下水侧向径流补给、凝结水补给及灌溉回归补给。由于地下水位埋深较浅,加之项目区目前无常住人口,故其主要排泄途径是蒸发及侧向径流排泄。

7.2　水资源可持续利用分析

毛乌素沙地水资源的未充分利用成为限制当地植物生长的第一大限制因子,而当地地下水资源丰富,河床以下 20 m 内潜水活跃。利用砒砂岩与沙的保水持水特性,在项目示范推广区实施节水灌溉,将能够使当地水资源在充分利用的同时大大提高水分利用效率,保证水资源的可持续利用。

7.2.1　作物需水量计算

7.2.1.1　作物需水量的定义及影响因素

(1)作物需水量的定义

作物需水量是指生长在大面积上的无病虫害作物,土壤水分和肥力适宜时,在给定环境中正常生长发育,并能达到高产潜力值的条件下,植株蒸腾、棵间土壤蒸发、植株体含水量与消耗于光合作用等生理过程所需水分之和。

植株蒸腾是指作物根系从土壤中吸入体内的水分,通过叶片的气孔扩散到大气中去的现象。试验证明,植株蒸腾要消耗大量水分,作物根系吸入体内的水分有 99% 以上消耗于蒸腾,只有不足 1% 的水量留在植物体内,成为植物体的组成部分。棵间蒸发是指植株间土壤或水面的水分蒸发。棵间蒸发和植株蒸腾都受气象因素的影响,但蒸腾因植株的繁茂而增加,棵间蒸发因植株造成的地面覆盖率加大而减小,所以蒸腾与棵间蒸发二者互为消长。实际中,植株体含水量只占总需水量中很小的一部分,且影响因素比较复杂,科学计算存在难度,故一般不考虑这部分,通常作物需水量在数值上等于蒸发蒸腾量,即在高产水平条件下的植株蒸腾量和棵间蒸发量之和。蒸散量一般以某时段或全生育期所消耗的水层深度(mm)或单位面积上的水量(m^3/亩)来表示。

(2)作物需水量的影响因素

大量灌溉试验资料表明:作物需水量主要受气象因素的影响,此外也受植物、土壤因素，以及耕作栽培技术等人为措施对植物、土壤因素造成的影响。此外，作物需水量与单位面积产量也有关系，一般来讲，在一定范围内产量越高，需水量越大，但后者并不随前者成比例地增加。

气象因素主要包括太阳辐射、气温和日照指数等。它不仅影响蒸腾速率，也直接影响作物生长发育。气象因素对作物需水量的影响，往往是几个因素同时作用，因此各个因素的作用很难一一分开。作物需水量会因地处纬度和时间的差异明显不同。干旱半干旱地区的作物需水量要显著大于湿润半湿润地区的作物需水量。对同一种作物，不同水文年份或生长阶段下的作物需水量也不同。

农业栽培技术的高低直接影响水量消耗的速度。粗放的农业栽培技术，可导致土壤水分无效消耗。灌水后适时耕耙保墒中耕松土，使土壤表面有一个疏松层，就可以减少水量消耗。密植相对来说需水量会低些；两种作物间作，也可相互影响彼此的需水量。

7.2.1.2　作物需水量计算方法

作物需水量可以通过实测获取数据。在实践中，因缺乏实测资料，因此通常采用估算的方法来计算作物需水量。目前，计算作物需水量的方法主要分为三类：第一类是通过计算全生育期的作物总需水量，再根据作物各生育阶段的需水模数进行分配，从而求得各生育阶段的需水量；第二类是直接计算各生育阶段的需水量，累加得到全生育期的总需水量；第三类是用气象因素计算各生育阶段的参考蒸发蒸腾量，然后乘以作物系数求得各阶段的实际作物需水量。

(1)计算作物需水量的第一类方法

单因素法：以产量为参数(简称“K值法”)的经验公式；水面蒸发量法(α值法)；积温法；日照时数法；以饱和差为参数的公式。

多因素法：根据两个以上因素估算作物全生育期需水量，我国主要采用以下两种因子组合：水面蒸发、产量法；积温、产量法。

(2)直接计算各生育阶段需水量的方法

①经验公式法

经验公式法指根据作物需水量及其主要影响因素的实测结果，用回归分析方法建立作物需水量随其影响因素变化的经验公式。采用较多的经验公式有水面蒸发量法、气温和日照时数为参数的公式法、气温和水面蒸发为参数的公式法和气温、日照、风速、饱和差多因素为参数的公式法。

②水汽扩散法

水汽扩散法是以利用近地面大气层中的乱流交换规律为基础的方法，又称乱流法。桑斯威特－霍尔兹曼(Thornthwatie－Holzman)公式如下：

$$ET_{ci} = \rho k^2 \frac{(q_1 - q_2)(u_2 - u_1)}{[\ln(z_2/z_1)]^2} \quad \text{(公式 7.1)}$$

式中　ET_{ci}——某阶段的作物需水量，mm/d；

ρ——空气密度；

k——卡曼常数；

q_2, q_1——z_2 与 z_1 高度上的比湿；

u_2, u_1——z_2 与 z_1 高度上的风速。

其他计算方法还有能量平衡法、水量平衡法等。能量平衡法是以能量平衡方程为基础以确定作物需水量。水量平衡法是以农田水量平衡方程为基础直接估算作物需水量。

(3)作物腾发量计算各阶段需水量的方法

参考作物腾发量是指同高度、生长正常、完全覆盖地面而不缺水的绿色草地的腾发量，用 Penman - Monteith 公式计算参考作物腾发量乘以作物系数得到作物需水量，简称彭曼 - 蒙特斯方法。

参考作物法估算腾发量取决于大气蒸发能力、作物类型及生长状况、土壤供水情况。

陕西榆林地处内陆，属中温带大陆性半干旱季风气候，季节变化明显，温差大，光能资源充裕，热量资源较丰富，土温易于提高，作物成熟快。榆林地区复配土能够为马铃薯提供疏松透气、昼夜温差大的土壤环境，同时马铃薯是需水量多的农作物种类之一，其块茎产量高低与生育期中土壤水分供应状况密切相关，它的需水量是一个从少到多再到少的过程，从出苗开始逐渐增多，盛花期达到最大值，之后快速下降。结合该灌区的水文、气象、土壤等实际条件，根据试种作物马铃薯的需水量要求，考虑灌溉系统的机械运转周期等因素确定马铃薯不同生育期对土壤水分的不同需求。

马铃薯生育期不同阶段灌溉原则和标准见表 7.1。马铃薯苗期需水量占全生育期总需水量的 10%；块茎形成期(出苗后 20 天，再延后 25 天左右)耗水量占全生育期总需水量的 30%，这个时期浇水要浇到田间持水量的 65% ~70%；后来的块茎膨大期，耗水量占全生育期总需水量的 50%，只要土壤含水量不足田间持水量的 65% 就需要浇水，雨季也不能停水，要查看土壤 30 ~ 45 cm 处的墒情；最后淀粉积累期占全生育期总需水量的 10% 左右，后期植株覆盖，蒸发慢，吸收少应减少浇水。所以，浇水是马铃薯生产的关键技术措施。因此，苗期田间持水量应保持在 65% 左右，块茎形成期、块茎膨大期田间持水量保持在 75% ~80% 。在淀粉积累期田间持水量保持在 60% ~65% 。对于马铃薯从出苗到生长后期，土壤相对湿度不能低于可利用水的 65% 。

表 7.1　马铃薯生育期不同阶段灌溉原则和标准

作业内容	原则和标准	时间	注意问题
前期灌溉	保持土壤相对含水量 60% ~70%；灌溉均匀一致	播种至开始结薯	一次性灌溉小于 15 mm
中期灌溉	田间土壤相对含水量不低于 60%，总体保持在 65% 左右	开始结薯至落花	结合天气情况，具体确定灌溉时间和次数
后期灌溉	灌溉量控制在 10 mm 以下，提高灌溉频率，每次灌溉后不引起薯块表皮生出白点	落花至植株接近枯萎	结合灌溉进行后期叶面追肥
停水	田间持水量保持 50% ~60%	植株接近枯萎	收获前 10 天必须停水，确保收获时薯皮老化
收获	田间持水量 50% ~65%	薯块成熟	

7.2.2 灌溉模式与制度选择

7.2.2.1 灌溉模式

(1)传统灌溉模式

①畦灌

畦灌,在田间筑起田埂,将田块分割成许多狭长地块——畦田,水从输水沟或直接从毛渠放入畦中,畦中水流以薄层水流向前移动,边流边渗,润湿土层,这种灌水方法称为畦灌。

畦田通常沿地面最大坡度方向布置,这种沿地面坡度布置的畦田,即顺坡向布置,叫顺畦。顺畦水流条件好,适于地面坡度为0.001~0.003的畦田。在地形平坦地区,有时也采用平行等高线方向布置的畦田,即横坡向布置,称为横畦。因水流条件较差,横畦畦田一般较短。畦灌适宜小麦、谷子、花生等窄行距、密植作物,在蔬菜、牧草和苗圃的灌溉中也常采用。畦灌的优点是略省水,可育旱作物。缺点是费水,且费管理人工。

畦田规格受供水情况、土壤质地、地形坡度、土地平整等状况的影响。畦田灌水技术要素包括畦田规格、入畦单宽流量、灌水时间,它们的选择对保证适时适量灌水、湿度均匀一致十分重要。

a. 畦田规格

畦田长度:取决于地面坡度、土壤透水性、入畦流量及土地平整程度。当土壤透水性强、地面坡度小且土地平整差、入畦流量小(如井水)时,畦田长度宜短些;反之,畦田长度宜长些。畦田愈长,则灌水定额愈大,土地平整工作量愈大,灌水质量愈难以掌握。我国大部分渠灌区畦田长度在30~100 m。在井灌区,由于水源流量所限,畦长一般较短,通常为20~30 m。

畦田宽度:与地形、土壤、入畦流量大小有关,同时还要考虑机械耕作的要求。在土壤透水性好、地面坡度大、土地平整差时,畦田宽度宜小些;反之宜大些。通常畦愈宽,灌水定额愈大,灌水质量愈难掌握。畦宽应按照当地农机具宽度的整倍数确定。畦田宽度一般为2~3 m,最大不超过4 m。

畦埂高度:一般为10~15 cm,以不跑水为宜。畦埂做到不跑水,是畦灌管理中很重要的一项。田间临时输水沟深约15 cm,输水沟顶宽多为30 cm左右,通常用半挖半填断面。

b. 入畦单宽流量

入畦单宽流量是指每米畦宽入畦流量,常用单位为L/(s·m)。入畦单宽流量的大小,取决于地面坡度及土壤透水性。地面坡度小,土壤透水性大,入畦单宽流量要大一些;反之,入畦单宽流量要小些。一般根据土壤质地确定入畦单宽流量,其标准为:轻质土2~4 L/(s·m),重质土1~3 L/(s·m)。入畦单宽流量的大小及土壤的渗水能力决定着灌水的均匀性,不合理的流量常使得畦首与畦尾所入渗的水量出现较大的差异。如当流量较小时,有时甚至水层还未抵达末端,应灌水量即已大部分渗入首端和中部;而当流量较大时,则可能导致畦田尾端水层停留时间过长,而使入渗水量过大。

c. 灌水时间

为了获得较为均匀的灌溉效果，实践中根据经验采用所谓六成（或七成、八成、九成）改畦的方法控制放入畦田中的水量，即当水流流到畦长的六成（或七成、八成、九成）时，便停止向畦田灌水，具体成数需根据坡度、土壤透水性、灌水定额等参数确定，如在土地不平、坡度小、透水性强、灌水定额大的地块常采用九成改畦。

②沟灌

沟灌是灌溉水流经作物行间垄沟，藉重力与毛管作用湿润土壤的灌水方法。

沟灌是我国地面灌溉中普遍应用的一种灌水方法。首先在作物行间挖灌水沟，灌溉水由毛渠进入灌水沟，借土壤毛细管作用从沟壁和沟底向周围渗透而湿润土壤。

③漫灌

漫灌是在田间不修筑任何田埂，灌水时依据田面自然坡度任其漫流，依靠水的重力作用浸润土壤，是一种比较粗放的灌水方法，在北方较为普遍。

（2）现代灌溉模式

①微灌

微灌是介于喷灌、滴灌之间的一种节水灌溉技术，它比喷灌需要的水压力小，雾化程度高，喷洒均匀，需水量少。喷头也不像滴灌那样易堵塞，但出水量较少，适应于缺水地区利用各种水资源进行蔬菜、果木和其他经济作物的灌溉。它比一般喷灌更省水，更均匀地喷洒于作物上。微灌是通过 PE 塑料管道输水，通过微喷头喷洒进行局部灌溉的，可以扩充成自动控制系统，同时结合施用化肥，提高肥效。

②滴灌

滴灌是利用塑料管道将水送到作物根部进行局部灌溉的灌溉方式。它是缺水地区最为有效的一种节水灌溉方式，其水分利用率可达 95%。滴灌较喷灌具有更高的节水增产效果，而且可以同时结合施肥。这种方式主要适用于蔬菜、经济作物、果树以及温室大棚灌溉，在干旱缺水的地方也可用于大田作物灌溉。但它的不足之处是滴头容易结垢和堵塞，因此对水源水质有较高要求。

7.2.2.2 灌溉制度

灌溉制度是指某作物在一定的气候、土壤等自然条件和一定的农业技术措施下，为了获得较高而稳定的产量及节约用水，所制定的一整套农田灌溉的制度，包括灌水定额、灌溉定额、灌水时间及灌水次数等四项内容。灌水定额是指一次灌水单位灌溉面积上的灌水量，灌溉定额是指播种前和全生育期内单位面积上的总灌水量，即各次灌水定额之和。灌水定额和灌溉定额的单位常以 m^3/hm^2 或 mm 表示，它们是灌区规划及管理的重要依据。农作物在整个生育期中实施灌溉的次数即为灌水次数。灌水时间以年、月、日表示。

制定灌溉制度的主要依据之一是降水量和降水量在年内、年际的分配，所以同一种作物在不同水文年有不同的灌溉制度。另一个基本依据是作物需水量。

灌溉制度随作物种类、品种和自然条件及农业技术措施的不同而变化。需要以作物需水规律和气象条件（特别是降水）为主要依据，从当地具体条件、多年气象资料出发，针对不同水文年份，即按作物生育期降雨频率，拟定湿润年（频率为 25%）、一般年（频率为

50%）和中等干旱年（频率为75%）及特旱年（频率为95%）四种类型的灌溉制度。

旱作物灌溉制度制定的依据是旱作物的生理和生态特性，灌溉的作用在于补充土壤水分的不足，要求作物生长阶段土壤计划湿润层内土壤含水量维持在易被作物利用的范围内。其最大允许含水量为田间持水量，而最小允许含水量应保持在田间持水量的50%～60%。

灌溉制度可通过水量平衡计算来确定。当某一时段内尚未灌水时，时段末土壤储水量为W（m^3/亩），即：

$$W = W_0 + P - E + K \qquad \text{（公式7.2）}$$

式中　W_0——起始土壤储水量，m^3/亩；

P——有效降水量，m^3/亩；

E——农田耗水量，m^3/亩；

K——地下水补给量，m^3/亩。

若计算时段较长，湿润层加深，则在水量平衡方程式右侧加上因计划湿润层增加而增加的水量W_H。

当时段末土壤储水量W小于或等于土壤允许最小含水量的土壤储水量时，则应进行灌水。其灌水定额等于土壤允许最大储水量（田间持水量）与时段末土壤储水量W的差值。

旱作物的灌溉制度随作物种类和地区不同而异。当采用喷灌、滴灌、地下灌溉或进行某些特种灌溉（如施肥灌溉、洗盐灌溉、防冻灌溉、降温灌溉、引洪淤灌等）时，灌溉制度必须按不同要求另行制定。对于旱缺水地区，可以制定关键时期的灌水、限额灌水或不充分灌水的灌溉制度，以求得单位水量的增产量最高或灌区总产值最高。

陕北地区农业作物有玉米、糜子、马铃薯、小麦等。随着经济的快速发展，马铃薯种植目前已经成为陕北地区经济发展的传统产业，也是该地区近年来发展的主要经济作物和特色产业，仅次于玉米。马铃薯是需水量多的农作物种类之一，其块茎产量高低与生育期中土壤水分供应状况密切相关，它的需水量是一个从少到多再到少的过程，从出苗开始逐渐增多，盛花期达到最大值，之后快速下降。根据以上的作物发展形势，着重对项目区域马铃薯和玉米两种作物的灌溉模式制度进行分析，对于节水措施下的作物灌溉制度，本次只对喷灌与滴灌两种灌溉方式进行探讨。

（1）未改良土壤灌溉制度

未改良土壤灌溉制度是指在不考虑任何节水措施、高效节水灌溉制度的前提下，作物在播种前和全生育期普通的地面灌溉时，所实施的灌溉制度，包括灌水定额、灌溉定额以及灌水次数。根据《陕西省行业用水定额》，陕北地区长城沿线风沙滩区（包括定边、靖边、横山、榆林、神木、府谷）农业作物的用水定额，本次考虑干旱期75%保证率情况下作物的灌溉定额。其中，马铃薯灌溉定额为180 m^3/亩；充分灌溉下玉米灌溉定额为245 m^3/亩，非充分灌溉下玉米灌溉定额为155 m^3/亩，考虑当地水资源的情况，本次玉米灌溉定额取两者的平均值，为200 m^3/亩。表7.2和表7.3分别为马铃薯和玉米在一般情况下灌溉制度的情况。

表 7.2　一般情况下马铃薯的灌溉制度

作物名称	作物组成（%）	灌水次序	作物生育期	灌溉定额（m^3/亩）	灌水定额（m^3/亩次）	灌水次数（次）
马铃薯	100	1	播种	180	18	2
		2	苗期		18	2
		3	花期		18	2
		4	块根形成		18	2
		5	成熟期		18	2

表 7.3　一般情况下玉米的灌溉制度

作物名称	作物组成（%）	灌水次序	作物生育期	灌溉定额（m^3/亩）	灌水定额（m^3/亩次）	灌水次数（次）
玉米	100	1	播种期	200	40	1
		2	幼苗期		40	1
		3	拔节期		40	1
		4	抽穗期		40	1
		5	灌浆期		40	1

（2）节水设备措施下的灌溉制度

①喷灌措施下的灌溉制度

喷灌节水效果显著，水的利用率可达 80%。一般情况下，喷灌与地面灌溉相比，喷灌 1 m^3水可以达到地面灌溉 2 m^3的效果。采用喷灌后，节省了灌溉水量，在此情况下马铃薯和玉米作物的灌溉定额将会比普通地面灌溉下灌溉定额较小。根据《陕西省行业用水定额》，喷灌与地面灌溉相比，喷灌灌溉条件下灌溉定额要乘以折减系数，喷灌折减系数为 0.7，即喷灌灌溉定额 = 地面灌溉定额 ×0.7。灌溉定额减小，相应的灌水定额和灌水次数也要进行调整，本次减少灌水定额，灌水次数不变。采用喷灌后，马铃薯灌溉定额为 126 m^3/亩，玉米灌溉定额为 140 m^3/亩，马铃薯和玉米的灌溉制度详见表 7.4 和表 7.5。

表 7.4　喷灌措施下马铃薯的灌溉制度

作物名称	作物组成（%）	灌水次序	作物生育期	灌溉定额（m^3/亩）	灌水定额（m^3/亩次）	灌水次数（次）
马铃薯	100	1	播种	126	12.6	2
		2	苗期		12.6	2
		3	花期		12.6	2
		4	块根形成		12.6	2
		5	成熟期		12.6	2

表 7.5　喷灌措施下玉米的灌溉制度

作物名称	作物组成（%）	灌水次序	作物生育期	灌溉定额（m^3/亩）	灌水定额（m^3/亩次）	灌水次数（次）
玉米	100	1	播种期	140	28	1
		2	幼苗期		28	1
		3	拔节期		28	1
		4	抽穗期		28	1
		5	灌浆期		28	1

②滴灌措施下的灌溉制度

滴灌是干旱缺水地区最有效的一种节水灌溉方式，其水的利用率可达 95%。滴灌较喷灌具有更高的节水增产效果，同时可以结合施肥，提高肥效 1 倍以上。根据《陕西省行业用水定额》，滴灌与地面灌溉相比，滴灌灌溉条件下灌溉定额要乘以折减系数，滴灌折减系数为 0.65，即滴灌灌溉定额 = 地面灌溉定额 ×0.65。灌溉定额减小，相应的灌水定额和灌水次数也要进行调整，本次减少灌水定额，灌水次数不变。采用滴灌制度后，马铃薯灌溉定额为 117 m^3/亩，玉米灌溉定额为 130 m^3/亩，具体作物的灌溉制度详见表 7.6 和表 7.7。

表 7.6　滴灌措施下马铃薯的灌溉制度

作物名称	作物组成（%）	灌水次序	作物生育期	灌溉定额（m^3/亩）	灌水定额（m^3/亩次）	灌水次数（次）
马铃薯	100	1	播种	117	11.7	2
		2	苗期		11.7	2
		3	花期		11.7	2
		4	块根形成		11.7	2
		5	成熟期		11.7	2

表 7.7　滴灌措施下玉米的灌溉制度

作物名称	作物组成（%）	灌水次序	作物生育期	灌溉定额（m^3/亩）	灌水定额（m^3/亩次）	灌水次数（次）
玉米	100	1	播种期	130	26	1
		2	幼苗期		26	1
		3	拔节期		26	1
		4	抽穗期		26	1
		5	灌浆期		26	1

（3）复配土措施下的灌溉制度

根据试验结果，砒砂岩与沙复配土具有保水和节水的特性，保水时间一般为 7 天左右，按照每次 1 m^3/亩的水量滴灌，1 m^3/亩水量可以利用 7 天左右，可推算出水量利用系数大约为0.86,在复配土种植作物的条件下灌溉定额要乘以折减系数,根据比拟法,计算得到折减系数大约为0.65,即复配土下的灌溉定额 = 地面灌溉定额 ×0.65。灌溉定额减小,相应的灌水定额和灌水次数也要进行调整,本次减少灌水定额,灌水次数不变。马铃薯灌溉定额为117 m^3/亩,玉米灌溉定额为130 m^3/亩,复配土节水效果后的作物灌溉定额与滴灌条件下作物灌溉定额一致,说明复配土的节水效果基本达到滴灌节水的效果。具体作物的灌溉制度详见表7.8和表7.9。

表7.8 复配土措施下马铃薯的灌溉制度

作物名称	作物组成(%)	灌水次序	作物生育期	灌溉定额(m^3/亩)	灌水定额(m^3/亩次)	灌水次数(次)
马铃薯	100	1	播种	117	11.7	2
		2	苗期		11.7	2
		3	花期		11.7	2
		4	块根形成		11.7	2
		5	成熟期		11.7	2

表7.9 复配土措施下玉米的灌溉制度

作物名称	作物组成(%)	灌水次序	作物生育期	灌溉定额(m^3/亩)	灌水定额(m^3/亩次)	灌水次数(次)
玉米	100	1	播种期	130	26	1
		2	幼苗期		26	1
		3	拔节期		26	1
		4	抽穗期		26	1
		5	灌浆期		26	1

(4)综合节水措施下的灌溉制度

本次所阐述的综合节水措施下的灌溉制度是指在复配土种植作物条件下,同时采用节水设备措施的双重节水措施下的灌溉制度。在复配土种植作物的条件下灌溉定额要乘以折减系数,折减系数为0.65,同时采用喷灌措施,则综合措施下折减系数为0.46(0.70 ×0.65 =0.46);同样,复配土种植作物条件下,同时采用滴灌措施,则综合措施下折减系数为0.43(0.65 ×0.65 =0.43)。具体作物的灌溉制度详见表7.10 ~ 表7.13。

表7.10 复配土及喷灌措施下马铃薯的灌溉制度

作物名称	作物组成(%)	灌水次序	作物生育期	灌溉定额(m^3/亩)	灌水定额(m^3/亩次)	灌水次数(次)
马铃薯	100	1	播种	80	8	2
		2	苗期		8	2
		3	花期		8	2
		4	块根形成		8	2
		5	成熟期		8	2

表 7.11　复配土及喷灌措施下玉米的灌溉制度

作物名称	作物组成(%)	灌水次序	作物生育期	灌溉定额(m^3/亩)	灌水定额(m^3/亩次)	灌水次数(次)
玉米	100	1	播种期	90	9	2
		2	幼苗期		9	2
		3	拔节期		9	2
		4	抽穗期		9	2
		5	灌浆期		9	2

表 7.12　复配土及滴灌措施下马铃薯的灌溉制度

作物名称	作物组成(%)	灌水次序	作物生育期	灌溉定额(m^3/亩)	灌水定额(m^3/亩次)	灌水次数(次)
马铃薯	100	1	播种	75	7.5	2
		2	苗期		7.5	2
		3	花期		7.5	2
		4	块根形成		7.5	2
		5	成熟期		7.5	2

表 7.13　复配土及滴灌措施下玉米的灌溉制度

作物名称	作物组成(%)	灌水次序	作物生育期	灌溉定额(m^3/亩)	灌水定额(m^3/亩次)	灌水次数(次)
玉米	100	1	播种期	85	8.5	2
		2	幼苗期		8.5	2
		3	拔节期		8.5	2
		4	抽穗期		8.5	2
		5	灌浆期		8.5	2

由表 7.10～表 7.13 可以看出，复配土结合喷灌、滴灌节水措施，马铃薯和玉米的灌溉定额分别缩减为 80 m^3/亩、75 m^3/亩和 90 m^3/亩、85 m^3/亩，复配土条件下的节水灌溉使作物种植用水量明显减少。

马铃薯生育期不同阶段灌溉原则和标准如表 7.1 所示。

7.2.3　水土资源供需平衡分析

7.2.3.1　灌溉水源分析

(1)地下水资源

大纪汗项目区地下水为侏罗纪三叠系碎屑岩裂隙潜水和第四系冲击层孔隙潜水，据实地调查和多种资料，项目区是长城沿线以北风沙草滩区中强富水区域。

据陕西省国土资源厅、陕西省地质矿产研究所完成的《陕北能源化工基地地下水勘查项目成果》结果，在上更新世，该区域河流湖泊作用显著，广泛堆积了厚度不等的萨拉乌素组沉积物，形成该区域最主要的含水层，是榆林风沙草滩区地下水资源比较富集的区域。

项目区内地下水资源可开采模数为 8.70 万 $m^3/(km^2 \cdot a)$，地下水埋深 1.2 ~ 2.9 m。

据陕西省地下水工作队《榆林地区榆林、横山风沙滩区地下水资源评价》，该区属于上更新统冲积湖积粉细砂裂隙孔隙水（萨拉乌素组潜水），萨拉乌素组所在层厚度为 38.96 ~ 45.52 m，基岩地质属于白垩系下统洛河组。平均渗透系数 7.21 m/d，单井涌水量 493.93 ~ 720.0 m^3/d 。

项目区潜水主要接受大气降水补给、地下水侧向径流补给、凝结水补给及灌溉回归补给，由于地下水位埋深较浅，加之项目区目前人烟稀少，故其主要排泄途径是蒸发及侧向径流排泄。

（2）区域水循环

区域水循环模式：大纪汗项目区深处内陆干旱区，水循环主要为内陆循环，项目区存在三个水循环系统。

区域大循环：陆地上的水一部分或全部通过地面、水面蒸发和植物蒸腾形成水汽，被气流带到上空冷却凝结，在适宜的条件下形成降水，仍降落到陆地上，完成区域大循环。

区域小循环：区域内地下水补给来源主要为降水、地表凝结水和周围侧向径流，项目区灌溉用水主要来源为抽取地下水，灌溉到地面的水一部分通过入渗补给地下水，形成区域小循环。

内部小循环：项目区在灌溉期地下水位相对下降，地表水通过侧向径流补给地下水，在非灌溉期地下水位上升，此时地下水补给地表水，构成两者之间的交替循环。

（3）地下水平衡分析

区域地下水存在年际波动。选取榆阳区两个典型井（429 号井、432 号井），对项目区地下水位变化特征进行分析。其中 429 号井水位相对较深，平均水位在 6 m 左右；432 号井水位较浅，平均水位在 2 m 左右。

从图 7.1 可以看出，两个井地下水位 1992 年以来变化趋势大致相同，整体呈现“上升—下降—上升—下降”的变化过程。地下水位较浅的 432 号井波动明显大于 429 号井。

经实地考察取样，大纪汗项目区机灌井水位平均在 14 m 左右，小纪汗地下水位相对较浅，平均水位在 3 m 左右。大纪汗项目区地势较高，地下水补给主要为侧向径流补给和降水补给。

大纪汗项目区地下水抽取主要在灌溉期，在此期间地下水位下降，在非灌溉期间周围地下水会补给项目区，灌溉期地下水位低于自然条件下地下水位，地下水位存在短期年内波动，但对整体地下水平衡影响较小（图 7.2）。其中，图（1）为本项目区自然状态下的地下水位；图（2）为项目区灌溉期抽取地下水时地下水位的变化；图（3）为项目区非灌溉期地下水可能恢复情况；图（4）为过度抽取地下水可能对地下水平衡造成的极端影响。

由于项目区总灌溉用水量较小，地下水位一般会如图 7.2（3）中的情况而略有下降；

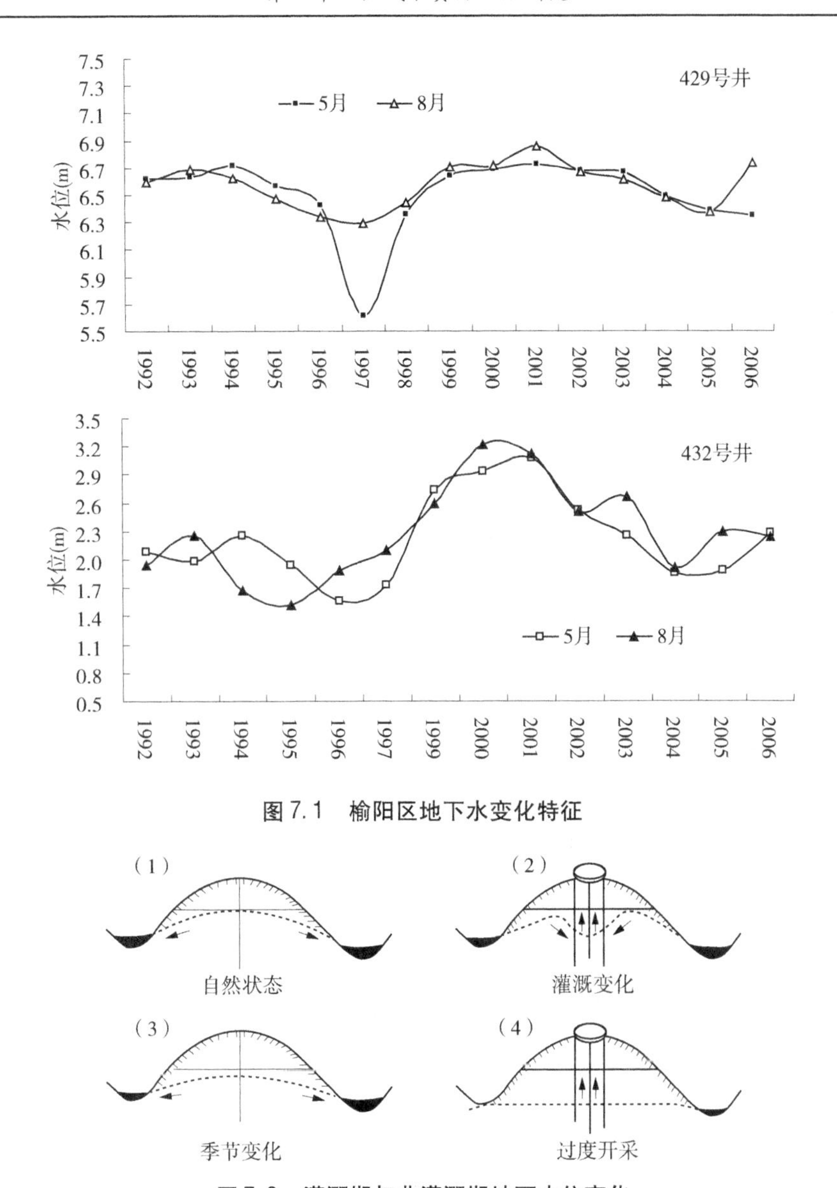

图 7.1　榆阳区地下水变化特征

图 7.2　灌溉期与非灌溉期地下水位变化

由于该区地下水埋深在 15 m 左右,荒漠植物根系无法到达,也不会影响植物生长。

7.2.3.2　地下水均衡分析

地下水均衡计算按照下面公式进行计算:

$$W_a - W_b = \frac{\mu \Delta h F}{\Delta t} \qquad \text{(公式 7.3)}$$

式中　W_a——地下水总补给量,m^3/a;

W_b——地下水总排泄量,m^3/a;

μ——水位变幅带含水层给水度,取 0.55;

Δt——计算时段,a;

Δh——计算时段始末地下水位埋深差值,m;

F——均衡区计算面积,考虑机井开采地下水影响半径,均衡区面积计算时从项目区边缘外放 120 m,在 1∶2 000 实测地形图上量取面积为 17.6 km^2。

(1)补排量计算

①补给量计算

项目区潜水主要接受大气降水入渗补给及侧向径流补给。

a. 降水入渗补给量

项目区多年平均降水量为 398.3 mm,平均径流深 14.1 mm,单位面积自产径流量 4.81 万 m^3。按照下面公式计算降水入渗补给量:

$$Q_{降} = a_{降} \cdot F \cdot P \qquad (公式 7.4)$$

式中　$Q_{降}$——降水入渗补给量,m;

$a_{降}$——降水入渗补给系数,取 0.25;

P——年降水量,m/a;

F——均衡区计算面积,km^2;

经计算,$Q_{降}$ = 175.25 万 m^3/a。

b. 侧向径流补给量

侧向径流补给量主要是均衡区周边对此均衡区内的补偿量,用达西公式计算:

$$Q_{侧补} = K \cdot I \cdot h \cdot L \times 10^{-4} \qquad (公式 7.5)$$

式中　$Q_{侧补}$——侧向径流补给量,万 m^3/a;

I——水力坡度,在 1∶50 000 等水位图上量取为 0.1;

K——渗透系数,取 2.47m/d;

h——含水层厚度,按钻孔剖面图确定,取 60 m;

L——补给带长度,在 1∶2 000 实测地形图上量取为 17 992 m。

经计算,侧向径流补给量 $Q_{侧补}$ = 26.66 万 m^3/a。

c. 凝结水补给量

按下面公式计算:

$$Q_n = C_2 \cdot F \cdot t \qquad (公式 7.6)$$

式中　Q_n——凝结水补给量,m^3;

C_2——凝结水补给模数,127.94 $m^3/(km^2 \cdot d)$;

F——均衡区计算面积,km^2;

t——年补给天数,取 92 天。

经计算,Q_n = 20.71 万 m^3/a。

因此,项目区地下水多年平均补给量为 222.62 万 m^3/a。

②排泄量计算

项目区潜水的水位埋深 1.5~4.0 m,其排泄的主要途径为蒸发和侧向径流排泄。

a. 潜水蒸发量计算

潜水蒸发量用以下公式计算:

$$E = C \cdot E_0 \cdot F \qquad \text{(公式 7.7)}$$

式中　E——潜水蒸发量,m^3;

C——潜水蒸发系数,取 0.08;

E_0——水面蒸发深度(E_{601}),取 1.3 m;

F——均衡区计算面积,km^2。

经计算,项目区潜水蒸发量 E = 183.04 万 m^3/a。

b. 侧向径流排泄量计算

计算方式同侧向补给量,经计算项目区侧向排泄量 $Q_{侧排}$ = 26.66 万 m^3/a。

因此,项目区总排泄量 $Q_{总排} = E + Q_{侧排}$ = 209.7 万 m^3/a。

项目区潜水多年均衡计算结果详见表 7.14。

从表 7.14 可以看出,项目区潜水位变幅与潜水位动态基本一致,说明地下水资源评价参数的选取比较合理,计算的结果是可信的。

表 7.14　地下水均衡分析统计表

多年平均总补给(万 m^3/a)	多年平均总排泄量(万 m^3/a)	补排差(万 m^3/a)	Δh(m)
222.62	209.7	12.92	0.13

(2)地下水可开采量计算

采用可开采系数法,按下面公式计算:

$$Q_{可} = \rho \cdot W_a \qquad \text{(公式 7.8)}$$

式中　$Q_{可}$——可开采量,m^3/a;

ρ——可开采系数,取 0.423;

W_a——总补给量,m^3/a。

计算得到的项目区潜水多年平均可开采量为 94.17 万 m^3/a。

7.2.3.3　一般状况下的需水量计算

项目区内蓄水量均为灌溉用水。

(1)喷灌区内作物种类及种植面积

项目区作物复种指数为 1.0,总种植面积 1 205.26 hm^2(18 078.90 亩),全部种植马铃薯。

(2)设计灌溉系数

喷洒水利用系数 80%,设计灌溉保证率 75%。

(3)灌溉定额的确定

结合灌水方式,根据《陕西省行业用水定额》及陕北地区长城沿线风沙滩区(包括定边、靖边、横山、榆林、神木、府谷)农业作物的用水及定额,结合当地实际,确定项目区马铃薯的灌溉定额(见表 7.15)。

表 7.15 作物灌溉制度表（$P=75\%$）

作物名称	灌水次序	作物生育期	灌水定额（m^3/亩次）	灌水时间	
马铃薯	1	播种	20	4 月 15 日	4 月 22 日
	2	苗期	20	5 月 15 日	5 月 22 日
	3	花期	20	6 月 15 日	7 月 22 日
	4	块根形成	20	8 月 15 日	8 月 22 日
	5	成熟期	20	8 月 22 日	8 月 29 日

根据作物灌溉定额，经计算作物需水量为 225.99 万 m^3/a。

7.2.3.4 可供水量计算

项目区灌溉水源为开采地下水，可供水量为地下水可开采量，由表 7.16 可知，近 60 年平均降水量下，地下水可开采量为 94.17 万 m^3/a。

7.2.3.5 供需平衡分析

由于项目区实施后，井灌水对地下水有回归补给，故供需平衡差为：

$$\Delta Q = Q_{可} - Q_{需} + Q_{井} \quad （公式 7.9）$$

式中 ΔQ——供需平衡差，万 m^3/a；

$Q_{可}$——可开采量，万 m^3/a；

$Q_{需}$——总需水量，万 m^3/a；

$Q_{井}$——井灌回归补给可开采量，万 m^3/a。

井灌回归补给可开采量依下式计算：

$$Q_{井} = \beta \cdot Q_{灌} \cdot \rho \quad （公式 7.10）$$

式中 β——井灌回归系数，取 0.25；

$Q_{灌}$——灌溉用水量；

ρ——可开采系数。

经计算分析，项目区供需水量平衡计算成果详见表 7.16。

表 7.16 不同降水条件下供需水量平衡计算表

项目	降水量（mm）	可开采量（万 m^3/a）	灌溉需水量（万 m^3/a）	井灌溉回归补给量（万 m^3/a）	供需平衡差（万 m^3/a）
全年临界状态	371.6	89.20	225.99	9.43	-127.36
近 60 年平均	398.3	94.17	225.99	9.96	-121.96
近 10 年平均	418.5	97.93	225.99	10.36	-117.7

进行区域供需平衡计算，即$\Delta Q = Q_{可} - Q_{需} + Q_{井} = 0$，$Q_{需} = Q_{可} + Q_{井}$，由表 7.16 可知，临界降水量为 371.6 mm，降水补给为 163.63 万 m^3/a，地下水总补给为 290.91 万 m^3/a，区域地下水可开采量为 89.20 万 m^3/a，灌溉需水量为 225.99 万 m^3/a，水资源供需不平衡，其缺水量为 127.36 万 m^3/a，以近 10 年降水为例，降水量为 418.5 mm，其高于临界降水量 371.6 mm。经计算，区域地下水可开采量为 97.93 万 m^3/a，$\Delta Q = Q_{可} - Q_{需} + Q_{井} = -117.7$万 m^3/a，说明地下水供给不能满足区域需水量的要求。

由于近10年当地降水变化较大,降水有一定的增加趋势,因此对该时段地下水供需关系研究有现实意义。计算结果表明:与近60年地下水情况相比,近10年供需平衡差值更大,但仍不能满足区域灌溉需水的要求。

表7.17 灌溉期供需水量平衡计算表

项目	降水量(mm)	可开采量(万 m^3/a)	灌溉需水量(万 m^3/a)	井灌溉回归补给量(万 m^3/a)	供需平衡差(万 m^3/a)
全年临界状态	371.6	89.20	225.99	9.43	-127.36
灌溉期(4~8月)	290.6	74.12	225.99	7.84	-144.03
非灌溉期	101.4	99.65	0	0	99.65

注:每年4~8月为农作物灌溉期,其余月份为非灌溉期。

从表7.17可以看出,近60年灌溉期平均降水量为290.6mm。经计算,在该降水条件下,工程区灌溉需水量大于当地可供给量,供需平衡差为负值(-144.03万 m^3/a),即供小于需,是一年中地下水下降的重要时期,因此可能会对项目区周围植物生长和环境造成一定影响。

从表7.18可以看出,灌溉期4~8月随着降水量的增加,项目区地下水的供给与需求量在逐步缩小,供需平衡差逐步缩小。

表7.18 不同月份降水条件下供需水量平衡计算表

序号	降水量(mm)	可开采量(万 m^3/a)	灌溉需水量(万 m^3/a)	井灌溉回归补给量(万 m^3/a)	供需平衡差(万 m^3/a)
4月	21.5	15.85	45.16	1.68	-27.63
5月	31.1	17.73	45.16	1.88	-25.55
6月	41.3	19.73	45.16	2.09	-23.35
7月	86.1	28.16	45.16	2.98	-14.02
8月	110.6	32.81	45.16	3.47	-8.88

根据项目区不同降水条件下、灌溉期以及不同月份降水条件下水资源供需平衡计算,项目区地下水资源供给难以满足灌溉需水的要求。因此,针对项目区水资源条件,需要以供定需,通过采取节水灌溉措施、复配土节水措施的方式使区域水资源供需平衡,可持续利用。

7.3 砒砂岩与沙复配土节水效益分析

砒砂岩自身较高的保水持水性,使砒砂岩与沙复配土保水持水性相对于沙明显提高。在毛乌素沙地日照强、水分蒸发速率高的地区,复配土较强的水分持有能力将充分发挥其节水效益,再结合一定的灌溉制度,将大大提高毛乌素沙地复配土示范区的节水效益。

7.3.1 复配土节水及保水特性研究

7.3.1.1 复配土的持水性和保水性

通过前期试验,砒砂岩(直径在2~3 cm)与沙1:2混合后的保水性结果分析如图7.3

所示。

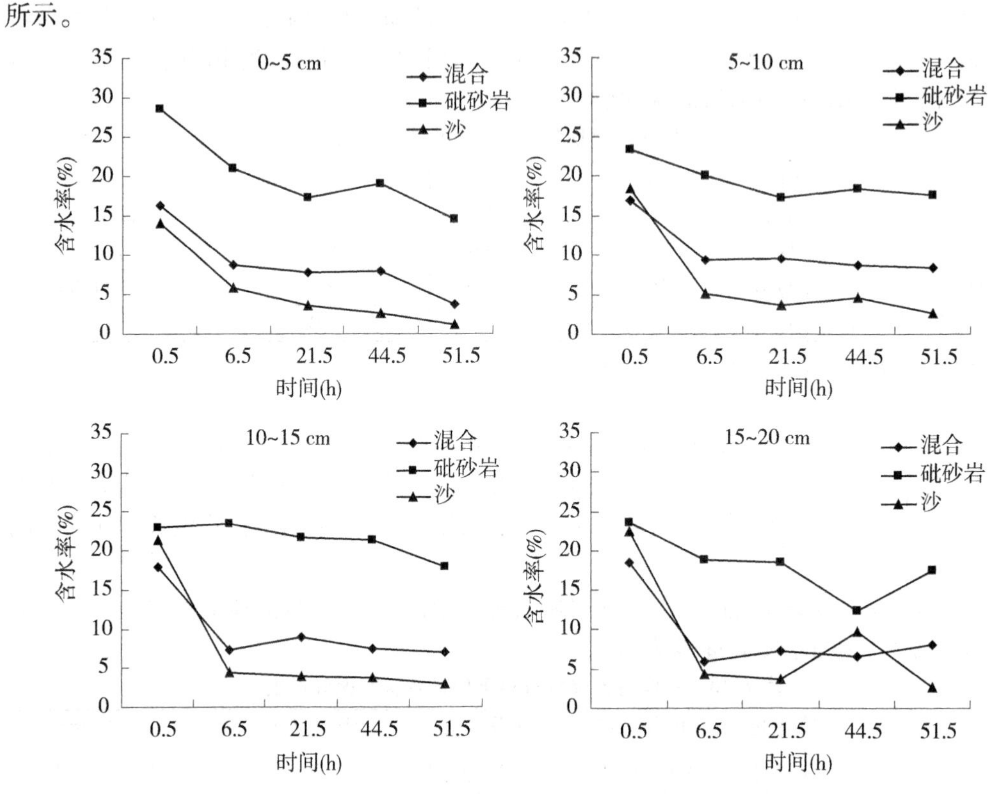

图 7.3　砒砂岩、沙和二者混合物土壤含水率随时间的变化

灌水 0.5 h 后，地表明水面消失时进行第一次取样，此时土壤含水率反映了土壤的持水能力。0 ~ 5 cm 土壤表层砒砂岩、沙、砒砂岩与沙 1∶2 混合物的含水率分别为 28.62%、13.99%、16.24%，即含水率由大到小依次为砒砂岩 > 砒砂岩与沙 1∶2 混合物 > 沙，5 ~ 10 cm、10 ~ 15 cm 和 15 ~ 20 cm 土层含水率为砒砂岩最高，沙的含水率大于砒砂岩与沙 1∶2 混合物。这说明在持水性能方面，砒砂岩最优，砒砂岩与沙混合物和沙次之。

51.5 h 内无降雨，土壤水分没有补给，均为蒸发损失。0 ~ 5 cm、5 ~ 10 cm、10 ~ 15 cm 和 15 ~ 20 cm 4 个土层土壤含水率均随着时间的延长而降低。各土层含水率表现为砒砂岩 > 1∶2 混合物 > 沙，砒砂岩含水率最高，较砒砂岩与沙 1∶2 混合物含水率高 46.89% ~ 74.63%，较沙含水量高 72.16% ~ 92.42%。这表明 3 种土壤保水性能的强弱顺序为：砒砂岩 > 1∶2 混合物 > 沙。

6.5 h 内土壤水分损失量最大，0 ~ 5 cm 表层砒砂岩、沙、1∶2 混合物水分损失量分别为 7.63%、8.15% 和 7.5%，占 51.5 h 总水分损失量的 54.27%、63.22% 和 59.74%，其余各层土壤也有类似的规律，说明灌水后沙的土壤水分损失最快，砒砂岩和 1∶2 混合物次之，且一半以上水分损失发生在灌水后 6.5 h 内。灌水后 21.5 h，砒砂岩、沙和 1∶2 混合物 3 种土壤各层水分损失的平均量分别占 51.5 h 损失的量的 73.41%、90.96% 和 78.33%。随时间的延长，水分损失量减少，且损失速率逐渐降低。沙的土壤水分损失最快，砒砂岩略慢于砒砂岩与沙 1∶2 混合物。

土壤水分损失量和损失速率,反映了土壤的持水能力和供水能力的强弱。水分损失速率取决于土壤初始含水量的高低和保水能力。由图 7.4 可知,从 51.5 h 内各层土壤水分的损失速率来看,0 ~5 cm 土层受大气控制最为显著,三种土壤水分损失速率相当;5 cm以下各层土壤水分损失速率为:沙 >1∶2 混合物 > 砒砂岩,说明砒砂岩自身的保水能力最强,1∶2 混合物次之,沙最差。

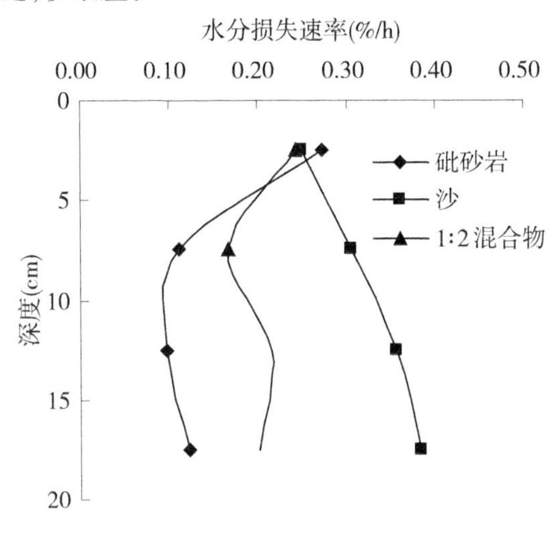

图 7.4　砒砂岩、沙和二者混合物土壤水分损失速率

7.3.1.2　**砒砂岩与沙复配土的持水、保水原理分析**

通过上述分析可知,砒砂岩与沙按 1∶2 比例混合后,土壤的保水性较沙大幅度提高,略低于砒砂岩岩块。为进一步分析砒砂岩与沙混合保水能力增强的原理,用沙作为对照,将砒砂岩与沙进行 1∶2 充分混合,并将其饱和后,分层取样,取样时将砒砂岩岩块从混合物中剥离出来,分别测定岩块和混合物的含水量。监测共进行 1 110 h,监测过程天气状况见表 7.19。

表 7.19　监测过程天气状况

时间(h)	气温(℃)	蒸发量(mm)	降水量(mm)	时间(h)	气温(℃)	蒸发量(mm)	降水量(mm)
6	17	1.4	0	390	13.5	3.2	0
18	16	1.9	0	438	10	6.9	1.5
30	17	2.8	0	510	7	5.8	0
42	16	1.3	0.3	606	5	2.3	0
54	16	6.4	15.6	678	7	8.9	0
102	12	0.9	0	798	8	4.9	0
294	14	1.3	0	894	8	6.8	0
318	11	1.4	0	990	14	7	0
342	16	2	0	1 110	10	10	0

由图 7.5 可知,灌水后 6 h,沙的含水量为 15.90%,随时间延长,含水量不断降低。

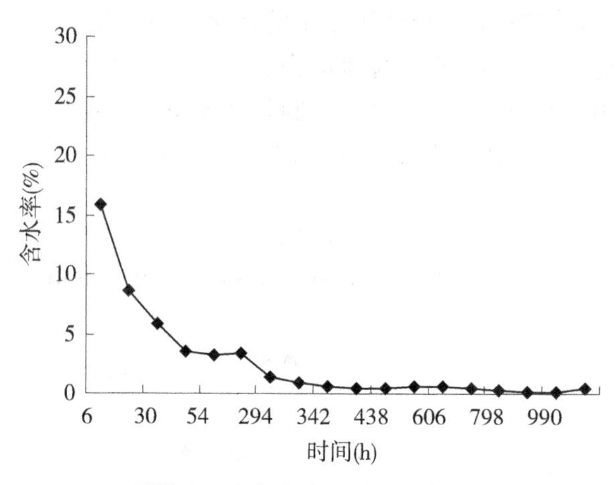

图 7.5　沙含水率随时间的变化

由于在灌水后 54 ~ 102 h 发生 15.6 mm 降雨,在 102 h 时土壤含水量略微提高,随后继续降低。在 390 h 时含水量降低到 0.49%,之后沙含水量趋于稳定。在该天气条件下,水分损失仅为蒸发时,沙的保水时间不长于 390 h。灌水后 6 h,砒砂岩、砒砂岩与沙混合物含水量各层平均值为 16.21%、19.36%,均大于沙的含水量 15.90%,说明砒砂岩与沙混合后土壤持水性能高于沙的持水性能。灌水后 390 h 时,砒砂岩以及混合物 0 ~ 5 cm、5 ~ 10 cm、10 ~ 15 cm、15 ~ 20 cm、20 ~ 30 cm 各层土壤含水量分别为 22.16% 和 9.53%、15.69% 和 8.28%、19.12% 和 8.59%、19.05% 和 9.49%、16.47% 和 10.96%,均大于沙的含水量,且砒砂岩岩体含水量高于混合物含水量。

图 7.6 所示为砒砂岩岩块与沙混合物在 1 110 h 内不同深度的含水量,可以看出砒砂岩、砒砂岩与沙的混合物均随时间延长呈波动性降低趋势。各层土壤砒砂岩岩块的含水率均高于混合物的含水率。1 110 h 内各土层含水率变化速率方面,0 ~ 5 cm 表层砒砂岩及其混合物的水分损失速度均高于其他各层,且砒砂岩岩块和混合物水分损失速率相当;5 ~ 10 cm、10 ~ 15 cm、15 ~ 20 cm、20 ~ 30 cm 土层砒砂岩岩块水分损失速率低于混合物水分损失的速率。

如表 7.20 所示,1 110 h 内土壤水分损失量变化,不同深度砒砂岩水分损失量分别为 18.08%、12.93%、8.08%、3.46%、10.91%,平均损失量 10.69%;而砒砂岩与沙混合物水分损失量分别为 13.97%、13.75%、11.11%、9.45%、15.05%,平均损失量 12.67%;沙的水分损失量为 15.50%。由此可知,砒砂岩的持水能力最强,砒砂岩与沙混合次之,沙最差。以上说明,砒砂岩岩块自身的持水能力和保水能力较强,与沙混合后将岩块自身保持的水分缓慢地向环境中释放,提高混合土壤的保水能力,并延长土壤水分的储存时间。

7.3.1.3　砒砂岩与沙复配土的保水、持水性研究结论

试验结果表明,砒砂岩与沙混合后,复配土的持水性和保水性较沙大幅度提高,略低于砒砂岩岩块。复配土的有效持水量随着砒砂岩比例的增大而增大,充分说明了砒砂岩的保水特性。同时,由于砒砂岩质地致密,部分无效孔隙吸附了一部分水不能为作物所利用,随着砒砂岩比例的增大,萎蔫点逐渐变大。

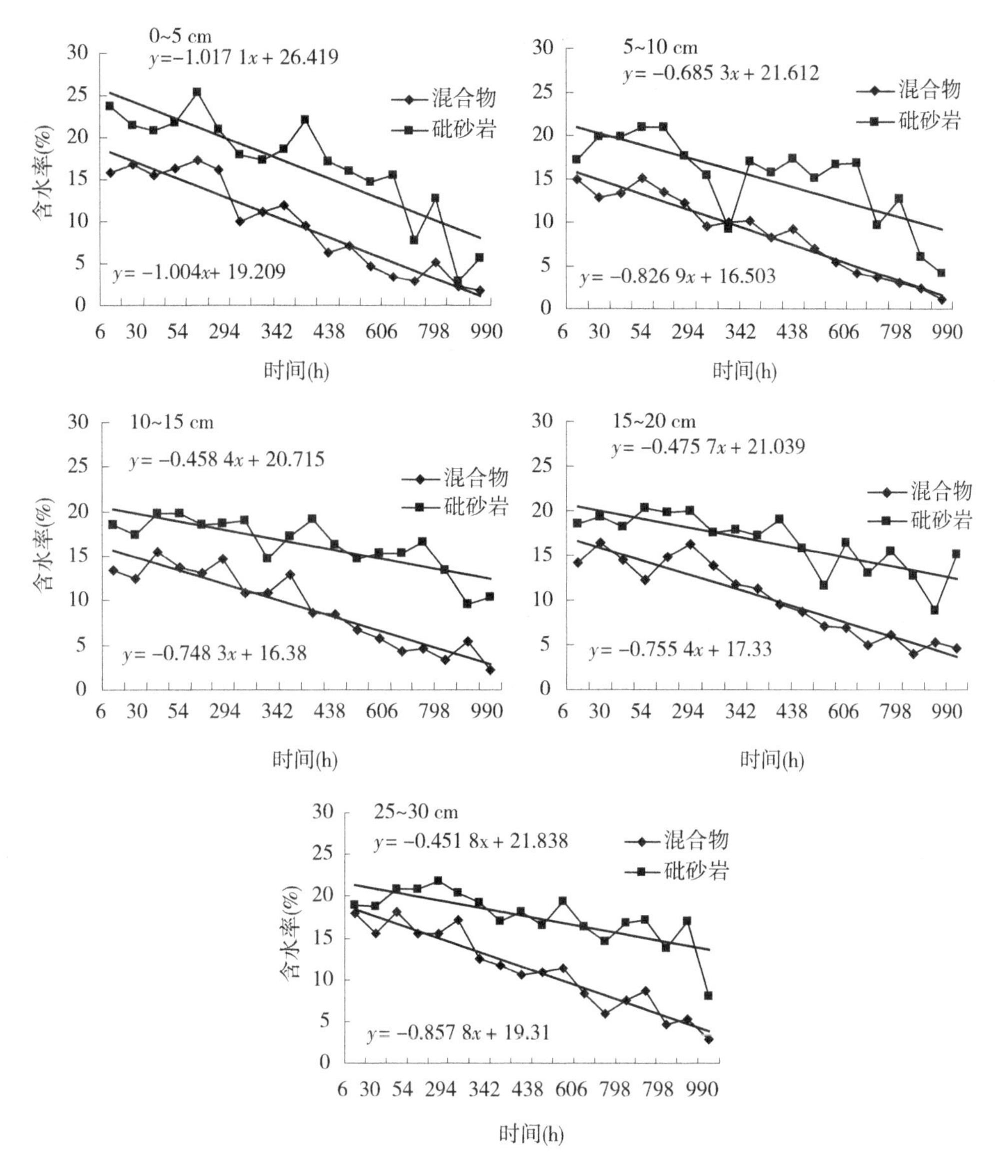

图 7.6　砒砂岩岩块与沙混合物土壤含水率随时间的变化

表 7.20　1 110 h 土壤水分损失量的变化情况

深度(cm)	砒砂岩与沙混合物(%)	砒砂岩(%)
0 ~ 5	13. 97	18. 08
5 ~ 10	13. 75	12. 93
10 ~ 15	11. 11	8. 08
15 ~ 20	9. 45	3. 46
20 ~ 30	15. 05	10. 91

砒砂岩与沙复配土因混合比例不同,其持水保水能力也不同,持水能力(有效水分)

随复配土中的砒砂岩含量的增加而增加,土壤有效水的绝对含量(速效水/全有效水)在砒砂岩含量小于或等于风沙土时,随砒砂岩含量增加而减小,表明此时作物的可利用水分量在下降;而在砒砂岩含量大于风沙土时,土壤有效水的绝对含量随砒砂岩含量的增加而有略微增加趋势,虽然作物可利用水分有所上升,但增加趋势不明显。在风沙土中加入一定量的砒砂岩后,可以增加复配土中的有效水分含量,增强土壤的持水能力,达到天旱而地不旱的效果,从而为作物生长提供必要的水分支持。

砒砂岩与沙复配后,既避免了砒砂岩易板结,又改善了沙土极易损失水分的性质,砒砂岩与沙互相弥补了各自性质上的不足。混合后的土壤持水能力大大加强,在沙土中形成很多"小水库"。在土壤水分充足时,砒砂岩吸收大量的水分保存起来,减少了沙地的水分渗漏;当土壤干旱缺水时,其所吸持的水分在基质势和渗透压作用下,缓慢释放供给植物吸收利用,有效防止了水分的流失和无效蒸发,达到保墒抗旱、天旱而地不旱的效果,减少了沙地水分的深层渗漏和快速蒸发,提高了灌溉水或降水的利用效率,为植物增产提供了有利条件,有效延长了作物生命给水时间。

7.3.2　试验田复配土节水及保水效果对比分析

通过田间种植,一周灌溉 2 次,每次灌溉水量 3 ~5 m^3/亩,在相同的灌溉制度下,对复配土(覆盖砒砂岩与沙混合后)和沙地的种植作物状况进行对比分析。如图 7.7 所示为田间种植作物整体的对比情况,很明显,复配土种植的作物生长密度比沙地种植的作物生长密度要大,生长势要好。如图 7.8 所示为田间作物生长状况局部对比情况,由图可见复配土种植的作物叶面大、茂密,果实开出白色小花;沙地种植的作物叶面小、稀疏,茎部已经枯萎,复配土种植的作物高度比沙地种植的作物要高,株茎要粗。由此可知,复配土的保水性强,"土壤"间的空隙紧密,而沙的流动性强,保水性差,水分不易存储。

在相同灌溉制度下,复配土的保水性明显比沙地的保水性要好。通过对示范项目区域调查分析,复配土的耕作层土壤湿润,而沙地的耕作层土壤干燥,基本没有水分。很明显,砒砂岩和沙具有互补性,两个结合到一起,一个保水一个漏水,一个板结一个透气,形成互补。砒砂岩和沙组合后,导水率发生重大变化,沙越多导水越强,砒砂岩越多导水越弱,形成松散透气、结构适宜的胶结土层,对作物生长最有利;砒砂岩内含水分不易渗漏,可减少水分蒸发,而且特别喜水,吸水蓄水功能强,蒸发很慢,保水效果好。

7.4　不同措施灌溉制度水资源平衡分析

7.4.1　一般节水设备措施下灌溉制度

7.4.1.1　喷灌措施下灌溉制度

一般情况下,喷灌与地面灌溉相比,喷灌 1 m^3 水可以达到地面灌溉 2 m^3 水的效果。采用喷灌后,可节省灌溉水量,在此情况下马铃薯和玉米作物的灌溉定额将会比普通地面灌溉下灌溉定额要小。

复配土种植

沙地种植

图7.7　复配土与沙地种植状况整体对比图

根据《陕西省行业用水定额》，喷灌与地面灌溉相比，喷灌灌溉条件下灌溉定额要乘以折减系数，喷灌折减系数为0.7，即喷灌灌溉定额=地面灌溉定额×0.7。灌溉定额减小，相应的灌水定额和灌水次数也要进行调整，本次减少灌水定额，灌水次数不变。采用喷灌后，马铃薯灌溉定额为126 m^3/亩，玉米灌溉定额为140 m^3/亩，具体的灌溉制度详见表7.21和表7.22。

表7.21　喷灌措施下马铃薯的灌溉制度

作物名称	灌水次序	作物生育期	灌水定额（m^3/亩次）	灌水次数（次）
马铃薯	1	播种期	12.6	2
	2	苗期	12.6	2
	3	花期	12.6	2
	4	块根形成期	12.6	2
	5	成熟期	12.6	2

图 7.8　复配土与沙地种植作物状况局部对比图

表 7.22　喷灌措施下玉米的灌溉制度

作物名称	灌水次序	作物生育期	灌水定额（m^3/亩次）	灌水次数（次）
玉米	1	播种期	28	1
	2	幼苗期	28	1
	3	拔节期	28	1
	4	抽穗期	28	1
	5	灌浆期	28	1

7.4.1.2　滴灌措施下灌溉制度

滴灌是干旱缺水地区最有效的一种节水灌溉方式，其水的利用率可达 95%。滴灌较喷灌具有更高的节水增产效果，同时可以结合施肥，提高肥效 1 倍以上。

根据《陕西省行业用水定额》，滴灌与地面灌溉相比，滴灌灌溉条件下灌溉定额要乘以折减系数，滴灌折减系数为 0.65，即滴灌灌溉定额 = 地面灌溉定额 × 0.65。灌溉定额减小，相应的灌水定额和灌水次数也要进行调整，本次减少灌水定额，灌水次数不变。马铃薯灌溉定额为 117 m^3/亩，玉米灌溉定额为 130 m^3/亩，具体的灌溉制度详见表 7.23 和

表 7.24。

表 7.23　滴灌措施下马铃薯的灌溉制度

作物名称	灌水次序	作物生育期	灌水定额（m^3/亩次）	灌水次数（次）
马铃薯	1	播种期	11.7	2
	2	苗期	11.7	2
	3	花期	11.7	2
	4	块根形成期	11.7	2
	5	成熟期	11.7	2

表 7.24　滴灌措施下玉米的灌溉制度

作物名称	灌水次序	作物生育期	灌水定额（m^3/亩次）	灌水次数（次）
玉米	1	播种期	26	1
	2	幼苗期	26	1
	3	拔节期	26	1
	4	抽穗期	26	1
	5	灌浆期	26	1

7.4.2　复配土措施下灌溉制度

根据试验结果，砒砂岩与沙复配土具有保水和节水的特性，保水时间一般为 7 天左右，按照每次 1 m^3/亩的水量滴灌，1 m^3/亩水量可以利用 7 天左右，可推算出水量利用系数大约为 0.86。在复配土种植作物的条件下灌溉定额要乘以折减系数，根据比拟法，计算得到折减系数大约为 0.65，即复配土措施下的灌溉定额 = 地面灌溉定额 ×0.65。灌溉定额减小，相应的灌水定额和灌水次数也要进行调整，本次减少灌水定额，灌水次数不变。马铃薯灌溉定额为 117 m^3/亩，玉米灌溉定额为 130 m^3/亩，复配土措施下项目区马铃薯和玉米两种作物的灌溉制度分别见表 7.25、表 7.26。

表 7.25　复配土措施下马铃薯的灌溉制度

作物名称	灌水次序	作物生育期	灌水定额（m^3/亩次）	灌水次数(次)
马铃薯	1	播种期	11.7	2
	2	苗期	11.7	2
	3	花期	11.7	2
	4	块根形成期	11.7	2
	5	成熟期	11.7	2

表 7.26　复配土措施下玉米的灌溉制度

作物名称	灌水次序	作物生育期	灌水定额（m^3/亩次）	灌水次数(次)
玉米	1	播种期	26	1
	2	幼苗期	26	1
	3	拔节期	26	1
	4	抽穗期	26	1
	5	灌浆期	26	1

7.4.3　复配土节水措施下灌溉制度

复配土与喷灌、滴灌综合节水措施下的灌溉制度，以复配土条件下种植作物的灌溉制度为基础进行研究。

复配土条件下种植作物的灌溉定额要乘以折减系数，折减系数为 0.65，同时采用喷灌措施，则综合措施下折减系数为 0.46（$0.70\times0.65=0.46$）；同样，复配土种植作物条件下，同时采用滴灌措施，则综合措施下折减系数为 0.42（$0.65\times0.65=0.42$）。马铃薯在喷灌和滴灌下的灌溉定额分别为 80 m^3/亩和 75 m^3/亩，玉米在喷灌和滴灌下的灌溉定额分别为 90 m^3/亩和 85 m^3/亩。马铃薯和玉米在喷灌和滴灌措施下的灌溉制度见表 7.27 ~ 表 7.30。

表 7.27　复配土及喷灌措施下马铃薯灌溉制度

作物名称	灌水次序	作物生育期	灌水定额（m^3/亩次）	灌水次数(次)
马铃薯	1	播种期	8	2
	2	苗期	8	2
	3	花期	8	2
	4	块根形成期	8	2
	5	成熟期	8	2

表 7.28　复配土及喷灌措施下玉米灌溉制度

作物名称	灌水次序	作物生育期	灌水定额（m^3/亩次）	灌水次数(次)
玉米	1	播种期	9	2
	2	幼苗期	9	2
	3	拔节期	9	2
	4	抽穗期	9	2
	5	灌浆期	9	2

表7.29　复配土及滴灌措施下马铃薯灌溉制度

作物名称	灌水次序	作物生育期	灌水定额（m^3/亩次）	灌水次数(次)
马铃薯	1	播种期	7.5	2
	2	苗期	7.5	2
	3	花期	7.5	2
	4	块根形成期	7.5	2
	5	成熟期	7.5	2

表7.30　复配土及滴灌措施下玉米灌溉制度

作物名称	灌水次序	作物生育期	灌水定额（m^3/亩次）	灌水次数(次)
玉米	1	播种期	8.5	2
	2	幼苗期	8.5	2
	3	拔节期	8.5	2
	4	抽穗期	8.5	2
	5	灌浆期	8.5	2

以项目区一般情况下灌溉制度作为基础方案Ⅰ，喷灌及滴灌节水措施分别作为方案Ⅱ、Ⅲ，相对于一般情况下的灌水定额，马铃薯和玉米的灌水定额在Ⅱ和Ⅲ措施下均分别节水30.0%和35.0%；复配土分别与喷灌、滴灌综合节水措施作为方案Ⅳ、Ⅴ，其节水效果显著。马铃薯和玉米的灌水定额在Ⅳ综合节水措施下分别比一般情况的灌水定额减少了55.6%和55.0%，在Ⅴ综合节水措施下分别比一般情况的灌水定额减少了58.3%和57.5%，详见表7.31。

表7.31　马铃薯和玉米在各种措施下的灌水定额对比

处理编号	处理措施	马铃薯		玉米	
		灌水定额（m^3）	节水率(%)	灌水定额（m^3）	节水率(%)
Ⅰ	一般情况	180	0	200	0
Ⅱ	喷灌	126	30.0	140	30.0
Ⅲ	滴灌	117	35.0	130	35.0
Ⅳ	复配土+喷灌	80	55.6	90	55.0
Ⅴ	复配土+滴灌	75	58.3	85	57.5

7.4.4　不同节水措施下水资源平衡分析对比

灌溉措施Ⅰ下，由于近60年灌溉期平均降水量为290.6 mm，在该降水条件下，工程区灌溉需水量大于当地可供给量，供需平衡差为负值（-144.03万m^3/a），即供小于需，是一年中地下水下降的重要时期。因此，我们以该条件下需水量较多的玉米种植为例，对不同节水措施下的水资源平衡情况进行计算，具体见表7. 32。

表7. 32　不同节水措施下供需水量平衡计算表

处理	降水量(mm)	可开采量(万 m^3/a)	灌溉需水量(万 m^3/a)	井灌溉回归补给量(万 m^3/a)	供需平衡差(万 m^3/a)
Ⅰ	290. 6	74. 12	225. 99	7. 84	-144. 03
Ⅱ	290. 6	74. 12	126. 55	7. 84	-44. 59
Ⅲ	290. 6	74. 12	117. 51	7. 84	-35. 55
Ⅳ	290. 6	74. 12	81. 36	7. 84	0. 36
Ⅴ	290. 6	74. 12	76. 84	7. 84	5. 12

从表7. 32中可以看出，相比一般灌溉措施，喷灌节水措施Ⅱ与滴灌节水措施Ⅲ下，灌溉期的供需平衡差均为负值。复配土与喷灌综合节水措施Ⅳ、复配土与滴灌综合节水措施Ⅴ下，灌溉期的供需平衡差都变为正值，分别达到0. 36万 m^3/a和5. 12万 m^3/a，说明砒砂岩与沙复配土技术对灌溉水资源平衡的盈余产生了积极的影响，项目区的水资源利用具有可持续性。

第8章　复配土固沙效应研究

生态环境是人类赖以生存和发展的基本条件，是经济、社会发展的基础，是区域可持续发展的核心。毛乌素地区处于半干旱向干旱的过渡地带，基质脆弱，土壤结构疏松而欠发育，地表植被稀疏矮小、群落结构简单，地表水稀少且不稳定（郝成元等，2005）。毛乌素地区在长期资源开发利用过程中，人类生产活动极不稳定，表现出有农有牧和时农时牧的特点，是典型的农牧业交错区，具有强烈的过渡性和波动性，区域生态环境十分脆弱，生态平衡极易遭到破坏，土地沙漠化、沙尘暴、水土流失和气候变化是毛乌素沙地区域生态环境的主要问题。因此，本章主要研究基于砒砂岩与沙复配成土技术的毛乌素沙地土地整治的固沙效应，为分析该技术在固沙及改善当地生态环境方面的作用提供更充分的理论依据。

8.1　毛乌素沙地生态环境问题

8.1.1　土地沙漠化问题严重

沙漠化（郝成元等，2005）在时间上发生在人类历史时期，特别是近一个多世纪以来；空间上凡是具有疏松沙物质沉积物的地表和与大风季节相一致的干旱、半干旱及部分半湿润地区都是沙漠化可能发生的地区；成因上多是在自然因素和人为过度的经济活动综合作用下造成的。

由于毛乌素沙地特有的气候条件和丰富的沙源，造成了毛乌素地区沙漠化的发生。毛乌素地区频繁出现的起沙风（>5 m/s）与干旱季节同步，为风沙活动和运移创造了条件。除山地丘陵外，地表被深厚的疏松砂质沉积物覆盖，仅风沙地就占该区总土地面积的40%以上，这种干旱的沙质地表极易被风力吹扬，造成沙漠化土地的拓展和蔓延。

据杨思全等（杨思全和王薇，2003）对毛乌素地区沙漠化土地监测结果，20世纪80年代末，毛乌素地区沙漠面积为2 550 km^2，沙漠化土地71 520 km^2；到20世纪90年代末期，沙漠面积2 600 km^2，沙漠化土地72 090。在陕北榆林地区，新中国成立前的100多年里，流沙南侵50 km以上，吞没农田牧场1 400 km^2，2 600 km^{2}草地沙化，6个乡镇421个村庄受到风沙侵袭或被压埋，榆林城被迫3次南迁，形成了“沙进人退”的被动局面。据第三次全国荒漠化、沙化土地监测结果，毛乌素沙地沙化土地面积高达6.02万km^2，其中流动沙地0.69万km^2，半固定沙地0.75万km^2，固定沙地4.08万km^2，其他沙地面积0.5万km^2。如果按照“十五”期间毛乌素沙地的治理速度（1.57万hm^2/a），实现对现有沙化土地的全部治理至少需要385年，如果仅治理流动和半固定沙地，至少需要90年。显然这样的治理速度同区域经济、社会发展对资源、环境承载能力的需求极不相称。因此，无论从现实需求，还是从长远发展考虑，都需要加快毛乌素沙地的治理速度，始终把发展摆在更加突出的位置。

8.1.2　砒砂岩水土流失严重

水土流失使有限的土地资源遭受严重破坏,地形破碎,土层变薄,使地表物质“沙化”和“石化”;剥蚀土壤,使含腐殖质多的表层土壤流失,造成土壤肥力下降;淤积水库、阻塞河道、抬高河床;导致生态失调,旱涝灾害频繁,加剧水资源短缺,制约经济社会和谐发展。

毛乌素地区风蚀沙化与水蚀交错并存,是我国水土流失最为严重的地区之一。该区域最大降水量集中于7~9月,占全年降水量的60%~70%,尤以8月最多。但大强度降水常集中于几天至十几天,且多以暴雨形式出现。降雨强度超过入渗强度,超渗产流形成的地表径流强度冲刷,破坏了原地表结构,挟带大量泥沙直接输入干流,造成水土流失。郭坚等(郭坚等,2006)在研究毛乌素沙地荒漠化现状及分布特征时对毛乌素沙地进行的遥感监测发现,2000年毛乌素沙地水土流失面积共1.190万km^2,占荒漠化土地总面积的18.85%和区域总面积的14.62%。水土流失主要发生在沙地的东南部,陕北的榆林、神木、横山、靖边、定边5县有水土流失面积1.07万km^2,占到水土流失总面积的89.96%。而西北的鄂托克前旗、鄂托克旗和乌审旗基本没有发生水土流失。水土流失集中分布在毛乌素沙地的东南部,与它地处典型草原向黄土高原地过渡区,区域降水较多及自然条件有关(徐小玲和延军平,2004)。

8.2　固沙效应分析研究

生态修复效应是指通过生物、生态、工程的技术和方法,人为地改变和切断生态系统退化的主导因子和过程,调整、配置优化系统内部以及外界的物质、能量信息等流动过程和时空次序,使得生态系统的结构、功能和生态的潜力尽快成功地修复到一定的或原有的乃至更高的水平上。生态环境效应具有两面性、系统性、发展的缓慢性、传递性、有序性、积累性、时间上的动态性及空间上的特殊性。

基于砒砂岩和沙两者的特征及性质上的互补性,复配后的“土壤”具有很好的保水效应和黏团效应。保水效应可以防止水土流失,保持复合土水分;黏团效应可以形成土壤“团粒结构”,吸附细沙和粉尘,防止土地荒漠化。新复配“土壤”,可以为作物提供基本的生长条件。在砒砂岩与沙胶结形成新的“土壤”后,当地的生态得到了很大的修复。土壤的起沙与很多因素相关。首先,植被覆盖度与风速及风蚀量的关系密切,植被盖度与土壤吹蚀量呈明显的负相关。其次,土壤的类型也与土壤的起沙有关,如砂型土壤具有较大的颗粒,只有风速较大时才能起沙。而干燥的黏性土壤颗粒较小,即使很小的风速也能起沙。再次,农作物残茬和发展保护性耕作,能大幅度地减少田间扬沙和水土流失,可以达到作物休闲期固沙的效果。最后,土壤含水量及积雪、积冰与扬沙关系紧密,风蚀随着土壤湿度的增加而减弱,两者呈负相关。不同类型的土壤对水分的保持能力也不同,黏性土壤保湿能力最好,其风干土土壤含水量最大,而沙质土壤保湿能力最差,其风干土土壤含水量最小。对于沙质土壤,其土壤水分易于蒸发,当遇到强风时,极易起沙,而黏性土的土壤保湿力强,土壤颗粒间结合紧密,遇到强风也不易起沙。

为进一步研究复配土的固沙效应，通过对大田观测和试验田的持续监测，发现复配土在形成土壤结皮、增加冻层深度、增加地表粗糙度、减缓积雪消融及植被恢复等方面对沙粒的固定具有显著的效果。

8.2.1　复配土土壤结皮分析

裸露沙在风力作用下风蚀作用显著，由于砒砂岩的土壤质地以粒径较小的粉土和黏土为主，黏土粒子间相互作用力较大，在自然情况下，容易形成土壤聚合体和地表板结，从而导致了较大的临界摩擦速度(B. Marticorena and G. Bergametti，1995)。由于砒砂岩中粉粒和黏粒含量高达 65.15%，在雨滴冲溅和灌溉作用下，复配土壤粉粒堵塞沙土表层孔隙后形成一层 2～6 mm 的土壤物理结皮。风洞试验表明，土壤物理结皮的存在可以显著提高沙尘起动风速，土壤物理结皮的形成是土壤抵抗风蚀的一种保护，结皮的形成使土壤的抗剪切能力得到提高，能有效防止风蚀。大田试验研究证明，复配土在 6 级大风的作用下，仍不会起沙尘，而且砒砂岩的物理组成可以为土壤物理结皮的形成提供充足的物质来源，土壤物理结皮的存在，对于流沙固定以及土壤改良等均具有非常重要的意义。土壤物理结皮的形成为土壤生物结皮的形成奠定了基础，经过 2 年的时间，无种植复配土表层的部分土壤物理结皮已经呈现出向土壤生物结皮过渡的趋势(见图 8.1)。不同比例砒砂岩与沙复配土结皮厚度见表 8.1。

土壤物理结皮　　土壤生物结皮

图 8.1　复配土土壤物理结皮向生物结皮的过渡

表 8.1　不同比例砒砂岩与沙复配土结皮厚度

项目	原始沙地	1:1	1:2	1:5
厚度(mm)	<2.0	9.0	5.8	3.3

由表 8.1 可知，随着复配土中砒砂岩含量增高，土壤结皮的厚度逐步增加，砒砂岩与沙比例为 1:1 时，土壤结皮厚度最大约为 9.0 mm，而原始沙地结皮厚度小于 2.0 mm。

8.2.2　复配土冻层深度分析

由于砒砂岩可以保持水分，复配土含水量比沙地的含水量高，因此复配土土壤更容易冻结，而且它的最大冻土深度要高于沙地的最大冻层深度。同时，经过农业种植后的复配土由于在种植过程中有灌溉和后期作物残茬覆盖，土壤水分含量相对较高，它的最大冻土深度又比无作物种植的复配土最大冻土深度大。不同比例砒砂岩与沙复配土在有农业种植和无农业种植条件下的冻土深度变化见图 8.2 和图 8.3。

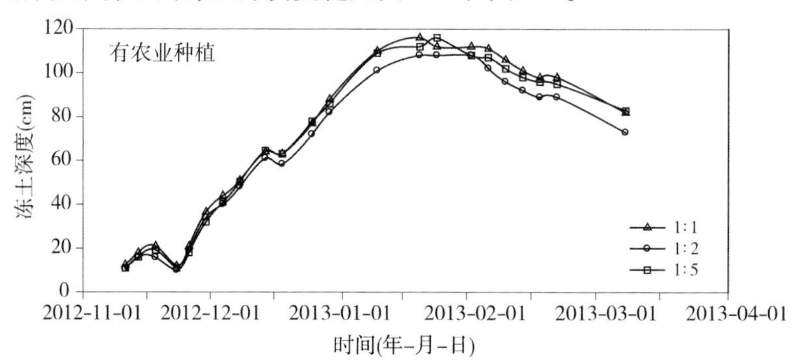

图 8.2　不同比例砒砂岩与沙复配土在有农业种植条件下的冻土深度变化

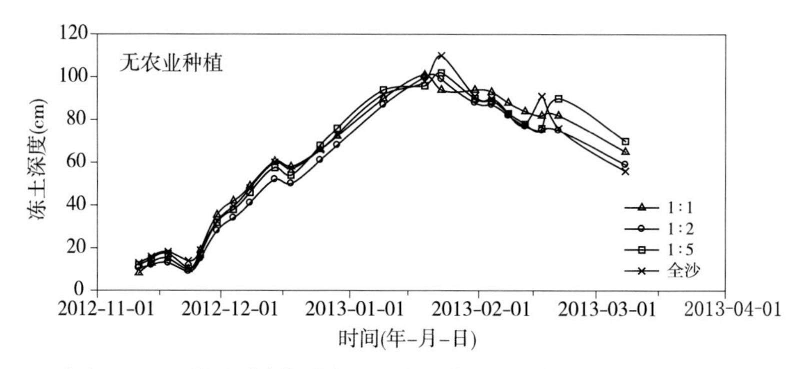

图 8.3　不同比例砒砂岩与沙复配土在无农业种植条件下的冻土深度变化

根据田间小区试验实际测定，试验区 2012 年冬季至 2013 年春季，沙地冻土深度最深为 98 cm，而同期无作物种植的砒砂岩与沙复配土 1∶1、1∶2 和 1∶5 的最大冻土深度分别达到 101 cm、100 cm 和 102 cm，有作物种植的砒砂岩与沙复配土 1∶1、1∶2 和 1∶5 的最大冻土深度分别达到 116 cm、108 cm 和 112 cm。因此，在具体工程实践中，我们也可以根据复配土水分含量的多少，适时人工喷水，人为增加表层土壤的冻结，从而达到固沙的效果。

8.2.3　复配土地表粗糙度分析

地表粗糙度是由于地表起伏不平或本身几何形状的影响，风速廓线上风速为零的位置，也称为空气动力学粗糙度。地表粗糙度反映地表对风速减弱作用以及对风沙活动的影响，其大小取决于地表粗糙元的性质及流经地表的流体的性质，即粗糙度反映了地表抗风蚀的能力。地表粗糙度 Z_0 值越大，意味着土壤表面气流越接近地表越降低的趋势，即植被对地表风速的削弱作用越明显。根据各位置 0.5 m 和 2 m 高处平均风速，利用以下公式计算不同比例试验小区的地表粗糙度。

$$\lg Z_0 = \frac{\lg Z_2 - A\lg Z_1}{1 - A}$$

其中，Z_0为地表粗糙度；Z_1、Z_2分别为风速高度，$A = V_2/V_1$。

通过砒砂岩与沙复配土造田技术，可在毛乌素沙地进行大规模农业种植，而在作物收获后的 11 月到下年 4 月，通过农作物残茬和发展保护性耕作，能大幅度地减少田间扬沙和水土流失，可以达到作物休闲期固沙的效果。不同比例复配土地表粗糙度见表 8.2。

表 8.2　不同比例复配土地表粗糙度

项目	1∶1		1∶2		1∶5		原始沙地
	无种植	有种植	无种植	有种植	无种植	有种植	
粗糙度	0.125	0.174	0.103	0.128	0.057	0.083	0.031

由表 8.2 可知，在沙土中引入砒砂岩，地表粗糙度也随之增加。不同比例试验小区中，随着复配土中砒砂岩含量增加，地表粗糙度逐渐增大，且有种植地块大于无种植地块。大量研究（海春兴等，2002；常旭虹等，2005）表明，土壤粗糙度增加，地表摩擦力加大，使空气流动的阻力增大，直接降低了作用于地表的风速，减弱了土壤风蚀程度。田间试验表明，作物残茬可明显减弱地表风速，当地面留有 15 cm 左右的残茬时，相比于无残茬地块，风速可以减弱 45% ~60%，且越靠近地面，对风速的减弱程度越大。

休闲期农作物也可以通过根系层的作用增强土壤的抗侵蚀性能，根系固土作用的大小与根系生物量和分布密切有关（郭其强等，2010）。植物根系在土壤中形成网状的根系层，对土壤有很好的穿插、缠绕和固结作用，庞大的根系能使其周围土体得以固定，能够增强土壤的抗冲性能，增加土壤孔隙度，降低土壤密度，使土壤形成良好的理化性状（潘成忠、上官周平，2005；赵永来等，2011），对水土保持及固沙具有很大的作用。同时，根系生长过程中的分泌物及死亡根系腐烂分解形成的腐殖质，提高了土壤有机质的含量，使土壤形成良好的结构体（张金池，1994）。总之，在相同的土壤中，土壤根系含量越多，其抗侵蚀性能越强，则地表径流对土壤的冲刷程度越低。

田间试验测定结果表明，砒砂岩与沙混合比例为 1∶1、1∶2 和 1∶5 的复配土经过两季作物种植后，有机质含量分别提高了 0.095%、0.046% 和 0.208%；>0.25 mm 水稳定性聚体含量分别达到 29.33%、22.82% 和 20.82%，比种植前分别提高了 1.33%、1.38% 和 2.44%。由此可知，复配土有机质含量和 >0.25 mm 水稳定性聚体含量呈现出随作物种植季数增加而增加的趋势，且土壤团聚体粒径分布更为均匀，土壤结构逐渐改善。

8.2.4　复配土地表积雪消融分析

土地整治改变了沙地原始地貌的地形条件，沙地原始地貌高差在 10 m 以内，土地整治后平整度在 5‰ ~10‰，连绵起伏的沙丘变为平地，一方面改变了地表的能量分配，另一方面影响了风力侵蚀强度。分别调查复配土区域和原始沙地阳坡、阴坡及平地的积雪消融情况和积雪覆盖下垫面状况。选择坡向、坡度、海拔等地形条件均相似的区域进行调查。调查时，在选定区域采用梅花法选取 5 个点测量积雪厚度，取平均值。整治后土地坡度很小，为了坡度、坡向近似，便于比较，选取机械翻耕后的微地形进行调查，调查地点的具体地形条件见表 8.3。2011 年 11 月 26 日，榆林市榆阳区降雪，积雪厚度 12 cm。降雪后分别在 2011 年 12 月 14 日和 2012 年 1 月 5 日进行了两次积雪消融情况调查，见表 8.4。

表 8.3　调查区域概况

编号	地貌类型	坡向	坡度(°)	海拔(m)
ZL－1	覆盖砒砂岩后	阳坡	17.3	1 259
ZL－2	覆盖砒砂岩后	阴坡	14.7	1 259
ZL－3	覆盖砒砂岩后	—	0	1 259
YS－1	原始地貌	阳坡	18	1 257
YS－2	原始地貌	阴坡	13.9	1 257
YS－3	原始地貌	—	0	1 257

表 8.4　积雪情况调查表

编号	ZL－1	ZL－2	ZL－3	YS－1	YS－2	YS－3
调查时间	2011 年 12 月 14 日,上午 10:00					
积雪厚度(cm)	7.6	11.4	9	5.9	10.6	8.1
积雪盖度(%)	95	99	98	85	95	90
地面干土层厚度(cm)	0	0	0	1.5	1.6	1.5
调查时间	2012 年 1 月 5 日,上午 11:00					
积雪厚度(cm)	4.8	10.7	8.7	0	10	7.5
积雪盖度(%)	85	95	95	<10	80	70
地面干土层厚度(cm)	0	0	0	6.4	1	1.2

调查发现,坡向相同的坡面,利用砒砂岩与沙复配成土技术进行整治后的土地积雪消融较慢,厚度大于未整理的原始沙地,降雪 40 d 后,未整理沙地阳坡积雪几乎全部消融;从地形角度来看,积雪消融速度为阳坡 > 平地 > 阴坡;整治后土地冻层从地表就开始出现,沙地在有积雪覆盖条件下,表层仍有 1 ~2 cm 的干沙层,沙地表层积雪融化后,干沙层厚度增加,为 5 ~8 cm。根据傅抱璞的研究,不同坡向的坡地上,辐射季节总量与年总量,随纬度和坡向的不同,其变化趋势也不一样。尤其是在冬季,南坡上的辐射总量远大于平地,且纬度越高、坡度越大,两者相差越大。如图 8.4 所示,在冬季和全年,当水平面上的辐射随纬度升高迅速减小时,在坡度较大的南坡上的辐射反而随着纬度的升高而增大。因此,整治后土地坡度较为平缓,积雪消融速度较慢,土壤冻层厚度增加,有效地防止了地表干沙层的出现,从而对减缓风蚀的发生起到了积极的作用。

沙地

复配土

图 8.4　沙地和复配土积雪厚度的对比

8.2.5　复配土风洞试验分析

8.2.5.1　风力对砒砂岩与沙复配土风蚀的影响

图8.5为不同比例砒砂岩与沙复配土在室内风洞试验中不同风速下的风蚀情况。一般而言，风力越大风蚀量越多。三种粒径的不同比例砒砂岩与沙复配土中，除粒径为2 mm的砒砂岩与沙复配比例为1∶0的复配土的风蚀量是7 m/s >9 m/s >11 m/s外，其余比例复配土风蚀量均是11 m/s >9 m/s >7 m/s。经分析，粒径为2 mm的砒砂岩与沙复配比例为1∶0的复配土在不同风速下的风蚀量出现异常的原因是：从风沙动力学角度看，颗粒较细的土粒更容易被风吹起。Gillette(1978)研究发现地表物质的粒径分布对风蚀的起动风速具有重要作用。由于砒砂岩粒度组成主要集中在较细的粉粒和黏粒段，因此颗粒较细的砒砂岩很容易随风跃迁。在风洞试验中用肉眼观察也可以看出，风沙土在6 m/s风速时才有明显的沙粒跃迁现象发生，而过筛2 mm的砒砂岩大部分颗粒很细，其在4 m/s左右风速时就已经有明显的土粒跃迁，其风蚀较严重。随着风速的增加，从样品槽中可以看出样品槽中土样表面严重粗糙化，表层细颗粒基本被吹走，样品槽中土样风蚀严重(见图8.6)，但集沙盘中收集尾沙却不增反减。其原因主要是集沙段收集尾沙断面出风口风速较大且和集沙盘距离较近，集沙段出风口的较强风沙流使很多收集在集沙盘中的细小土粒又被出风口的风力吹走，导致了一定程度的损失，致使风蚀量测量结果偏差较大。李晓丽和申向东(2006)在其研究中也指出集沙仪对集沙断面风沙流的影响会导致测定结果偏差大、可靠性降低的问题。

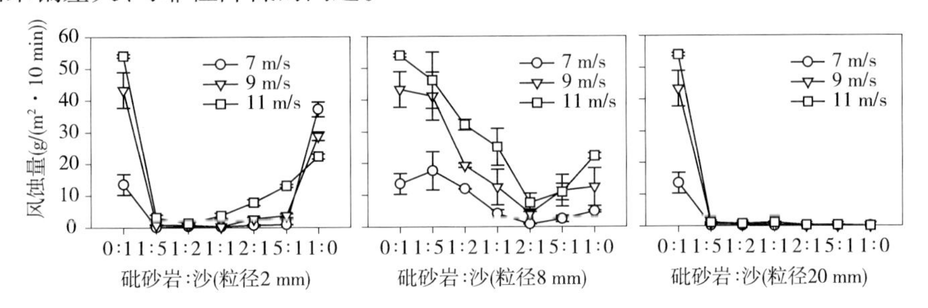

图8.5　不同比例砒砂岩与沙复配土室内风洞风蚀情况

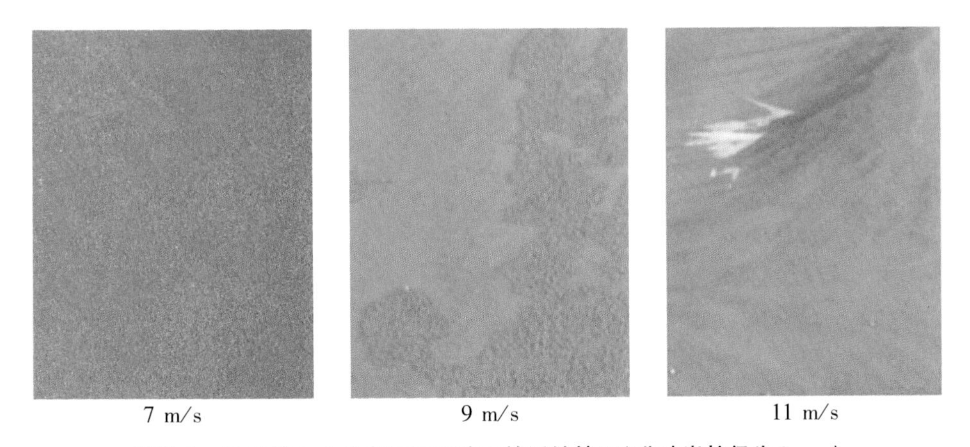

图8.6　样品槽中土样在不同风速下的风蚀情况(砒砂岩粒径为2 mm)

8.2.5.2 **砒砂岩颗粒大小对复配土风蚀的影响**

从图8.6中也可以看出,砒砂岩与沙复配土样品粒径的大小对风蚀量有显著的影响。从土壤矿质颗粒角度看,大于2 mm的颗粒被称为砾石,砾石覆盖是一种有效的固沙措施(孙越超等,2010),因此样品颗粒大小为8 mm和20 mm的样品可等同看作是砾石覆盖沙地表层固沙。颗粒大小为20 mm的不同比例砒砂岩与沙复配土在三种风速下的风蚀量均基本为零,说明该颗粒大小的砒砂岩增加了地表粗糙度,吸收和分解了地表风动量,降低了可蚀床面上的剪切力(董志宝、高尚玉,2000;黄翠华等,2007)。而且砒砂岩覆盖风沙土表层,也减少了风和沙的直接作用面积,对地表形成了保护(Michels K,1995;Alfaro Stphane C,2008;董志宝、李振山,1998)。因此,砒砂岩本身不被风吹走,同时又保护风沙土使之无法被风蚀,最终显著降低了砒砂岩和沙的风蚀。由此可知,在土地整治工程实践中,一开始覆于风沙土表层的砒砂岩颗粒大小可以相对较大,以增强其冬春多风季的固沙效果,之后在农作物种植时,再用旋耕机与风沙土搅拌均匀,增强表层耕作层的保水保肥性。

颗粒大小为8 mm的不同比例砒砂岩与沙复配土在三种风速下的风蚀量比颗粒大小为2 mm的风蚀量大的原因可能有两个:一是前面所述颗粒大小为2 mm尾沙收集时的误差较大,所以颗粒大小为2 mm的不同比例砒砂岩与沙复配土在三种风速下的风蚀量存在低估的问题。二是虽然颗粒大小为8 mm的砒砂岩从颗粒大小上来说达到了砾石的标准,但是其在扮演砾石覆盖风沙土固沙角色方面还未达到标准。这是因为颗粒大小为8 mm的砒砂岩中不少颗粒虽然颗粒较大,但是其密度较低、质量较小,在同等风速下,相比于颗粒大小小的沙粒,可能更容易被风吹起发生风蚀。因此,在工程实践中,覆土颗粒粉碎不宜过细,否则有可能导致比风沙土更严重的风蚀,这与上述分析结果相同。砒砂岩与沙复配土经农业种植后,由于土壤中有机质含量的增加,砒砂岩中黏粉粒和风沙土颗粒的胶结等作用,形成表层有土壤结皮、下层具有一定团聚体含量的较为稳定的土壤结构后,其风蚀量自会显著降低。

8.2.5.3 **质地对砒砂岩与沙复配土风蚀的影响**

由于不同的土壤质地含有特定的机械组成,有些土壤之间差异非常大,而不同的机械组成预示着不同的土壤中含有可蚀性与不可蚀性颗粒的比重会有所不同(顾成权、孙艳,2005)。从不同比例砒砂岩与沙复配土粒度组成角度看,不同土壤质地的砒砂岩与沙复配土对风蚀的影响具有不同的规律特征(哈斯,1994)。为了说明粒度组成对风蚀的影响,本试验以颗粒大小为2 mm的不同比例砒砂岩与沙复配土在不同风速下的风蚀情况来进行说明。董治宝和李振山(1998)研究发现松散风沙土抵御风蚀的阻力主要是惯性力和内聚力,以0.09 mm为界,<0.09 mm粒径范围内,颗粒间主要是内聚力,起动风速随粒径的减小而增大;>0.09 mm粒径范围内,颗粒间的主要作用力是惯性力,起动风速随粒径的增大而增大。从图8.5中可以看出,单纯的风沙土在不同风速下的风蚀都相对较为严重。风沙土大于0.09 mm粒度含量超过了90%,此粒径范围的颗粒持水性差、团聚性弱,其颗粒间主要作用力为惯性力,决定了其抗风蚀性很差。而砒砂岩虽然黏粉粒含量高,但是由于本试验中其含水量很低,导致其内聚力显著降低(顾成权、孙艳,2005),虽然其风蚀量比风沙土少,但对研究结果仍有较大影响。而将砒砂岩与沙混合后,改变了二者的粒度组成,形成了具有一定抗风蚀能力的复配土壤。从图 8.7 中尾沙粒度组成分析看出,可风蚀性颗粒主要集中在 0.01 ~0.05 mm 和 0.25 ~1 mm 两个粒径范围内,这两个粒径范围正好是单纯砒砂岩和风沙土粒度组成中占主要部分的粒径范围,因此抗风蚀的措施主要是如何防止这两个粒径范围的颗粒风蚀的问题。忽略前面提及的集沙仪收集尾沙的误差,砒砂岩: 沙比例为 1: 5 ~1: 2 的复配土的风蚀量显著降低,这是由于风沙土以单独的颗粒存在,加入砒砂岩后,砒砂岩中的黏粉粒填充了砂粒间的空隙,黏粉粒的增加将风沙土颗粒间以惯性力为主的抗风蚀作用力改变为内聚力逐渐起作用的抗风蚀作用力。而且由于此类复配土中砂粒含量高,少量黏粉粒可以将砂粒间的空隙充分填充,颗粒间接触较为紧实,风力将表层颗粒间松散的颗粒风蚀后,表层不可蚀性颗粒比重增大,土层表面的粗糙度也就增大,对细小颗粒的覆盖保护作用增大,因此下层风蚀量就减少了(哈斯,1994)。从图 8.6 可以看出,7 m/s 风速时表层土壤仅是趋于粗粒化,9 m/s 风速时表层土壤粗粒化,下层土壤即使颗粒较细,其抵御风蚀能力依然较强,只有在 11 m/s 风速时其才会导致表层和下层土壤都发生严重风蚀。砒砂岩: 沙比例为 1: 1 ~5: 1 的复配土的风蚀量由于砒砂岩(黏粉粒)含量的增加,黏粉粒对砂粒间空隙的填充相比于比例为1: 5 ~1: 2复配土中砂粒间空隙的填充形式发生了改变,除填充砂粒颗粒间的空隙外,可风蚀的粒径范围的颗粒缺少颗粒间作用力的保护,颗粒间的作用力相对较弱,可风蚀的颗粒较多。这说明土壤在干燥的情况下,由于土壤颗粒间少了水分子的拉力,土壤粒度组成中高含量的黏粉粒未必会使内聚力增强、抗风蚀能力增强。因此,土壤粒度组成中,只有各级粒径分布合理,才能增强抵御风蚀的能力。

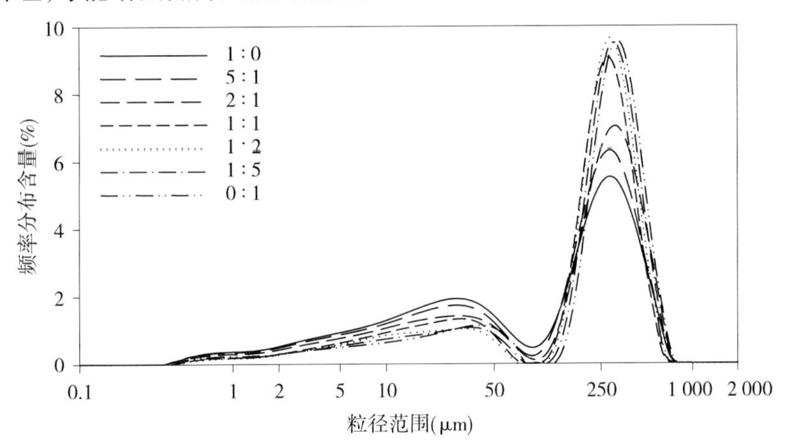

图 8.7　不同比例砒砂岩与沙复配土室内风洞风蚀试验尾沙粒度组成

8.2.6　复配土植被恢复分析

由于复配土的保水、持水性加强,在相同自然降雨等天气条件下就可以保证植被恢复所需的水分条件(陈云明等,2004)。如图 8.8 所示为试验区复配土壤在无农业种植条件下 1 年后的植被恢复情况。

1:5　　1:2　　1:1

图 8.8　不同比例砒砂岩与沙复配土经过 1 年后的植被恢复情况

通过土地平整、土壤改良、道路和林网等工程,顺利地改变项目区的微地貌和土壤性质。经土地平整及土壤改良后,种植作物为马铃薯,生长季节为每年春、夏、秋三季,土地覆盖面积为 70% ,在马铃薯生长期内,可以有效防风固沙。道路工程建设,使边坡先锋物种如地衣等出现;树种栽植分布呈现蜂窝状,穿插分布在各个田块之间以及田块边缘,在田块边缘种沙棘,植被修复系数达到 95.8% ,林草覆盖率达到 69.0% ,有效抑制周边流动沙丘和半流动沙丘前移。林网工程的完成,可使树木枝叶降低风速和根系固土,并且可以涵养水源,总体起到保持水土的作用。

8.3　本章小结

(1)砒砂岩与沙混合后易于土壤物理结皮的形成,平均厚度为 2 ~ 6 mm,利于固沙。

(2)砒砂岩与沙复配成土后可形成最高达 1.2 m 的冻土层,有效固沙。

(3)砒砂岩与沙混合后,可增加沙地表面粗糙度,有效减少风蚀。

(4)积雪覆盖时,复配土表层积雪融化缓慢,在坡向相同的坡面,采用复配土治理后沙地积雪厚度比原始沙地深 0.7 ~ 4.8 cm,积雪消融速度较原始沙地慢,固沙效果明显。

(5)通过设定不同比例砒砂岩与沙复配土,在室内风洞条件下,研究了其固沙的作用。风沙土以粗颗粒占优的粒度组成决定了其抵抗风蚀的能力较弱;而砒砂岩以黏、粉粒占优的粒度组成具有抵抗风蚀的潜力。单独砒砂岩与沙的风蚀量均较大,而二者复配成土后风蚀量则显著降低。单从粒度组成角度看,复配土粒度组成的改变增强了抗风蚀的能力,且砒砂岩与沙复配比例在 1:5 ~ 1:2 时抗风蚀能力最强。

第9章 研究历程

为深入研究复配土成土后的稳定性和可持续利用性,从2011年开始,历时3年多,开展了长期、大量的研究工作,主要涉及复配土的物理、化学性质分析,小区试验田作物种植研究,榆林野外科学观测试验站建设、试验田作物长势、产量观测研究等多个方面。

9.1 砒砂岩与沙复配土理化性质室内研究

复配土理化性质研究室内试验主要完成砒砂岩与沙不同复配比例下的复配土物理、化学性质分析,包括土壤pH、质地、容重、含水量、水稳定性团聚体、饱和导水率、水分特征曲线、有机质、重金属等的测定,研究期间,累计完成500样次20余指标的检测。图9.1所示为国土资源部退化及未利用土地整治工程重点实验室完成的复配土指标测试工作。

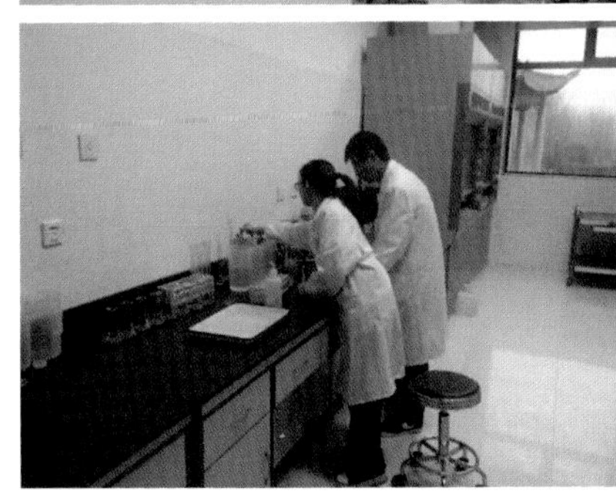
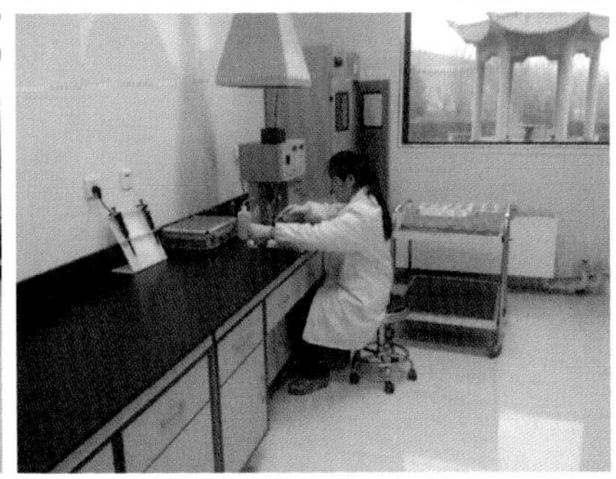

图9.1 复配土理化性质的室内测定

9.2 砒砂岩与沙复配土试验田作物种植研究

9.2.1 富平基地试验田研究

通过利用富平试验基地已有的15个面积为2 m×2 m的试验小区(试验田设计见第

4 章 4.2.2)，开展了不同配比的复配土作物产量的影响研究。研究期间，累计完成 2 500 样次 10 余指标的检测。图 9.2 为试验小区的布设和作物种植、收获情况。

图 9.2　试验小区布设和作物种植、收获情况

9.2.2　榆林野外科学观测站试验田研究

为更进一步研究复配土在毛乌素沙地自然环境下的持续发育和利用情况，在榆林市榆阳区小纪汗乡大纪汗村土地整治示范项目区建立了国土资源部退化及未利用土地整治工程重点实验室榆林野外科学观测站(见图 9.3)，主要开展毛乌素沙地土地综合整治的室内试验、田间试验和工程示范与推广研究。为进一步长期、持续观测砒砂岩与沙复配成土条件下作物长势、产量，不断补充完善基础数据，研究复配土稳定性及可持续利用，在榆林野外科学观测站建成试验田八块，每块试验田长×宽均为 15 m×12 m，第一块至第七块试验田按照砒砂岩与沙比例(1∶5、1∶2、1∶1)各自分为三小块，可分别采用灌溉、不灌溉、生物防护等处理措施，第八块试验田为原始沙地。2012～2014 年，在其中的六块试验田中开展了大量的土壤理化检测、水分监测、冻土监测、作物生长、生物量等研究，为研究提供了大量的、翔实的一线数据。研究期间，累计完成 900 样次 10 余指标的检测。

图 9.4～图 9.6 分别为 2012 年、2013 年、2014 年不同月份玉米种植试验田(以单块试验田为例)作物种植情况。图 9.7～图 9.9 分别为 2012 年、2013 年、2014 年不同月份马铃薯种植试验田(以单块试验田为例)作物种植情况。图 9.10 为自然恢复试验田和原始沙地的植被生长对比。

图 9.3 榆林野外科学观测站及其附属试验田

图 9.4 2012 年不同月份试验田玉米的长势对比

图 9.5　2013 年不同月份试验田玉米的长势对比

图 9.6　2014 年不同月份试验田玉米的长势对比

图 9.7 2012 年不同月份试验田马铃薯的长势和收获情况

图 9.8 2013 年不同月份试验田马铃薯的长势对比

图 9.9　2014 年不同月份试验田马铃薯的长势和收获情况

图 9.10　2013 年 8 月自然恢复试验田和原始沙地的植被生长对比

9.3　大纪汗示范工程项目基本情况

大纪汗村土地开发项目位于榆林市榆阳区小纪汗乡大纪汗村，距榆林市西北约 23 km，由陕西省土地工程建设集团总体设计和建设，总规模 331 hm^2，建成新增水浇地 320 hm^2，移动土方 344 万 m^3，拉砒砂岩 29 万 m^3，开凿农用机井 33 眼，埋设低压管道 12.6 km，田间各类道路 22.7 km，架设 10 kV 线路 4.2 km，埋设 0.4 kV 线路 17.7 km，安装 160 kVA 变压器 4 台。

项目于 2010 年 4 月开工，2011 年 12 月竣工，分两期建设。项目区综合集成了土地生态学、土壤学、生物学理论和方法，应用了现代土地整治的工程措施、生物措施，使昔日的沙丘荒漠变成了现代化的标准农田。项目建成后农作物种植土豆，按 2010 年度现行价估算，稳定生产土豆，单产 2 250 kg/亩。

同时，耕地面积的增加，改善了沙地的土壤水分状况，为生物创造了有利的生存条件，可有效促进项目区植物种群的增加和扩大。项目实施增加了林草地面积，提高了植被覆盖率，促进了当地生态环境得到进一步改善；同时有效改善了周边环境，植被恢复良好。图9.11为大纪汗村二期项目土地开发前后的变化对比和生产情况。图9.12为项目区植被恢复情况。总之，通过土地开发，项目区的土地—社会—经济—生态的可持续发展能力大大提高，综合效益明显。

示范区砒砂岩与沙复配成土推广项目得到了相关领域院士、专家及省部级领导等的一致好评，被誉为“大漠神工”。图9.13为院士、专家及各级领导来示范区参观、指导。图9.14为示范项目“大漠神工”标志牌。

图9.11　大纪汗村二期项目土地开发前后的变化对比和生产情况

图 9.12　项目区植被恢复

图 9.13　院士、专家及各级领导来示范区参观、指导

图 9.14　“大漠神工”标志牌

第10章　结　论

砒砂岩和沙是毛乌素沙地的重要物质成分，两者具有明显的差异性、互补性特征，且在毛乌素沙地中相间分布。利用两者在成土中的互补特性，将砒砂岩与沙按不同的比例复配成土，不仅可以起到固沙的作用，而且可以应用于农业生产，有效增加耕地数量，提高耕地质量。作者在已有的研究基础上，对砒砂岩与沙复配成土后土壤的水力学性质、土壤结构、保水保肥性能以及沙地整治区水资源可持续利用性、生态环境效应等方面开展了研究，旨在证明复配土壤的稳定性及其可持续利用性能，从而为我国毛乌素沙地治理、开发和利用提供有力的理论依据和技术支撑。

本书以2011年度陕西省科学技术研究发展计划“青年科技新星”培育专项课题为依托，系统开展了室内试验、小区试验、大田试验以及工程示范，对砒砂岩与沙复配土壤的稳定性及其可持续利用性进行了深入探讨和分析，主要得到如下结论：

(1)经对砒砂岩与沙复配土土壤特性研究，各项指标呈现出良性发展趋势。

小区和大田试验发现，砒砂岩在减少水分渗漏、氮素淋失以及提高复配土水分、氮素和肥料利用效率方面具有显著的作用。随着作物种植季数的增加，粉粒和黏粒会在土壤表层和耕层底部形成致密的结皮和犁底层，从而可以保证原沙地耕层土壤质地的改良；复配土耕层水稳性团聚体含量逐渐增大；复配土耕层有机质含量逐渐增加。复配土肥力较低，农业生产中应注意培肥。复配土重金属含量在土壤环境质量标准限值内，无重金属污染。复配土作物种植具有普遍性和适宜性。

(2)Gardner模型能很好地拟合砒砂岩与沙比例分别为1:0、5:1、2:1、1:1、1:2、1:5、0:1下复配土的水分特征曲线，而且土壤含水量随砒砂岩含量的增加而增加，储水潜力逐渐增强。在对7个不同砒砂岩与沙复配比例的复配土的土壤饱和导水率进行预测时，Rosetta模型预测结果准确性明显要好于HYPRES模型。

(3)以种植玉米为例，研究了1:1、1:2和1:5等3个混合比例下玉米生长过程中复配土土壤储水量的变化。结果表明，受灌溉和降水的影响，在生长期内复配土土壤储水量呈波动变化，但是总体来讲，第二年的3个混合比例下复配土土壤储水量较第一年的有所减少。在3个比例中，混合比例为1:2的复配土，其土壤储水量的变化较为稳定，更加适合玉米的种植，该复配土混合比例可在研究区推广应用；玉米生长期内，未发生铵态氮积累，且淋失量少，氮素淋失以硝态氮为主，当混合比例为1:2时，硝态氮主要积累在0～40 cm处，处于耕作层，有利于作物根系吸收氮素。

(4)通过田间试验与土壤作物系统模型模拟相结合的方法，对不同比例砒砂岩与沙复配土的农田水肥管理进行了定量研究。随着复配土中砒砂岩含量的降低，蒸散量逐渐减少，渗漏量则明显增加。对砒砂岩:沙为1:1、1:2和1:5三种复配土而言，水分利用效率最高可达1.30 kg/m^3。氨挥发和氮淋失是氮素的主要损失途径，作物吸收是氮素的主要流向。氮素利用效率和肥料利用效率最高可分别达到33.13 kg/kg N和24.93 kg/kg N。

水分渗漏和氮素淋失主要发生在灌溉过量或是降雨过多时期。砒砂岩在提高沙地水分、氮素和肥料利用效率方面发挥了显著的作用。不同气象条件年份下的水肥耦合情景分析表明,对研究区气象条件下的复配土玉米的水肥管理来说,可以采取不大于 291 mm 的灌溉制度和不大于 169 kg N/hm^2 的施肥制度,过多的灌溉量和施肥量不能获得更多的作物产量,只能导致水肥损失增加、水肥利用效率降低。

(5)通过计算区域水资源平衡情况,对示范区的水资源持有量与土地开发规模的可持续利用进行了研究。沙土地在一般灌溉制度下,在年降水量、近 60 年平均年降水量、近 10 年平均年降水量三种情况的计算结果均显示,项目区的水资源供给均不能满足灌溉需水的要求。近 60 年灌溉期平均降水量 290.6mm 条件下平衡分析显示:相比一般灌溉措施,喷灌节水措施Ⅱ与滴灌节水措施Ⅲ下,灌溉期的供需平衡以差均为负值。复配土与喷灌综合节水措施Ⅳ、复配土与滴灌综合节水措施Ⅴ下,灌溉期的供需平衡差都变为正值,分别达到 0.36 万 m^3/a 和 5.12 万 m^3/a,说明复配土技术对于灌溉水资源平衡的盈余产生了积极的影响,项目区的水资源利用具有可持续性。

(6)通过对大田土壤结皮、冻土层、粗糙度、积雪消融和风洞试验等研究,复配土对区域生态环境修复作用显著。

利用砒砂岩与沙复配成土造田技术,在作物生长季节,地表被植被覆盖,可以显著减少土壤侵蚀;在非生长季节,由于沙土中黏、粉粒含量增加,土壤保水性提高,含水量增加,导致土壤冻层深度增加。采取工程手段,使连绵的沙丘变为平整度在 5‰ ~ 10‰的平地,改变了辐射季节总量与年总量,从而使积雪消融速度减慢。同时,由于土壤结皮的生成和农作物残茬的存在等其他措施,砒砂岩与沙复配成土造田技术在沙地治理、改善当地生态环境等方面也起到了积极的作用。室内风洞试验结果表明,单独砒砂岩与沙的风蚀量均较大,而二者复配成土后风蚀量则显著降低。单从粒度组成角度看,复配土粒度组成的改变增强了抗风蚀的能力,且砒砂岩与沙复配比例在 1∶5 ~ 1∶2 时抗风蚀能力最强。

本书基于对毛乌素沙地生态较为脆弱的区域背景、我国土地整治的战略需求、农牧交错区现代农业发展的科学理论的系统分析,创新性地开展了毛乌素沙地砒砂岩与沙复配成土稳定性及可持续利用研究,为毛乌素沙地及类似地区的生态环境治理、资源开发利用、高效产业发展提供理论指引、技术支撑和工程示范,因而具有重要的应用和推广价值。

虽然本书已经就毛乌素沙地砒砂岩与沙复配成土技术相关研究进行了大量的研究,但是在一些方面的研究还不够深入,还有待于进一步深入研究,这对于完善该技术体系、在实践中更加科学合理地推广应用仍具有重要的理论价值和现实意义:①砒砂岩与沙复配成土的机理研究还不够深入,对于成土机理的有些解释还属于定性或是外在现象的研究,仍需对复配土成土过程中砒砂岩与沙颗粒结合的土壤力学机理等内在机理进行深入研究。②对于复配土保水、保肥、水力学特性等土壤特性的研究还缺乏时间尺度和空间尺度的深入探讨。③考虑到毛乌素沙地干旱少雨、生态脆弱的因素,可以开展耕作措施(旋耕、免耕等保护性耕作)和种植体系(轮作、间作等)对复配土可持续利用的影响研究。④基于毛乌素沙地砒砂岩与沙复配成土技术的生态修复效应的研究不够全面深入,还处于定性或是半定量研究阶段,可以综合生态学、水土保持学、土壤学、植物学等学科理论知识对其进行更全面深入的定量研究。

未来经济社会和生态环境可持续发展要走上生态文明、循环发展和低碳发展的快车道。土地数量的有限性与土地需求的增长性是土地工程科学研究的永恒主题。土地供需平衡是暂时的,土地供需失衡是永久的。与人口、资源、环境、发展相结合综合研究资源可持续利用,应当成为未来时期内土地资源领域研究的主攻方向。

参考文献

[1] Andrews S S, Karlen D L, Mitchell J P. A comparison of soil quality indexing methods for vegetable. production systems in Northern California [J]. Agriculture, Ecosystems and Environment, 2002, 90:25-45.

[2] Andrews S S, Mitchell J P, Mancinelli R, et al. On-farm assessment of soil quality in California's central valley [J]. Agron. J., 2002, 94:12-23.

[3] Baly E C. The kinetics of photosynthesis [J]. Proceedings of the Royal Society of London Series B (Biological Sciences), 1935, 117:218-239.

[4] Berndtsson Ronny, Nodomi Kanichi, Yasuda Hiroshi, et al. Soil water and temperature patterns in an arid desert dune sand [J]. Journal of Hydrology, 1996, 85(4):221-240.

[5] Chamey J. Comparative study of the effects of albedo change on drought in semi-arid regions [J]. Atomos Sci, 1977, 34(12):1366-1385.

[6] Cherney J H, Duxbury J M. Inorganic nitrogen supply and symbiotic dinitroge fixation in alfalfa [J]. Plant Nutrient, 1994, 17:2053-2067.

[7] Choudhury B J, Monteith J L. A four-layer model for the heat budget of homogeneous land surfaces [J]. QJR Meteorol Soc, 1988, 114:373-398.

[8] Daamen C C. Two source model of surface fluxes for millet field in Niger [J]. Agric For Meteorol, 1997, 83:205-230.

[9] Dolman A L. A multiple-source land surface energy balance model for use in general circulation models [J]. Agric For Meteorol, 1993, 65:21-45.

[10] Dong Xuejun, Zhang Xinshi, Yang Baozhen. A preliminary study on the water balance for some sand land shrubs based on transpiration measurements in field condition [J]. Acta Phytoecologica Sinica, 1997, 21(3):208-225.

[11] Doran J W, Parkin T B. Defining and assessing soil quality. In: Doran J W, Coleman D C, Bezdicek D F, et al. eds. Defining soil quality for a sustainable environment. SSSA Special Publication 35, Am. Soc. Agron., Madison, WI, 1994:3-21.

[12] Doran J W, et al. (ed.) Methods for assessing soil quality. SSSA Special Publication, 1997.

[13] Doran J W, et al. (ed.) Defining soil quality for a sustainable environment. SSSA Special Publication, 1994.

[14] Ellmer F, Huebner W, Sanetra C M. Conservation tillage on sandy soils in North-Eastern Germany possibilities and limits [C]. Conservation agriculture, a worldwide challenge. First World Congress on conservation agriculture, Madrid, Spain, 1-5 October, 2001, 2:77-81.

[15] George Z, Stamatis S, Vasilios T. Impacts of agricultural practices on soil and water quality in the Mediterranean region and proposed assessment ethodology [J]. Agriculture, Ecosystems and Environment, 2002, 88:137-146.

[16] Grainger A. National land use morphology: patterns and possibilities [J]. Geography, 1995, 80(3):

235-245.

[17] Han J C, Xie J C, Zhang Y. Potential role of feldspathic sandstone as a natural water retaining agent in Mu Us Sandy Land, Northwest China [J]. Chinese Geographical Science, 2012, 22(5): 550-555.

[18] Hannawa, Shuler P E. Nitrogen fertilization in alfalfa production [J]. Prod. Afric. , 1993, 6(1): 80-85.

[19] Hatfield J L. Conservation of Soil-Water in Semiarid Regions by Stubble Mulch [J]. Sustainable Agriculture: Issues, Perspectives and Prospects in Semi Arid Tropics, 1990, 1(2).

[20] Hojjati S M. Nitrogen fertilization in establishing forage legumes[J]. Agron. J. 1978, 70: 429-433.

[21] Jonathan J H, Jeffrey L S, Robert I P. Integration of multiple soil parameters to evaluate soil quality: a field example [J]. Biology and Fertility of Soils, 1996, 21(3): 207-214.

[22] Kanayama M, Ohira T, Ogawa Y, et al. Variation of microstructure with consolidation proceeding for sand-clay mixed soils [J]. Journal of the Clay Science Society of Japan, 2009, 48(1): 1-8.

[23] Lafleur P M, Rouse W R. Application of an energy combination model for evaporation from sparse canopies [J]. Agric For Meteorol, 1990, 49: 135-153.

[24] Larson W E, Pierce F J. Conservation and enhancement of soil quality. In Proc. of the Int. Workshop on evaluation for sustainable land management in the developing world. International Board for Soil Resource and Management(IBSRAM). Proceeding No. 123 vol. 2. Bangkok, Thailand, 1991.

[25] Liu Y S, Wang D W, Jay G, et al. Land use/cover changes, the environment and water resources in Northeast China[J]. Environmental managment, 2005, 36(5): 691-701.

[26] Luo Lintao, Wang Huanyuan. The study on resource-oriented utilization of feldspathic sandstone in land consolidation engineering of Mu Us Sandy Land[J]. Applied Mechanics and Materials, 2014, Accepted.

[27] Marticorena, B. , G. Bergametti. Modeling of the atmospheric dust cycle: 1. design of a soil derived dust emission scheme[J]. J. Geophys. Res. , 1995, 100(D8): 16415-16429.

[28] Mohammad, Fawzi Said. Potential of subsurface irrigation system for water conservation in an arid climatic environment [J]. International Agricultural Engineering Journal, 1998, 7(1): 23-36.

[29] Mohanty M, Painuli D K, Misra A K, et al. Soil quality effects of tillage and residue under rice-wheat cropping on a Vertisol in India [J]. Soil & Tillage Research, 2007, 92: 243-250.

[30] Molz F J. Models of water transport in the soil-plant system: a review [J]. Water Resour Res, 1981, 17: 1254-1260.

[31] Moussa, Gomaa K M. New approach for estimating the permanent strain of collapsible soil-sand mixtures [J]. AEJ-Alexandria Engineering Journal, 2002, 41(3): 475-483.

[32] Mupangwa W, Twomlow S, Walker S. The influence of conservation tillage methods on soil water regimes in semi-arid southern Zimbabwe [J]. Physics and Chemistry of the Earth, 2008, 33(8-13): 762-767.

[33] Naiman R J, Dudgeon D. Global alteration of freshwaters: influences on human and environmental well-being[J]. Ecological Research, 2011, 26(5): 865-873.

[34] Nazzareno D, Michele C. Multivariate indicator kriging approach using a GIS to classify soil degradation for Mediterranean agricultural lands [J]. Ecological Indicators, 2004, 4: 177-187.

[35] Pandian N S, Nagaraj T S, Raju P. S. R. N. Permeability and compressibility behavior of bentonite-sand/soil mixes [J]. Geotechnical Testing Journal, 1995, 18(1): 86-93.

[36] Power J F, Myers R J K. The maintenance or improvement of farming systems in North America and Australia[C]. In J. W. B. Stew-art(ed.) Soil quality in semi-arid agriculture. Proc. of an Int. Conf. Sponsored by the Canadian Int. Development Agency, Saskatoon, Saskatchewan, Canada. 11-16 June 1989.

[37]Reginald E M,Pramod K C,Dhyan S,et al. Soil quality response to long-term nutrient and crop management on a semi-arid Inceptisol [J]. Agriculture,Ecosystems and Environment,2007,118:130-142.

[38]Reynolds J F,Smith D M,Lambin E F,et al. Global desertification:building a science for dryland development [J]. Sciences,2007,316(11):847-251.

[39]Roland D M,Daniel B. Marcum. Potato yield,Petiole nitrogen response to water and nitrogen[J]. Agron J,1998,90:420-429.

[40]Russell J S. Nitrogen fertililer and wheat in semiarid environment[J]. Aust J Exp Agric An Husb,1967,7:453-462.

[41]Schlesinger W H,Reynolds J F,Cunningham G L,et al. Biological feedbacks in global desertification [J]. Sciences,1990,247:1043-1048.

[42]Shimada Yoshihiko. Mixed soil for artificial dry beach:JP2001295240[P]. 2001-10-26.

[43]Swanton C J,Shrestha A,Knezevic S Z,et al. Influence of tillage type on vertical weed seedbank distribution in a sandy soil[J]. Canadian Journal of Plant Science,2000,80(2):455-457.

[44]USDA-NSRC. Soil Quality Institute. Soil Quality Card Design Guide,1999.

[45]Viets F G. Water Deficits and Nutrient Availability[A]. Kozlowski T T. Water Deficits and Plant Growth [C]. Vol. Ⅲ. New York:Academic Press,1972:217-236.

[46]Wakindiki I I C,Ben-Hur M. Indigenous soil and water conservation techniques:effects on runoff,erosion,and crop yields under semi-arid conditions [J]. Australian Journal of Soil Research,2002,40(3):367-379.

[47]Wallace J S,Roberts J M,Sivakumar M V L. The estimation of transpiration fromsparse dryland millet using stomatal concuctance and vegetation area indices[J]. Agricutural and Forest Meteorology,1990,51:25-49.

[48]Wang N,Xie J C,Han J C,et al. A comprehensive framework on land-water resources development in Mu Us Sandy Land[J]. Land Use Policy,2014,40:69-73.

[49]Wang N,Xie J C Han J C. A sand control and development model in sandy land based on mixed experiments of arsenic sandstone and sand:a case study in Mu Us Sandy Land in China[J]. Chinese Geographical Science,2013,23(6):700-707.

[50]Ye Z P. A new model for relationship between light intensity and the rate ofphotosynthesis in Oryza sativa [J]. Photosynthetica,2007,45(4):637-640.

[51]毕慈芬,李桂芬. 砒砂岩区植物柔性坝试验研究报告. 黄河上中游管理局,2000.

[52]毕慈芬,郃源林,王富贵,等. 防止砒砂岩地区土壤侵蚀的水土保持综合技术探讨[J]. 泥沙研究,2003a(3):63-65.

[53]毕慈芬,王富贵,李桂芬,等. 砒砂岩地区沟道植物“柔性坝”拦沙试验[J]. 泥沙研究,2003b(2):14-25.

[54]毕如田,王槟,王晋民. 基于 GIS 的耕地地力评价系统的建立及应用[J]. 山西农业大学学报,2005,25(2):97-101.

[55]毕如田,王镇,段永红,等. 耕地资源管理信息系统的建立及应用——以永济市为例[J]. 土壤学报,2004,41(6):962-968.

[56]曹志洪,史学正. 提高土壤质量是实现我国粮食安全保障的基础[J]. 科学新闻周刊,2001,46:9-10.

[57]柴苗苗,韩霁昌,罗林涛,等. 混合比例及作物种植季数对砒砂岩与沙复配土的土壤结构和作物产

量的影响[J]. 西北农林科技大学学报,2013,41(10):179-184,192.
[58]陈骏,姚素平. 地质微生物学及其发展方向[J]. 高校地质学报,2005,11(2):152-166.
[59]陈星,雷鸣,汤剑平. 地表植被改变对气候变化影响的模拟研究[J]. 地球科学进展,2006,21(10):1075-1082.
[60]陈印军. 我国真的有8亿亩后备耕地资源吗[N]. 农民日报,2010-06-02(5).
[61]陈瑜琦,李秀彬. 1980年以来中国耕地利用集约度的结构特征[J]. 地理学报,2009,64(4):469-478.
[62]陈云明,刘国彬,杨勤科. 黄土高原人工林土壤水分效应的地带性特征[J]. 自然资源学报,2004,19(2):195-200.
[63]陈志恺. 21世纪中国水资源持续开发利用问题[J]. 中国工程科学,2000,2(3):7-11.
[64]段文标,陈立新,孙龙. 整地对栗钙土物理性质和杨树人工林苗木生长的影响[J]. 山地学报,2003,21(4):473-481.
[65]冯尚友. 水资源持续利用与管理导论[M]. 北京:科学出版社,2000.
[66]付广军,廖超英,孙长忠. 毛乌素沙地土壤结皮对水分运动的影响[J]. 西北林学院学报,2010,25(1):7-10.
[67]高国雄. 毛乌素沙地能源开发区植被建设技术研究初报[J]. 水土保持研究,2002,9(3):156-157.
[68]高清竹,许红梅,康慕谊,等. 黄河中游砒砂岩地区生态安全综合评价——以内蒙古长川流域为例[J]. 资源科学,2006,28(2):132-139.
[69]高清竹,杨劼,宋炳煜,等. 黄河中游砒砂岩地区长川流域生态用水分析[J]. 自然资源学报,2004,19(4):499-507.
[70]高清竹,何立环,江源,等. 黄河中游砒砂岩地区土地利用对生物多样性的影响评价[J]. 生物多样性,2006,14(1):41-47.
[71]高清竹,江源. 黄河中游砒砂岩地区长川流域土地利用变化分析[J]. 地理科学进展,2004,23(4):52-62.
[72]高清竹,许红梅,江源,等. 黄河中游砒砂岩地区长川流域土地利用/覆盖安全格局初探[J]. 农业工程学报,2006,22(3):51-56.
[73]高玉英. 以色列的沙漠治理[J]. 国土绿化,2001(1):49.
[74]郭坚,王涛,薛娴. 毛乌素沙地荒漠化现状及分布特征[J]. 水土保持研究,2006,13(3):198-203.
[75]韩霁昌,刘彦随,罗林涛. 毛乌素沙地砒砂岩与沙快速复配成土核心技术研究[J]. 中国土地科学,2012,8:87-94.
[76]韩霁昌,罗林涛,付佩,等. 榆林市榆阳区土地整治土壤肥力状况及培肥调控措施研究[J]. 陕西农业科学,2013,59(2):117-120.
[77]韩霁昌. 卤泊滩土地开发利用及评价体系研究[D]. 西安:西安理工大学,2004.
[78]韩丽文,李祝贺,单学平,等. 土地沙化与防沙治沙措施研究[J]. 水土保持研究,2005,12(5):210-213.
[79]韩玉侠,党志明,任小玲,等. 不同农家肥和化肥施用对红富士苹果品质的影响[J]. 陕西农业科学,2012(4):37-39.
[80]郝成元,吴绍洪,杨勤业. 毛乌素地区沙漠化与土地利用研究[J]. 中国沙漠,2005,25(1):33-39.
[81]何斌,那荣华. 国内外沙漠治理机况[J]. 建设机械技术与管理,1995(6):36-39.
[82]何京亮,郭建英. 砒砂岩地区沙棘根系改良土壤作用[J]. 国际沙棘研究与开发,2008(2):26-32.
[83]何彤慧. 毛乌素沙地历史时期环境变化研究[D]. 兰州:兰州大学,2008.

[84]贺瑜,刘刚．DEM 与空间叠加分析在土地定量评价中的研究[J]．计算机工程,2006,32(1):251-253.
[85]胡兵辉,廖允成．毛乌素沙地农业生态系统耦合研究[M]．北京:科学出版社,2010.
[86]胡兵辉,袁泉,海江波,等．毛乌素沙地农业生态系统优化模式研究[J]．干旱地区农业研究,2009,27(1):212-218.
[87]胡宏飞．引水拉沙造田及土壤改良利用技术[J]．中国水土保持,2003(9):31-32.
[88]胡建忠．砒砂岩区水土流失治理的“沙棘模式”[J]．中国水利,2007(6):25-27.
[89]胡万里,段宗颜,陈拾华,等．云南大田不同轮作模式养分平衡现状研究[J]．西南农业学报,2009,22(3):1.
[90]胡月明,欧阳村香,戴军,等．基于 GIS 的土地资源评价单元确定与属性数据获取方法初探[J]．华南农业大学学报,1999(2):47-53.
[91]黄昌勇．土壤学[M]．北京:中国农业出版社,2000.
[92]贾宁凤,李旭霖,段建南．荒漠化防治条件下土地利用系统多维灰色动态评估——以山西省河曲县为例[J]．水土保持通报,2004,24(3):24-28.
[93]姜伍梅．福安市耕地土壤肥力状况及改良途径[J]．福建农业,2011(12):10-11.
[94]蒋一军,于海英,王晓霞．土地整理中生态环境影响评价的理论探讨[J]．中国软科学,2004.
[95]金宏鑫,裴占江,李淑芹,等．污泥生物有机肥对大豆产量和氮磷吸收的影响[J]．作物杂志,2012(1):92-95.
[96]金争平．砒砂岩区水土保持与农牧业发展研究[M]．郑州:黄河水利出版社,2003.
[97]金争平．水土保持与土地资源和环境——以黄土高原准格尔试验区为例[J]．土壤侵蚀与水土保持学报,1998,5(2):1-6.
[98]巨晓棠,刘学军,张福锁．冬小麦/夏玉米轮作中 NO_3^- – N 在土壤剖面的累积及移动[J]．土壤学报,2003,40(14):538-546.
[99]冷疏影,李秀彬．土地质量指标体系国际研究的新进展[J]．地理学报,1999,54(2):177-185.
[100]黎夏,叶嘉安．基于神经网络的元胞自动机及模拟复杂土地利用系统[J]．地理研究,2005,24(1):19-27.
[101]李贵,刘志军,梁俊林．砒砂岩区综合治理试验研究[C]//内蒙古自治区自然科学学术年会优秀论文集．2003.
[102]李巧萍,丁一汇．植被覆盖变化对区域气候影响的研究进展[J]．南京气象学院学报,2004,27:131-140.
[103]李维,张强．毛乌素沙地植被恢复措施[J]．林业调查规划,2007,32(5):76-78.
[104]李晓丽,苏雅,齐晓华,等．高原丘陵区砒砂岩土壤特性的实验分析研究[J]．内蒙古农业大学学报,2011,32(2):315-318.
[105]李裕瑞,刘彦随,龙花楼．中国农村人口与农村居民点用地的时空变化[J]．自然资源学报,2010,25(10).
[106]廖桂堂,李廷轩,王永东,等．基于 GIS 和地统计学的低山茶园土壤肥力质量评[J]．生态学报,2007,27(5):1978-1986.
[107]林廷勇．固沙保水植草种树绿化沙漠的方法:中国,200510037066.9[P]．2006-06-07.
[108]刘洋,谭文兵,陈传波,等．土地整理模糊数学评价模型及其应用[J]．农业工程学报,2005,21(S1):164-166.
[109]刘彩霞．测土配方试验研究初报[J]．陕西农业科学,2012(3):104-106.

[110]刘昌明,任鸿遵. 水资源开发利用及其在国土整治中的地位与作用[J]. 地球科学进展,1998,13(6):826-833.

[111]刘昌明,王会肖,等. 土壤-作物-大气界面水分过程与节水调控[M]. 北京:科学出版社,1999.

[112]刘昌明,何希吾. 我国21世纪上半叶水资源需求分析[J]. 中国水利,2000(1):19-22.

[113]刘昌明. 水资源科学评价与合理利用若干问题的商榷[J]. 中国水利,2009(5):34-38.

[114]刘成武,李秀彬. 1980年以来中国农地利用变化的区域差异[J]. 地理学报,2006,61(2):139-145.

[115]刘登魁,曾宪军. 土壤有机质演变规律研究进展[J]. 湖南农业科学,2006(5):61-63.

[116]刘定辉,李勇. 植物根系提高土壤侵蚀性机理研究[J]. 水土保持学报,2003,17(3):34-38.

[117]刘东雄. 玉米肥料效应试验研究[J]. 陕西农业科学,2012(4):59-61.

[118]刘路阳,李德生,高为霞,等. 不同植被类型对青龙湾沙区土壤物理性状的影响[J]. 安徽农业科学,2011,39(7):3897-3898,3910.

[119]刘世梁,傅伯杰,刘国华,等. 我国土壤质量及其评价研究的进展[J]. 土壤通报,2006,37(1):137-143.

[120]刘树华,于飞,刘和平,等. 干旱、半干旱地区蒸散过程的模拟研究[J]. 北京大学学报:自然科学版,2007,43(3):359-366.

[121]刘晓琼,刘彦随. 干旱化背景下区域产业发展适应对策[J]. 地理科学进展,2006,25(5):86-93.

[122]刘彦随. 山地农业资源的时空性与持续利用研究[J]. 长江流域资源与环境,1999,8(4):411-417.

[123]刘彦随,杨述河. 农牧交错区土地退化机制与优化配置[M]. 北京:中国科学技术出版社,2005.

[124]刘彦随,靳晓燕,胡业翠. 黄土丘陵沟壑区农村特色生态经济模式探讨——以陕西绥德县为例[J]. 自然资源学报,2006,21(5):738-745.

[125]刘彦随,刘玉,翟荣新. 中国农村空心化的地理学研究与整治实践[J]. 地理学报,2009,64(10):1193-1202.

[126]刘耀林,焦利民. 基于计算智能的土地适宜性评价模型[J]. 武汉大学学报:信息科学版,2005,30(4):283-287.

[127]刘玉杰,杨艳昭,封志明. 中国粮食生产的区域格局变化及其可能影响[J]. 资源科学,2007,29(2):8-14.

[128]刘志仁. 美国和以色列沙漠治理对我国毛乌素沙漠治理的制度启示[J]. 内蒙古社会科学:汉文版,2007,28(1):93-97.

[129]刘子林,刘晓丽,毕旭. 榆林沙尘暴天气的气候特征及其对策[J]. 陕西气象,2002(5):7-9.

[130]龙花楼. 土地利用转型:土地利用/覆被变化综合研究的新途径[J]. 地理与地理信息科学,2003,19(1):87-90.

[131]陆大道. 我国的城镇化进程与空间扩张[J]. 城市规划学刊,2007(4):47-52.

[132]罗林涛,程杰,王欢元,等. 玉米种植模式下砒砂岩与沙复配土氮素淋失特征研究[J]. 水土保持学报,2013,27(4):58-61,66.

[133]罗林涛,韩霁昌,解建仓,等. 毛乌素沙地砒沙岩、沙及复配土重金属含量分析与评价[J]. 安全与环境学报,2014,14(1):258-262.

[134]罗文斌,吴次芳,吴一洲. 国内外土地整理项目评价研究进展[J]. 中国土地科学,2011,25(4):90-96.

[135]罗友进. 区域成土过程:认识和表达[D]. 重庆:西南大学,2011.

[136]吕世华,陈玉春. 西北植被覆盖对我国区域气候变化影响的数值模拟[J]. 高原气象,1999,18

(3):416-424.

[137]吕贻忠,李保国．土壤学[M]．北京:中国农业出版社,2006.

[138]马莅春,张晓云．内蒙古鄂尔多斯市黄河沙源区水土流失治理措施探讨[J]．内蒙古水利,2010(2):84.

[139]马云艳,赵红艳,严啸,等．炭和腐泥改良风沙土前后土壤理化性质比较[J]．吉林农业科学,2009,34(6):40-44.

[140]闵庆文,孙业红,Van Schoubroeck F,等．全球重要农业文化遗产——中国浙江青田稻鱼共生系统项目实施框架[J]．资源科学,2009,31(1):10-20.

[141]穆兴民．农田水肥耦合效应与协同管理[M]．北京:中国林业出版社,1999.

[142]国家统计局．内蒙古统计年鉴．2010.

[143]宁夏回族自治区统计局,国家统计局宁夏调查总队．宁夏统计年鉴．2010.

[144]牛兰兰,张天勇,丁国栋．毛乌素沙地生态修复现状、问题与对策[J]．水土保持研究,2006,13(6):239-242,246.

[145]欧阳进良,宇振荣．基于GIS的县域不同作物土地综合生产力评价[J]．农业现代化研究,2002,23(2):97-101.

[146]潘迎珍,刘冰,李俊．毛乌素沙地"十一五"综合治理研究[J]．林业经济,2006(7):15-17.

[147]曲玮,梅肖冰．西北水资源研究综述[J]．自然资源学报,2005(4):597-604.

[148]全国土壤普查办公室．中国土壤[M]．北京:中国农业出版社,1998.

[149]陕西省统计局,国家统计局陕西调查总队．陕西统计年鉴2010. 2010.

[150]沈渭寿．毛乌素沙地飞播植被现状与评价[J]．中国沙漠,1998,18(2):143-148.

[151]沈晓昆．无公害优质稻米生产新技术——稻鸭共作[J]．农业装备技术,2003,29(2):18-19.

[152]石山．调水还是造水——关于我国水资源的忧思与遐想[J]．中国生态农业学报,2006,14(1):1-3.

[153]水利电力部水文局,中国水资源评价．北京:电力出版社,1987.

[154]秦明周,赵杰．城乡结合部土壤质量变化与可持续利用对策——以开封市为例[J]．西南农业学报,2000,13(2):51-55.

[155]宋连春,张强,孙国武．全球变暖对甘肃省经济、社会和生态环境的影响及对策[J]．干旱气象,2004,22(2):69-75.

[156]孙国武．我国西北地区水的问题综述[J]．干旱气象,2004,22(4):76-81.

[157]孙丽敏,侯旭光．干旱、半干旱地区植被治沙造林技术措施[J]．防护林科技,2005(4):90-91.

[158]孙向阳,陈金林,崔晓阳．土壤学[M]．北京:中国林业出版社,2005.

[159]唐宏,盛业华,陈龙乾．基于GIS的土地适宜性评价中若干问题[J]．中国土地科学,1999,13(6):36-38.

[160]唐克旺．水资源可持续利用评价指标体系探讨[J]．水问题论坛,1999(3):48-53.

[161]滕海键．美国西部开发中的制度创新及其对我国西部开发的启示[J]．北京大学学报,2002(专刊):93-99.

[162]汪党献,王浩,等．中国区域发展的水资源支撑能力[J]．水利学报,2000(11):21-26.

[163]王浩,杨贵羽,贾仰文,等．土壤水资源的内涵及评价指标体系[J]．水利学报,2006,37(4):389-394.

[164]王欢元,韩霁昌,罗林涛,等．砒砂岩与沙复配成土过程中沙的调控作用[J]．土壤通报,2014,45(2):286-290.

[165]王欢元,韩霁昌,罗林涛,等. 两种土壤传递函数在预测砒砂岩与沙复配土的水力学参数中的应用[J]. 土壤通报,2013,44(6):1351-1355.

[166]王军艳,张凤荣,王茹,等. 应用指数和法对潮土农田土壤肥力变化的评价研究[J]. 农村生态环境,2001,17(3):13-16.

[167]王林,陈兴伟. 退化山地生态系统植被修复水文效应的 SWAT 模拟[J]. 山地学报,2008.26(1):71-75.

[168]王令超,曹富有,彭世琪. 中国耕地的基础地力与土壤改良[J]. 地域研究与开发,2001,20(3):10-12,38.

[169]王仁德,吴晓旭. 毛乌素沙地治理的新模式[J]. 水土保持研究,2009,16(5):176-180.

[170]王仁德,吴晓旭. 毛乌素沙地治理的新模式[J]. 水土保持研究,2009(5):182-186.

[171]王涛. 干旱区绿洲化、荒漠化研究的进展与趋势[J]. 中国沙漠,2009,29(1):1-9.

[172]王彦武. 榆林毛乌素沙地固沙林地土壤质量演变机制[D]. 杨凌:西北农林科技大学,2008.

[173]王英顺,贾泽祥,胡建军,等. 窟野河流域生态建设工程布局探讨[J]. 中国水土保持,2003(5):32-33.

[174]王玉华,杨景荣,丁勇,等. 近年来毛乌素沙地土地覆被变化特征[J]. 水土保持通报,2008,28(6):53-57.

[175]王愿昌,吴永红,李敏,等. 砒砂岩地区水土流失及其治理途径研究[M]. 郑州:黄河水利出版社,2007a.

[176]王愿昌,吴永红,闵德安,等. 砒砂岩区水土流失治理措施调研[J]. 国际沙棘研究与开发,2007b,5(1):38-43.

[177]王愿昌,吴永红,寇权,等. 砒砂岩分布范围界定与类型区划分[J]. 中国水土保持科学,2007c,5(1):14-18.

[178]吴波,慈龙骏. 五十年代以来毛乌素沙地荒漠化扩展及其原因[J]. 第四纪研究,1998(2):165-172.

[179]吴克宁,郑信伟,吕巧灵,等. 空间插值法在土壤养分评价中的应用——以滩小关水源地评价为例[J]. 土壤通报,2007,38(6):1068-1070.

[180]吴卿,杨莉,李文忠,等. 榆林沙区防风固沙林结构与效益研究[J]. 人民黄河,2010(7).

[181]吴淑杰,韩喜林,李淑珍. 土壤结构、水分与植物根系对土壤能量状态的影响[J]. 东北林业大学学报,2003,31(3):24-26.

[182]吴薇. 毛乌素沙地沙漠化过程及其整治对策[J]. 中国生态农业学报,2001,9(3):15-18.

[183]夏静芳. 沙棘人工林水土保持功能与植被配置模式研究[D]. 北京:北京林业大学,2012.

[184]辛建军,张涛,高慧卿,等. 灰色系统理论在土地质量评价中的应用——以长治县农耕地为例[J]. 国土与自然资源研究,1987,4:32-36.

[185]徐双民. 砒砂岩区沙棘种植布局和技术[C]//中国水土保持学会规划设计专业委员会 2009 年年会暨学术研讨会论文集. 2009.

[186]杨方社,李怀恩,杨联安,等. 砒砂岩地区沙棘"柔性坝"拦沙与生态效应试验研究[J]. 水土保持通报,2007,27(1):102-104.

[187]杨方社,李怀恩,杨寅群,等. 沙棘植物对砒砂岩沟道土壤改良效应的研究[J]. 水土保持通报,2010,30(1):49-52.

[188]杨绍锷,黄元仿. 基于支持向量机的土壤水力学参数预测[J]. 农业工程学报,2007,23(7):42-47.

[189]杨述河,刘彦随. 土地资源开发与区域协调发展[M]. 北京:中国科学技术出版社,2005.
[190]杨思全,王薇. 毛乌素沙地土地沙漠化评价干旱区地理[J]. 2003,33(2):258-262.
[191]杨永梅,郭志林,杨改河. 自然和人为因素对毛乌素沙地沙漠化的耦合作用,2010,38(25):13934-13935.
[192]杨子生. 中国山区生态友好型土地整理模式初探[A]. 中国山区土地资源开发利用与人地协调发展研究[C]. 2010.
[193]叶浩,石建省,李向全,等. 砒砂岩岩性特征对抗侵蚀性影响分析[J]. 地球学报,2006,27(2):145-150.
[194]殷丽强,王涛,梁月,等. 砒砂岩地区沙棘人工林地土壤水分物理性质研究[J]. 国际沙棘研究与开发,2008,6(1):9-13.
[195]殷丽强. 砒砂岩区复合农林系统构建技术与模式研究[D]. 北京:北京林业大学,2008.
[196]友贞,施国庆. 区域水资源承载力评价指标体系的研究[J]. 自然资源学报,2005(4):597-604.
[197]袁泉. 毛乌素沙地农业生态系统环境脆弱度评价及优化模式研究[D]. 杨凌:西北农林科技大学,2008.
[198]张百平,张雪芹,郑度. 西北干旱区不宜作为我国耕地后备资源基地[J]. 干旱区研究,2010,27(1):1-5.
[199]张德峰,蔺建铭. 皇甫川流域二期一阶段治理做法及经验[J]. 水土保持研究,1999,6(5):88-93.
[200]张迪,张凤荣,安萍莉,等. 中国现阶段后备耕地资源经济供给能力分析[J]. 资源科学,2004,26(5):46-52.
[201]张凤荣,王静,陈百明,等. 中国土地资源持续利用评价指标体系与方法[M]. 北京:中国农业出版社,2003.
[202]张凤荣,吴克宁,胡振琪. 土地保护学[M]. 北京:科学出版社,2006.
[203]张贵民. 关中平原区地下水开发潜力的研究[D]. 杨凌:西北农林科技大学,2000.
[204]张金慧,徐雪良,张锐,等. 砒砂岩类型区筑坝材料可行性分析[J]. 中国水土保持,1999(1):28-30.
[205]张金慧,徐立青,耿绥和. 砒砂岩筑坝施工方法初步试验研究[J]. 中国水土保持,2002(10):31-32.
[206]张金霞. GIS在土地适宜性评价中的应用[J]. 资源产业,2004,6(5):27-29.
[207]张雷,刘毅. 中国东部沿海地带人地关系状态分析[J]. 地理学报,2004,59(2):311-319.
[208]张露,韩霁昌,罗林涛,等. 砒砂岩与风沙土复配土壤的持水特性研究[J]. 西北农林科技大学学报:自然科学版,2014,42(2):207-214.
[209]张明媛. 基于GIS和人工神经网络预测土地利用变化[J]. 燕山大学学报,2004.
[210]张强,卫国安,黄荣辉. 干旱区绿洲对其临近荒漠大气水分循环的影响[J]. 自然科学进展,2002,12(2):195-200.
[211]张庆利,潘贤章,王洪杰,等. 中等尺度上土壤肥力质量的空间分布研究及定量评价[J]. 土壤通报,2003,34(6):493-497.
[212]张淑英. 中国县(市)社会经济统计年鉴2010[M]. 北京:中国统计出版社,2010.
[213]张小明,余新晓,武思宏,等. 黄土丘陵沟壑区典型流域土地利用/土地覆被变化水文动态响应[J]. 生态学报,2007,27(2):414-423.
[214]张晓薇,詹强. 矿区退化土地土壤改良剂的研制[J]. 辽宁工程技术大学学报:自然科学版,2010,29(1):147-148.

[215]张新时. 毛乌素沙地的生态背景及其草地建设的原则与优化模式[J]. 植物生态学报,1994,18(1):1-16.
[216]张鑫. 关中平原区地下水资源承载力的研究[R]. 1999.
[217]张耀存,钱永甫. 陆地下垫面特征对区域能量平衡过程影响的数值试验[J]. 高原气象,1995,14(3):325-333.
[218]赵庚星,李玉环,李强. GIS 支持下的定量化、自动化农用土地评价方法的探讨[J]. 农业工程学报,1999,15(3):219-223.
[219]赵光耀. 黄河中游粗泥沙集中来源区治理方向研究[D]. 南京:河海大学,2006.
[220]赵海霞,李波,刘颖慧,等. 皇甫川流域不同尺度景观分异下的土壤性状[J]. 生态学报,2005,25(8):2010-2018.
[221]赵力毅,沈俊厚. 对在黄河中游多沙粗沙区修建大型拦泥库的认识[J]. 中国水土保持,2005(12):36-37.
[222]赵士洞. 美国长期生态研究计划:背景、进展和前景[J]. 地球科学进展,2004,19(5):840-844.
[223]赵艳霞,裘国旺. 气候变化对北方农牧交错带的可能影响. 气象,2001,27(5):3-7.
[224]郑新民. 黄土高原粗泥沙集中来源区治理问题探究[J]. 中国水土保持,2005(12):5-7.
[225]郑元润. 高效持续防治荒漠化新途径初探——毛乌素沙地"三圈"模式的理论与实践[J]. 林业科技管理,1998(2):20-23.
[226]于占源,范志平,陈伏生,等. 一种用泥炭改良风沙土的方法及其应用:中国,200810230100. 8[P]. 2010-06-30.
[227]中国科学院中国植物志编辑委员会. 中国植物志[M]. 北京:科学出版社,2004.
[228]张岳. 中国水资源与可持续发展[M]. 南宁:广西科学技术出版社,2000.
[229]钟功甫. 珠江三角洲的"桑基鱼塘"——一个水陆相互作用的人工生态系统[J]. 地理学报,1980,35(3):200-209.
[230]周勇,田有国,任意,等. 定量化土地评价指标体系及评价方法探讨[J]. 生态环境,2003,12(1):37-41.
[231]周道玮,田雨,王敏玲,等. 覆沙改良科尔沁沙地—松辽平原交错区盐碱地与造田技术研究[J] 自然资源学报,2011,21(6):910-918.
[232]周江红,林洪涛. 基于 RAGA 的 PPE 模型在小流域土地适宜性评价中的应用[J]. 水土保持科技情报,2004,1:15-18.
[233]周玉玺,马传栋. 制度、技术、政策与水资源危机[J]. 中国生态农业学报,2006,14(2):1-4.
[234]朱怀松,张永福,范兆菊,等. 基于 GIS 的城镇土地定级估价信息系统[J]. 测绘与空间地理信息,2004,27(1):37-39.
[235]鲍士旦. 土壤农化分析[M]. 北京:中国农业出版社,2000.
[236]Jerry L Hatfeld,Thomas J Sauer,John Hrueger,Managing soil to achieve greater water use efficiency,a review[J]. Agronomy Journal,2001,93:271-280.
[237]刘芷宇. 植物营养诊断的回顾与展望[J]. 土壤,1990,22(4):173-176.
[238]梁银丽. 土壤水分和氮磷营养对冬小麦根系生长及水分利用的调节[J]. 生态学报,1996,16(3):258-264.
[239]汪德水. 旱地农田肥水关系原理与调控技术[M]. 北京:中国农业出版社,1995.
[240]张喜英. 高粱根系生长发育规律及动态研究[J]. 生态学杂志,1999,18(5):65-67.
[241]Mengel K E,Kirby A. Principles of plant nutrition(third edition). Bern,Switzerland:International Potash

Institute,1987:68-79.
[242]刘善建. 水的开发和利用[M]. 北京:中国水利水电出版社,2000.
[243]康乐. 现代生态学透视[M]. 北京:科学出版社,1990.
[244]丁圣彦. 生态学[M]. 北京:科学出版社,2003.
[245]张征. 环境评价学[M]. 北京:高等教育出版社,2004.
[246]陈广庭.北京平原土壤机械组成和抗风蚀能力的分析[J]. 干旱区资源与环境,1991,5(1):103-113.
[247]李智佩,岳乐平,薛祥煦,等. 毛乌素沙地东南部边缘不同质地成因类型土地沙漠化粒度特征及其地质意义[J]. 沉积学报,2006,24(2):267-275.
[248]石迎春,叶浩,侯宏冰,等. 内蒙古南部砒砂岩侵蚀内因分析[J]. 地球学报,2004,25(6):659-664.
[249]张德媛. 毛乌素沙漠风积砂工程物理特性研究[D]. 西安:长安大学,2009.